饲草营养元素与施肥技术

◎ 田福平　姜　磊　胡　宇　主编

中国农业科学技术出版社

图书在版编目(CIP)数据

饲草营养元素与施肥技术 / 田福平，姜磊，胡宇主编. --北京：中国农业科学技术出版社，2022.11

ISBN 978-7-5116-6005-3

Ⅰ.①饲… Ⅱ.①田…②姜…③胡… Ⅲ.①牧草-施肥 Ⅳ.①S54

中国版本图书馆 CIP 数据核字(2022)第 207488 号

责任编辑 穆玉红 李美琪
责任校对 马广洋
责任印制 姜义伟 王思文

出 版 者 中国农业科学技术出版社
北京市中关村南大街 12 号 邮编：100081
电 话 (010) 82106626 (编辑室) (010) 82109702 (发行部)
(010) 82109709 (读者服务部)
网 址 https://www.castp.cn
经 销 者 各地新华书店
印 刷 者 北京建宏印刷有限公司
开 本 170 mm×240 mm 1/16
印 张 15.25
字 数 280 千字
版 次 2022 年 11 月第 1 版 2022 年 11 月第 1 次印刷
定 价 58.00 元

《饲草营养元素与施肥技术》
编著人员

主　　编：

田福平（中国农业科学院兰州畜牧与兽药研究所）
姜　磊（中国石油天然气股份有限公司宁夏石化分公司）
胡　宇（中国农业科学院兰州畜牧与兽药研究所）

副 主 编：

包经珊（中国石油天然气股份有限公司宁夏石化分公司）
何永涛　韩　军（中国农业科学院兰州畜牧与兽药研究所）
陈子萱（甘肃省农业科学院生物技术研究所）

参编人员：

陈利维　张娟平　宗廷贵
（中国石油天然气股份有限公司宁夏石化分公司）
段慧荣　张小甫　李锦华　梁欢欢　朱新强　王春梅　吕嘉文
杨　晓　吴　芳（中国农业科学院兰州畜牧与兽药研究所）
朱海勇　周先林（中国农业科学院西部农业研究中心）
方　彦　刘雅楠（甘肃农业大学）
纪永福（甘肃省治沙研究所）
李德明　周栋昌　杨　浩　向金城（甘肃省草原技术推广总站）
徐智明　李争艳（安徽省农业科学院畜牧兽医研究所）
张忠平　康继平（天水市农业科学研究所）
刘振恒（甘肃省甘南藏族自治州玛曲县草原工作站）
晁孝荣（甘肃小陇山国家级自然保护区管护中心）
何振刚　刘小莉　薛莉萍　郑爱华　王　健
（天水市畜牧技术推广站）
马洪波（甘肃省种子总站）

前　言

饲草在整个生长期内需要 17 种必需的大量元素、中量元素和微量元素，肥料作为供给饲草营养元素的主要物质，其重要性不言而喻。在饲草生产中，肥料的施用对促进现代化饲草产业的发展起着不可替代的作用。但是，目前我国肥料在饲草生产方面的利用率非常低，这不仅造成了经济和资源的巨大浪费，还带来了环境风险。因此，如何根据饲草生长发育规律科学施肥，建立高产、稳产、省工、污染少的肥料高效施用技术体系，是当前饲草生产中亟待解决的主要问题。

施肥是提高草地饲草产量和品质的重要技术措施，合理的施肥不仅可以改善饲草品质、大幅提高饲草产量且增产效果可以延续多年；施肥还可以提高饲草的适口性和消化率。同时，由于饲草主要是以收获营养体为主，为了保持土壤肥力，就必须把收获饲草带走的营养元素，以肥料的方式还给土壤，这就需要在充分了解不同饲草的营养需要和土壤肥力供应能力的基础上，选择合理的肥料种类和施用适宜的肥料数量，以补充饲草生长的营养元素，并结合其他栽培技术措施，促成饲草的高产、优质、长效，实现环境保护和经济收益的双赢。

目前，我国饲草产区肥料施用的突出特点是，肥料施用没有得到足够重视，随意施用农田化肥和不施肥的情况非常普遍。而且即使在施肥区，其施肥管理往往沿用农学禾谷类大田作物的施肥管理技术，只注重氮素尤其是速效氮肥的施用，对其他营养元素重视不够。

科学合理的施肥技术有助于维持饲草生长过程中的最佳肥力状况，保障饲草的产量、品质，从而增加生产者的经济收益。我国饲草生产中有关营养元素、土壤和饲草营养诊断、饲草配方施肥、饲草专用肥料及施肥技术等方面的研究处于起步阶段，与国际上相比，我国饲草生产领域这些技术研发和应用明显滞后，这也是我国栽培草地营养调控管理亟待解决的技术问题。饲草生长发育与营养元素的供应有着密切的关系，营养元素供应不足或过多，都不利于饲草的生长。根据饲草生长及利用规律，利用合理施肥技术调配适宜的营养元素成分与含量，应用到饲草生产利用的全过程，使其生长发育和生产利用朝着人们期待的方向发展，这就需要我们先了解不同饲草生长所需的营养元素、饲草不同时生长阶段需肥规律、科学施肥等方面的知识。本书根据目前饲草生产上的需要，综合国内有关饲草生长发育规律、营养元素、施肥方面的研究成果，分别进行详细的论述，通俗易懂，简明实用。旨在合理利用饲草生长所需的各种营养元素，提高饲草生产过程肥料利用率，减少环境污染，增加经济效益。

本书由中国农业科学院兰州畜牧与兽药研究所、中国石油天然气股份有限公司宁夏石化分公司、甘肃省农业科学院、中国农业科学院西部农业研究中心、甘肃农业大学及国内从事饲草肥料研究和生产一线的专家合作编著而成。

本书是中国石油天然气股份有限公司“牧草专用肥开发研究（配方研究与现场检测，nxsh-2019-kj-21）”项目、中国农业科学院科技创新工程专项资金项目“寒生旱生灌草新品种选育（CAAS-ASTIP-2018-LIHPS-08）”、中国农业科学院基本科研业务费专项资金项目“生态草驯化栽培技术和新品种选育（1610322022014）”“北疆优异牧草种子繁育及需水量研究（Y2021XK17）”兰州市人才创新创业项目“一年生藕草的驯化栽培及利用（2021-RC-72）”“昌吉国家农业科技园区财政科技经费资助项目“饲草产业提质增效关键技术研发与示范推广（2021EK246）”的部分研究成果，并得到以上项目的资助。

本书编著过程中得到许多同行的支持，特别是参考和引述了大量饲草生产及施肥有关著作的内容，在此谨向为本书提供资料和支持的专家及参考引述著作和文献的作者们致以衷心感谢！

希望本书能为从事饲草栽培与肥料生产等专业的科研人员、高校教师和学生、肥料生产的企业技术和管理人员、草业技术推广人员及农业生产一线的各类专业技术人员等带来一定的参考价值。

由于受编者水平、条件及时间所限，书中如有不当之处，敬请广大读者不吝赐教，谢谢！

编　者

2022 年 5 月 29 日

目　录

第一章　我国饲草生产与现状

饲草产业作为我国的朝阳产业，对当前我国农业产业结构的优化调整具有重要的现实意义。优质饲草的缺乏对我国草食类家畜养殖的影响较大，只有彻底解决优质饲草生产问题，才能有效优化畜牧产业生产结构。

饲草与其他农作物一样，需要科学管理、专业种植、合理施肥。营养元素是饲草生产的物质基础，也是提高产草量的前提。饲草绝大部分是以收获营养体为主，并且随着刈割等方式带出草地生长系统，这使得饲草生产过程中对营养元素的补充需求更大。为了满足饲草正常生长发育对营养的需要，需通过施肥来补充营养元素，加快饲草的生长，从而提高产量，提升品质，增加刈割次数。合理施肥是饲草高产、稳产和优质的关键。绝大部分高产饲草生产所需要摄取的营养元素，远远高于农作物，因为对饲草的多次刈割必然会带走土壤中更多的营养元素，产草量越高的饲草，带走的营养元素就越多，势必造成饲草生产所需营养元素的不断流失和匮乏，施肥是保证饲草持续利用和高产优质的最直接手段。

第一节　我国饲草生产情况

草地是中国面积最大的陆地生态系统，随着我国经济的发展和社会的进步，草地在保障国家“大粮食”安全生产、遏制气候变化、维持生物多样性、涵养水源、乡村振兴等可持续发展目标中具有极其重要的价值。特别是党的十九大以来，伴随着新时代中国特色社会主义发展的战略布局和实践，我国草产业的发展迈入了新阶段，进入了新常态，正由过去以提供家畜饲草为主的草业逐步转向更加均衡全面、多功能兼顾、多业态并发的现代草业阶段，由以传统草产业为主逐步转向传统草业与新业态草业并行蓬勃发展的态势。饲草产业是一个国家农业生产实现良性循环的重要基础。发展饲草产业对于中国实现畜牧业转型升级、推进农业供给侧结构性改革、适应食品消费结构的时代转变等都具有重要意义。

一、草地的价值及其现状

我国草地资源丰富，类型多样。根据《第三次全国国土调查主要数据公报》：我国草地面积 26 453.01 万公顷，是陆地面积的 27.5%。其中，天然牧草地 21 317.21 万公顷（319 758.21 万亩*），占 80.59%；人工牧草地 58.06 万公顷（870.97 万亩），占 0.22%；其他草地 5 077.74 万公顷（76 166.03 万亩），占 19.19%。我国绝大部分草地分布在北方的干旱和半干旱区，主要分布在新疆、西藏、青海、甘肃、四川、宁夏、内蒙古、陕西、山西、河北、辽宁、吉林、黑龙江 13 个省（区），涵盖了中国 11 个重点牧区，占干旱和半干旱区总面积 88%。

我国北方草地是中国北方地区重要的生态安全屏障，也是黄河、长江、澜沧江等河流的发源地和重要的水源涵养区。以内蒙古高原呈连续分布的温性草原为主体，构成了欧亚大陆草原的东翼。作为陆地生态系统的重要组成部分，草地不仅为人类提供了肉、奶、皮、毛、饲草、医药、花卉等具有直接经济价值的产品，还具有调节气候、涵养水源、防风固沙、生物多样性保育、初级生产力和碳固持等极其重要的生态服务功能。同时，旅游文化服务等第三产业也逐渐发展为草地生态系统上的一大特色产业。

草地是人类福祉的重要自然资源，需要加强保护和合理开发利用。在生态保护优先、生态生产生活“三生兼顾”的原则下，生产高质量的饲草将是实现牧区经济转型的新的发展方向和新的增长点。合理利用草地的天蓝、水清、草绿、景美的优质禀赋条件，发展集旅游、养生、品尝、体验、娱乐等于一体的草地康养产业，将是实现牧区经济转型的新的发展方向和新的增长点，预计产业规模可达到 5 000 亿元。

但目前来看，我国草地面临环境压力加大、天然草地生态系统退化等问题严峻。为满足食物消费结构转型升级和农业结构战略调整的需求，国家在加强草原生态保护建设的同时积极推动饲草产业发展。近年来，国家高度重视饲草产业发展，启动实施系列政策措施，全面推动饲草产业现代化发展，人工草地和饲草产业发展快速，规模化和集约化程度逐年提升，专业化饲草生产经营企业大量出现，饲草产业对中国农业发展的突出贡献将会更加凸显和重要。但是，我国饲草产业尚处于发展的初级阶段，饲草生产效率较低，

---

* 1 亩≈667 平方米，1 公顷=15 亩，全书同。

草产品商品化程度不足，饲草尤其是优质饲草仍无法满足我国草食畜牧业发展的现实需求。

二、我国饲草种植现状

近年来，国内人工种草面积和产量显著增长，优良饲草种植比例和饲草单产水平明显提高，饲草产业已成长为一个不断壮大的农业产业。尽管我国饲草产业发展时期较短，但成长较快。自2015年起连续多年的中央一号文件都提出加快发展苜蓿、燕麦等优质饲草的发展。国家乡村振兴战略、深化农业供给侧结构性改革、调整种植结构的新时代背景也为饲草产业发展提供了极好的政策导向。2017年年末，我国种草保留面积2.96亿亩，其中人工种草1.81亿亩、改良种草1.07亿亩、飞播种草0.08亿亩，分别比2001年增加0.43亿亩、0.37亿亩、0.13亿亩、-0.07亿亩，比2010年增加-0.2亿亩、0.04亿亩、-0.21亿亩、-0.07亿亩；饲草总产量17 593.8万吨，比2001年增加8 774.5万吨，比2010年减少698.5万吨；饲草种子田面积146.0万亩、种子产量8.37万吨，分别比2001年减少89.5万亩、4.39万吨，比2010年减少130.0万亩、3.37万吨。2020年我国完成种草改良面积4 245万亩，苜蓿商品草种植面积950万亩，比2019年增加了18.7%，比2018年增加了46.1%，共生产了400万吨的苜蓿商品草；燕麦草的种植面积约200万亩，共生产了120万吨的燕麦干草；青贮玉米种植面积已达1 500万亩，此外还通过“粮改饲”生产了各类饲草150万吨。

以上数据反映了我国饲草种植和草种生产受国家扶持政策影响较大，特别是改良种草、飞播种草和饲草种子田面积因国家政策调整，资金支持量减少，面积下滑较大。人工种草虽然也受到了影响，但因2008年后国家加大对饲草产业的扶持力度，面积基本保持稳定，产量因草原生态保护建设种植的多年生饲草逐年退化而有所下降。

第二节　我国饲草生产供求现状

我国地域广阔，人口众多，饲草产业在经济、生态、社会方面具有显著的效益，对于保证粮食安全和提高草食家畜的产量、质量具有重要意义。随着我国农业和农村经济的快速发展，饲草产品和畜产品数量问题、质量问题和农业生态环境问题日益凸显。一方面，我国粮食连年增产，牧草种植面积也在不断扩大；但另一方面，我国饲料粮的进口数量还在逐年增加。似乎目前解决我国饲料粮安全问题已经走进了“死胡同”，把饲草产业加入农业生产系统中，在农业生产结构中给予草业显著地位，充分重视草地农业的突出作用将是我国未来解决粮食安全问题特别是饲料粮安全问题的突破口。

一、饲草产业在我国的地位及现状

我国农业受传统农耕文化影响，饲草产业长期不被重视，对于农牧民来讲，首先，相当一部分人还转不过来种粮改为种草的观念：认为种粮是“正道”，种草不是农业生产；种粮需要精耕细作，草不用特意种植。其次，大部分人对种草对于草食家畜的重要性认识不到位，没有认识到草食家畜的“主食”是优质牧草，大多饲喂农作物秸秆，补充一点精料。国内的养殖大多是在圈舍的建设等方面舍得投资，而在牛羊的养殖上舍不得饲喂优质饲草料，导致生产效率不高，饲草料转化的边际效果不高。国家层面，受政策、科技、市场、管理等因素制约，我国饲草产业的发展现状一直不容乐观，致使国内牧草产业发展滞后，难以为当前草食畜牧业稳定健康发展提供充足优质的饲草料。同时，中国饲草产业还存在生产效益不高、饲草供给能力不足以及国际竞争力较弱等问题。随着我国畜牧业的飞速发展，饲草的需求也随之增加，依靠作物秸秆加精料的传统落后饲喂模式已不能满足牲畜饲喂的需求，当前传统农牧业饲养模式已经走不通，只有依靠现代化草牧业发展模式才能保证我国的消费需求及食品安全。为了解决这一问题，近年来，国家、地方政府、科研机构、企业等方面都投入了大量人力、物力和财力，成效较为显著。

二、发展饲草产业的必要性

西方有句谚语：上帝给人类两大恩赐，一是豆科植物，二是反刍家畜。前者生产丰富的蛋白质，它的根瘤是天然氮肥发生器；后者的瘤胃是天然发酵罐，将人类不能直接利用的植物纤维转化为动物蛋白。这正是草地畜牧业的两大优势。西方发达国家充分利用这种优势，形成了以牧草为基础的十分发达的牛肉、羊肉、羊毛、乳品等产业。美国牧草种植面积排名为该国农产品种植面积的第二位，仅次于玉米，高于大豆、小麦等。且种植面积前三位的都是牧草饲料，第四位才是口粮。而在我国，农产品种植面积排名居前列的为粮、棉、油、蔬菜、水果等，牧草种植面积大约是排在第八位。我们追求美好生活，重要标志按需求程度排列仍然是奶肉蛋，这就需要更多的优质牧草。当然中国与美国情况完全不同，美国人少地多，中国人多地少。我们要优先保证口粮、棉、油、糖、菜，在保证这些的基础上适度开发饲草饲料作物，同时也要开发好农作物秸秆、农产品食品加工副产物等可以饲草料化的所谓非优质牧草，广辟饲草料来源。而我国受传统农耕文化的长期影响，将豆科植物和反刍家畜忽视，一直沿袭“粮猪农业”模式。随着农业生态环境日益恶化和国际粮价持续上涨，用大量谷物来养猪，这对仅有世界9%左右的耕地却要养活世界21%左右人口的中国来说，不现实也不可取，变革单纯追求籽实的耕地农业，充分重视植物的全营养体农业刻不容缓。

20 世纪 90 年代以来，我国粮食生产基本上是靠大量的化肥投入支撑，1990—2005 年，化肥使用量从 2 590. 3 万吨增加到 4 766. 2 万吨，增长 1. 8 倍，而粮食生产量不仅没有增长，还下降了 15%。由此产生 4 个问题：一是大量投入化肥，导致生产成本上升；二是土壤板结，地力下降；三是化肥利用率低，大量的氮、磷、钾营养元素流失，或渗入地下，造成地下水硝酸盐含量过高，或形成地表水造成水体富营养化；四是农业大量消耗化肥的背后是大量能源和矿产资源的消耗。这种传统的农业系统已经难以为继。

同时，传统的农业更多追求作物的籽实，而忽视了作物的全株利用。根据技术专家的测算，适时收获植物的地上部分营养体所获得的营养物质一般是籽实的 3~5 倍。优质牧草粗蛋白质含量达 20%左右，而小麦蛋白质含量为 12%、大米蛋白质含量为 8%。种 1 亩地的优质牧草做饲料，相当于 3~5 亩地的小麦营养源。在水土资源十分稀缺的情况下，必须着眼于食物安全的视角，采用农牧结合的思维，不断提高用地效率，生产满足居民需求的更多更安全的食物。牧草含有大量优质纤维和生理活性物质，不仅是草食家畜重要的能量来源，还对于保证畜体健康，促进动物生长，提高动物产品品质具有重要的作用。草地农业已成为一种具有良好发展前景的农业发展模式，必将成为我国绝大多数地区农业发展的必由之路。牧草等饲用植物，生长期比一般农作物长 1~2 个月，比农作物多利用 20%~40%的积温，节约 15%~20%的水分。

而建立高效优质的多年生人工草地，不仅可以发挥多年生牧草的生态保护作用，同时可以提供优质高产的饲草产品；其生产能力比原来的草原提高 50~100 倍，这为大面积保护草原，减少放牧压力提供了一条有效途径。当前面临的农业结构调整中，一些地区尤其是山区传统的作物种植已经不能适应土地逐步集中、集约化、规模化的产业形势，牧草产业特别是多年生牧草的种植适应于当前广大农村劳动力不足的现状，是调整农业结构、实施土地流转的良好选择。当前在保护耕地的前提下，饲草种植都选在最贫瘠、不适合种植粮食的土地上，豆科牧草人工草地是农业耕地的最好储备，豆科牧草具有天然的固氮能力和改良土壤的功能，在荒芜贫瘠、没有农作物生产能力的土地上种植豆科牧草不仅可以进行饲草生产，还可以改良耕地，为粮食种植提供战略储备。

另外，就牧草的市场来讲，我国苜蓿、燕麦的产量和质量均不能满足国内畜牧业巨大的需求量，而进口苜蓿、燕麦在价格和质量方面具有显著优势，导致国内牧草使用企业对进口牧草依存度过高，苜蓿与燕麦的进口量以及平均到岸价格均呈波动上升趋势。进口苜蓿草是国内苜蓿草的最强竞争者，因为高蛋白含量的苜蓿草是提升奶牛产奶量的保证，国产苜蓿草质量相对进口苜蓿草来说仍有差距，我国苜蓿草供给中80%以上从美国、西班牙进口，进口价格是影响国内苜蓿草需求及其价格的重要因素，并且在一定的替代关系下双方价格同向变动。美国和西班牙是我国苜蓿草进口的主要来源国，新冠肺炎疫情对苜蓿草进口的影响主要体现在海运上，全球疫情形势下海运成本上升，到2020年4月船运公司普遍将海运费率上调50~100美元，苜蓿草进口成本上涨。近年来的中美贸易摩擦，也极大提升了牧草进口成本，导致国内牧草市场价格上涨、后续产业生产成本提升等。因此我国必须尽快将牧草产业发展起来，压缩牧草的进口，减小境外牧草对国内牧草产业的冲击，同时国内高端优质牧草供给的短缺也在一定程度上逼迫国内牧草产业的快速发展与转型升级。

三、我国发展饲草产业的优势

我国是多山国家，适宜农耕的土地仅占10%左右，而其他可以作为农用的土地面积是耕地的4倍。我国农区有宜农荒地3 535万公顷，青饲料生产基地约133. 3万公顷，粮草轮作基地400万公顷。此外，南方水田区每年有冬闲田约400万公顷，南方丘陵耕地、北方灌区、北方旱作耕地也存在不同类型的冬、夏休闲地约500万公顷。合计约4 968. 5万公顷，这都是用于种草的巨大土地资源。我国农区种草充分利用饲用植物资源，发展多种经营。在农区，当水热条件不能满足粮食作物和经济作物正常生长发育及完成生育过程时，往往土地荒芜，造成光、热、水资源浪费。但种植饲草情况就不同，我国北方部分地区的水热条件在种植一季粮食作物时有余，种植两季粮食作物又显不足；部分南方地区的水热条件种植两季粮食作物有余，而种植三季又显不足时，在这些地区利用剩余的光、热、水、土资源，向农田引入饲草，通过农田种草，就可充分利用当地的自然资源，生产出大量的优质饲草。农区草业就是将牧草引入传统耕地农业，在保证谷物生产水平的基础上，充分利用光、热、水、土等资源，在大幅度提高第一性生产的生产效率的同时，又为第二性生产提供优质、充足、廉价的饲料资源，以提高饲料报酬率，以保证动物性食品的充分发展而不加重谷物负担。

此外，农区种草大幅度提高生产效益，减少水土流失，提高系统内物质与能量的转化率，减少系统废物的产生，从而改善环境，提高土壤肥力。与单纯的粮经作物生产相比，农田种草通过建立起一个多元化、种养结合的整体，可以实现农业生产系统内不增加甚至减轻资源压力的前提下增加农产品产出，满足社会日益增长的对食物的需求，从而实现农业的可持续发展，其生态服务功能无可替代。

近 20 年来，全国人民膳食营养结构的改善带动了动物性食品消费的扩张，由于种植牧草对土地的要求没有种粮严格，对于大量不适合粮食生产的边际土地，如大量的盐碱地、退耕还林（草）地、撂荒地等，可用作生产牧草，饲喂家畜，节约对粮食的消耗。当前，我国农区还有约 4 968.5 万公顷土地资源可供种草。每一个产业的持续健康发展，必须有其相应的成熟、完善的市场来支撑，牧草产业更是如此。牧草产业作为一个中间产业，提供的产品也仅是中间产品，必须通过养殖产业的消费和转化才能产生最终产品。要紧密实施草畜结合，充分依靠优质、绿色、无公害等特色畜产品品牌的创建来拉动对牧草的强劲需求。

我国牧草种植正在逐步向羊、牛、兔、鹅等草食畜禽优势产区集中，这些地区在发展牧草种植时立足发挥当地资源优势，结合畜牧业发展情况，已逐渐向区域化、规模化、集约化发展。目前，我国的牧草产业主要分布在甘肃、内蒙古、河北、宁夏、陕西、山东、山西、黑龙江、吉林、辽宁、四川、云南、海南等省（区）。未来，随着我国畜牧业生产结构的继续调整及节粮型草食畜牧业区域化的进一步发展，牧草产业将继续向区域化、规模化推进。

我国适宜种植的饲草较多（表 1），牧草的种植模式主要有单播、混播、草田轮作及林间草地等。

表1　我国各地区适宜栽培草种

地区	主栽草种	适宜草种
东北地区	羊草（*Leymus chinensis*）、紫花苜蓿（*Medicago sativa*）、玉米（*Zea mays*）和高粱（*Sorghum vulgare*）	沙打旺（*Astragalus adsurgens*）、无芒雀麦（*Bromus inermis*）、二色胡枝子（*Leapedeza bicolor*）、碱茅（*Puccinellia distans*）、山野豌豆（*Vicia amoena*）、燕麦（*Avena sativa*）、大麦（*Hordeum vulgare*）、毛苕子（*Vicia villosa*）、扁蓿豆（*Melissilus ruthenicus*）、披碱草（*Elymus dahuricus*）和野大麦（*Hordeum brevisubulatum*）等
内蒙古高原	紫花苜蓿（*Medicago sativa*）、沙打旺（*Astragalus adsurgens*）、玉米（*Zea mays*）、高粱（*Sorghum vulgare*）、燕麦（*Avena sativa*）、大麦（*Hordeum vulgare*）、柠条（*Caragana Korshinskii*）和冰草（*Agropyron cristatum*）	羊草（*Leymus chinensis*）、无芒雀麦（*Bromus inermis*）、老芒麦（*Elymus sibiricus*）、披碱草（*Elymus dahuricus*）、羊柴（*Hedysarum mongdicum*）、扁蓿豆（*Melissilus ruthenicus*）、梭梭（*Haloxylon ammodendron*）、沙拐枣（*Calligonum mongolicum*）、芨芨草（*Achnatherum splendens*）、草木樨（*Melilotus suaveolens*）和毛苕子（*Vicia villosa*）等
黄淮海地区	紫花苜蓿（*Medicago sativa*）、玉米（*Zea mays*）、高粱（*Sorghum vulgare*）和黑麦（*Secale cereale*）	沙打旺（*Astragalus adsurgens*）、无芒雀麦（*Bromus inermis*）、苇状羊茅（*Festuca arundinacea*）、小冠花（*Coronilla varia*）、百脉根（*Lotus corniculatus*）、鸡脚草（*Dactylis glomerata*）和草木樨（*Melilotus suaveolens*）等
黄土高原	紫花苜蓿（*Medicago sativa*）、玉米（*Zea mays*）、沙打旺（*Astragalus adsurgens*）、小冠花（*Coronilla varia*）、高粱（*Sorghum vulgare*）、无芒雀麦（*Bromus inermis*）、苇状羊茅（*Festuca arundinacea*）、鸡脚草（*Dactylis glomerata*）、红豆草（*Onobrychis vicifolia*）和冰草（*Agropyron cristatum*）	羊草（*Leymus chinensis*）、披碱草（*Elymus dahuricus*）、老芒麦（*Elymus sibiricus*）、羊柴（*Hedysarum mongdicum*）、柠条（*Caragana Korshinskii*）、草木樨（*Melilotus suaveolens*）、箭筈豌豆（*Vicia sativa*）、毛苕子（*Vicia villosa*）、燕麦（*Avena sativa*）和大麦（*Hordeum vulgare*）等
长江中下游	白三叶（*Trifolium repens*）、多年生黑麦草（*Lolium perenne*）、一年生黑麦草（*Lolium multiflorum*）、玉米（*Zea mays*）、苏丹草（*Sorghum sudanense*）、紫云英（*Astragalus sinicus*）、狼尾草（*Pennisetum alopecuroides*）、苇状羊茅（*Festuca arundinacea*）和雀稗（*Paspalum scrobiculatum*）	紫花苜蓿（*Medicago sativa*）、狗牙根（*Cynodon dactylon*）、鸡脚草（*Dactylis glomerata*）、红三叶（*Trifolium pratense*）、无芒雀麦（*Bromus inermis*）、箭筈豌豆（*Vicia sativa*）、苦荬菜（*Sonchus lingianus*）、聚合草（*Symphytum officinale*）和串叶松香草（*Silphium perfoliatum*）等
华南地区	柱花草（*Stybsanthes guianensis*）、玉米（*Zea mays*）、苏丹草（*Sorghum sudanense*）、狼尾草（*Pennisetum alopecuroides*）、雀稗（*Paspalum scrobiculatum*）和狗尾草（*Setaria viridis*）	大翼豆（*Macroptilium lathyroides*）、银合欢（*Leucaena leucocephala*）、山蚂蟥（*Desmodium racemosum*）、一年生黑麦草（*Lolium multiflorum*）、苦荬菜（*Sonchus lingianus*）、聚合草（*Symphytum officinale*）和串叶松香草（*Silphium perfoliatum*）等

(续表)

地区	主栽草种	适宜草种
西南地区	白三叶(*Trifolium repens*)、多年生黑麦草(*Lolium perenne*)、一年生黑麦草(*Lolium multiflorum*)、玉米(*Zea mays*)、苏丹草(*Sorghum sudanense*)、狼尾草(*Pennisetum alopecuroides*)、红三叶(*Trifolium pratense*)和苇状羊茅(*Festuca arundinacea*)	鸡脚草(*Dactylis glomerata*)、紫花苜蓿(*Medicago sativa*)、草芦(*Phalaris arundinacea*)、扁穗牛鞭草(*Hemarthria compressa*)、苦荬菜(*Sonchus lingianus*)、聚合草(*Symphytum officinale*)、串叶松香草(*Silphium perfoliatum*)、毛苕子(*Vicia villosa*)和箭筈豌豆(*Vicia sativa*)
青藏高原	老芒麦(*Elymus sibiricus*)、披碱草(*Elymus dahuricus*)、燕麦(*Avena sativa*)、大麦(*Hordeum vulgare*)和中华羊茅(*Festuca sinensis*)	紫花苜蓿(*Medicago sativa*)、红豆草(*Onobrychis vicifolia*)、白三叶(*Trifolium repens*)、沙打旺(*Astragalus adsurgens*)、冷地早熟禾(*Poa crymophila*)、草木樨(*Melilotus suaveolens*)、糙毛鹅观草(*Roegneria hirsuta*)、星星草(*Puccinellia tenuiflora*)等
新疆	紫花苜蓿(*Medicago sativa*)、玉米(*Zea mays*)、高粱(*Sorghum vulgare*)和无芒雀麦(*Bromus inermis*)	燕麦(*Avena sativa*)、大麦(*Hordeum vulgare*)、木地肤(*Kochia prostrata*)、沙拐枣(*Calligonum roborovskii*)、樟味藜(*Camphorosma monspeliaca*)、驼绒藜(*Ceratoides latens*)、红豆草(*Onobrychis vicifolia*)、鸡脚草(*Dactylis glomerata*)、老芒麦(*Elymus sibiricus*)、披碱草(*Elymus dahuricus*)等

资料来源：张英俊，2013。

四、我国对饲草产业发展的支持

随着国家乡村振兴战略、种植结构调整、深化农业供给侧结构性改革以及“粮改饲”等政策的出台，优质饲草产品有着良好的发展前景。饲草的品种、产量、种植方式和施肥水平等决定了饲草的生产状况和畜牧业的发展能力。我国有几千年饲草作物与粮食作物、经济作物轮作、间作、套作的耕作习惯，推动着我国饲草产业的不断发展进步。

2012年开始，农业农村部（2018年“农业部”更名为“农业农村部”）会同财政部实施振兴奶业苜蓿发展行动，中央财政每年投资3亿元，支持建设50万亩高产优质苜蓿示范片区。片区建设以3 000亩为一个单元，一次性补贴180万元（每亩600元），重点用于推行苜蓿良种化、应用标准化生产技术，改善生产条件和加强苜蓿质量管理等。从2019年起，中央财政加大了资金扶持力度，将苜蓿基地建设面积由50万亩增加到100万亩。截至2020年底，已累计支持高产优质苜蓿示范片区建设550万亩。

五、我国饲草业的供求现状

2008 年“三聚氰胺”事件后，养殖者增加了牛、羊的饲草饲喂量，草食畜牧业生产能力和水平显著提升。2018 年，牛年末存栏量 8 915. 3 万头，比 2010 年减少 904. 7 万头；牛出栏量 4 397. 5 万头，比 2010 年增加 79. 2 万头；羊年末存栏量 29 713. 5 万只，比 2010 年增加 983. 3 万只；年出栏量 31 010. 5 万只，比 2010 年增加 4 202. 2 万只；牛肉产量 644. 1 万吨，比 2010 年增加 15. 0 万吨；羊肉产量 475. 1 万吨，比 2010 年增加 69. 1 万吨；牛奶产量 3 074. 6 万吨，比 2010 年增加 35. 7 万吨；牛的平均出栏率 48. 7%，比 2010 年增长 5. 7 个百分点；羊的平均出栏率 102. 6%，比 2010 年增长 10. 4 个百分点；奶牛饲养规模年出栏 50 头以上的占 66. 0%，比 2010 年增长 29. 7 个百分点；肉牛饲养规模年出栏 10 头以上的占 47. 1%，比 2010 年增长 5. 5 个百分点；羊饲养规模年出栏 30 只以上的占 64. 0%，比 2010 年增长 15. 2 个百分点。这种变化体现了饲草在牛、羊生产中的支撑保障作用，同时也预示着随着牛、羊养殖数量增加和规模化水平的提高，饲草的需求将会进一步增加。

2017 年，商品草生产面积 2 002. 2 万亩、销售量 716. 2 万吨，分别比 2001 年增加 1 729. 1 万亩、604. 0 万吨；草产品加工企业近 800 家，分别比 2001 年和 2010 年增长 100 倍和近 4 倍。2018 年，草产品进口 170. 68 万吨，其中苜蓿干草 138. 35 万吨，燕麦草 29. 36 万吨，苜蓿粗粉及颗粒 2. 97 万吨。

2019 年全国畜牧总站调度的 23 家饲草种植加工企业种植的饲草种类主要是紫花苜蓿、饲用燕麦和青贮玉米，2019 年种植总面积为 63. 2 万亩、21. 3 万亩、16. 1 万亩，分别比 2018 年增长 28. 0%、15. 7%、8. 7%。饲草干草和青贮总使用量分别为 37 万吨、103. 6 万吨，同比增加 -0. 5%、39. 6%，其中苜蓿干草 21. 7 万吨，同比下降 24. 7%，但一级及以上苜蓿干草比例达到 60%，同比提高 20 多个百分点；苜蓿青贮 35. 7 万吨，同比增加 147. 9%；燕麦干草 15. 3 万吨，同比增加 82. 1%；燕麦青贮 5. 8 万吨，同比增加 26. 1%；玉米青贮 62. 1 万吨，同比增加 12. 5%。

在牛、羊需求方面，2019 年，14 家奶牛养殖场干草使用量 16. 59 万吨，同比增长 2. 81%，其中苜蓿 10. 93 万吨，同比增长 8. 3%，包括进口苜蓿 7. 79 万吨，同比增长 3. 63%；国产苜蓿 3. 13 万吨，同比增长 21. 99%。燕麦 4. 17 万吨，同比减少 5. 58%，包括进口燕麦 0. 99 万吨，同比减少

31.43%；国产燕麦3.18万吨，同比增长7.02%。羊草1.49万吨，同比减少8.49%。青贮饲料使用量80.32万吨，同比减少1.34%，其中玉米青贮77.19万吨，同比减少2.26%；苜蓿青贮2.4万吨，同比减少1.83%。从奶牛养殖企业的生产情况看，干草使用量增加，青贮使用量减少；进口草产品使用量减少，国产草产品使用量增加。

饲草价方面，受中美贸易摩擦和非洲猪瘟疫情的影响，2019年国产苜蓿和燕麦价格均较高，苜蓿价格二、三季度之间变化不大，干草装车价格1 500~2 900元/吨，其中优级2 900元/吨，同比提高400元/吨；青贮价格为900~1 200元/吨，同比提高200元/吨。燕麦干草二季度价格为1 500~2 100元/吨，同比提高150元/吨。饲草进口价格普遍要比国产苜蓿、燕麦价格高很多。2019年，奶牛养殖场国产苜蓿、燕麦干草到场价分别为2 250~ 2 800元/吨、1 700~ 2 340元/吨，美国苜蓿到场价3 200~3 750元/吨、西班牙苜蓿到场价2 520~3 000元/吨、进口燕麦干草到场价2 600~3 150元/吨。

六、我国牧草业发展中存在的问题

近年来，我国奶牛养殖业消耗国产、进口苜蓿量各占“半壁江山”。我国苜蓿品质与国外相比仍有差距，主要短板在粗蛋白质（CP）、相对饲喂价值（RFV）、产品批次间质量稳定性等方面。主要原因是收获加工、储存运输、质量检测等设施设备不完善，种植苜蓿主要是盐碱地、风沙地、退耕地、撂荒地、旱坡地等低劣土地，难以满足高品质饲草生产的需求。

目前，我国牧草发展中最主要的问题是特级苜蓿草缺口较大。据统计，国产特优级、优级苜蓿干草占比不足20%，一级、二级苜蓿占比70%，远不能满足高产奶牛特别是单产10吨以上奶牛的饲喂需求。近年来，苜蓿正常年份进口量为140万吨左右，主要为特级以上的苜蓿，用于高产奶牛。2020年新冠肺炎疫情发生后，我国饲草的生产与供应受到一系列影响，一度出现饲料短缺、畜产品运输受阻、依靠外调原料生产的养殖业生产中断、进口产品人工及运输成本明显上升、饲草市场价格波动预期不平稳等问题。

在这种情况下，我国畜牧业的发展仍然过多依赖进口饲草。进口量居第一位的是苜蓿，一级苜蓿、特级苜蓿和超特级苜蓿到岸价格分别达每吨375美元、420美元和435美元，折合人民币港口提货价分别为每吨2 950元、3 150元和3 250元。近来西班牙苜蓿草质量提高，相应的市场份额增加，但是所占比例还不足以和美国苜蓿相提并论。2020年1—10月，进口苜蓿

111.97万吨，平均到岸价格362美元/吨。其中，从美国进口97.13万吨，占苜蓿总进口量的86.8%，主要为优级苜蓿干草；从西班牙进口脱水苜蓿量为9.16万吨，同比减少49.80%，占总进口量的8.18%。此外，从南非进口2.06万吨，占总进口量的1.85%；从苏丹进口1.19万吨，占总进口量的1.06%；从加拿大进口0.94万吨，占总进口量的0.84%。2020年，即便受新冠肺炎疫情影响，我国苜蓿干草进口也达135.91万吨。除苜蓿外，2020年，我国还进口燕麦33.47万吨，同比增加39%，这说明我国对国外高端饲草的依赖度较高。与此相比，我国草产品年出口总量却不足30万吨，可见我国饲草进出口的国内外循环严重不畅。

我国苜蓿依赖进口的原因主要受自身加工技术的制约。苜蓿干草晾晒过程中翻晒和打捆等操作都会导致苜蓿叶片严重脱落，造成优质蛋白损失，极大影响饲草营养价值及价格。尤其在苜蓿第2、第3茬收获制备干草时，正值雨热同期，导致苜蓿收获困难，甚至霉烂，造成极大损失，这势必会影响种植户的经济利益及种植积极性，降低产能。目前高品质国产苜蓿数量少且供应不稳定，供不应求，难以支撑奶业和高质量畜牧业的发展。近年来，国产苜蓿草的种植面积约300多万亩，年产量约240万吨。主要产地为内蒙古中东部，如阿鲁科尔沁旗、通辽、巴盟、准噶尔、呼市等；甘肃河西走廊和河西，如酒泉、永昌、张掖等河西地区；宁夏、新疆、河北沧州、廊坊、邢台，河南、山西雁门关以北高海拔地区、安徽等。一方面，进口苜蓿价格上涨，带动国产苜蓿草价格显著上升；另一方面，由于地租价格猛涨，造成生产成本增加，国产苜蓿涨价也是不得已而为之。从2021年开始，国产优质苜蓿等干草价格一路飙升，至2022年国内苜蓿干草价格有些地区涨至3 500~4 000元/吨，燕麦干草涨至2 500~2 800元/吨。随着奶牛场等高品质畜牧企业对优质苜蓿和燕麦草的使用，优质苜蓿和燕麦供不应求，只好退而求其次，用优质全株玉米青贮替代了少部分高价的苜蓿和精料。目前，随着人们生活水平提高和膳食结构变化，牛、羊肉和牛奶的消费量增长很快，牛、羊肉占肉类总产量的比重提升，加之草食畜牧业生产方式的转变，饲养管理水平和饲草的需求将进一步提升。如何在有限的耕地种植出更多的高质量饲草，这就对饲草种植管理水平尤其是针对性的精准施肥提出了更高要求。

另一个问题在于，国家没有针对饲草的种植、生产、销售等环节制定统一标准，对饲草生产环节中的施肥、收割、贮藏等过程也没有制定相应的操作规程，草种子、草产品质量问题突出，影响了在国内外市场上销售，饲草价格体系尚未形成，市场不能有效地发挥监管、调节、衔接的功能，以致多产降价、减产涨价及质量参差不齐的现象屡见不鲜。国内饲草主产区与家畜及奶牛等的养殖集中地不统一，造成了饲草产品运销成本高、销售范围和规模受到很大的限制。此外，饲草信息服务平台缺乏，草产品龙头企业的带动力、凝聚力不足等也对饲草产业的发展造成了不利影响。

目前，我国对人工草地发展及开发利用不足，大力发展优质人工草对缓解饲草供应不足、“以小保大”保护生态草原等具有重要作用。苜蓿人工草的年产量可达 22.5 吨/公顷，是天然草地的 11 倍；青贮玉米的干物质年产量可达 45 吨/公顷，是天然草地的 23 倍。鉴于此，2022 年，农业农村部印发《“十四五”奶业竞争力提升行动方案》提出，增加优质饲草料供给。实施振兴奶业苜蓿发展行动，支持内蒙古、甘肃、宁夏建设一批高产优质苜蓿基地，提高国产苜蓿品质，推广青贮苜蓿饲喂技术，提升国产苜蓿自给率。推进农区种养结合，支持粮改饲政策实施范围扩大到所有奶牛养殖大县。粮改饲政策实施后，我国青贮玉米种植面积达到 167 万公顷，基本保证农区草食家畜吃上优质粗饲料。然而，由于我国牧区环境气候差异较大，种质资源、高效种植及栽培管理等方面还存在技术瓶颈等问题，因此，人工草地规模化、专业化种植还需在饲草营养元素与施肥技术方面大力推进，以降低饲草料投入成本，形成粗饲料就地就近供给和高质量绿色发展的现代化种草养畜模式。

第二章　我国饲草营养元素

第一节　饲草营养元素及分类

饲草营养是指饲草对多种生长所需的营养元素和物质的吸收、利用、转化，是饲草与外界生长环境之间营养物质转化和能量交换的过程。饲草营养元素是饲草生长发育过程中所吸收的营养物质，即养分。饲草生产离不开饲草营养元素，饲草营养元素是饲草生产中重要的研究对象。

一、饲草植物体的组成

1. 水分

饲草植物同其他植物一样，组成比较复杂。新鲜饲草植物体一般含水量为70%~95%，并因牧草的种类、品种、生长年限（指多年生牧草）、生长季节、生育时期、部位、器官不同而有较大差异。生长初期或生殖生长前，饲草含水分一般均较多，开花结籽后一般水分会降低。叶片含水量较高，其中，又以幼叶为最高，茎秆含水量较低，种子中则更低，有时只含5%，甚至更低。

2. 干物质

新鲜饲草风干或经过烘箱烘干除去水分后，可以获得干物质，在干物质中含有无机和有机两类物质。干物质燃烧时，有机物在燃烧过程中氧化而挥发，余下的部分就是灰分，是无机态氧化物。在干物质中绝大部分是有机化合物，一般占干物质重的90%~95%，无机矿物质等占5%~10%。

干物质燃烧时，有机物在燃烧过程中氧化而挥发，逸出的主要是碳、氢、氧、氮，余下的部分就是灰分，灰分中的物质为各种矿质的氧化物、硫酸盐、磷酸盐等，构成饲草灰分的元素称灰分元素。由于它们直接或间接来自土壤矿物质，又称矿质元素。矿质元素种类组成非常复杂，现已发现的就有70多种，且其元素组成及含量与饲草的基因型及其生长的环境有关。不同饲草品种、种类，不同生境条件，或同一牧草品种不同组织或器官、不同的发育阶段，以及气候条件、栽培条件、土壤条件的不同，都会影响饲草体内矿质元素的组成与含量。这充分说明，饲草体内吸收的营养元素，一方面由饲草本身的基因型特性决定，另一方面受环境条件的影响。

二、饲草的必需营养元素

饲草体内的矿质元素并不都是其正常生长所必需的。有些元素可能偶然被饲草吸收，甚至还能大量积累；反之，有些元素对饲草的需要虽然极微，然而却是饲草生长不可缺少的营养元素。所以判断某一元素是否对饲草的生长发育所必需，并不一定取决于该种元素在牧草体内的含量多少，而是指是否是饲草正常发育必不可少的营养元素。

人们早就认识到，植物不仅能吸收它所必需的营养元素，同时也会吸收一些它并不需要、甚至可能有毒的元素。因此，确定某种营养元素是否必需，应该采取特殊的研究方法，即在不供给该元素的条件下进行溶液培养，以观察植物的反应，根据植物的反应来确定该元素是否必需。

1939 年，阿隆（Arnon）和斯托德（Stout）提出了确定必需营养元素的 3 条标准。

（1）该元素对所有植物的生长发育是不可缺少的。缺少这种元素就不能完成其生命周期，对饲草植物来说，即由种子萌发（或无性繁殖类饲草的繁殖体）到再结出种子（或完成生活史）的过程。

（2）缺乏这种元素后，植物会表现出特有的症状，而且其他任何一种化学元素均不能代替其作用，只有补充这种元素后症状才能减轻或消失。

（3）该元素必须直接参与植物的新陈代谢或物质构成，对植物起直接的营养作用，而不是改善植物生长环境的间接作用。

根据这一标准的化学元素才能称为必需营养元素，其他的则是非必需营养元素。到目前为止，已公认的饲草植物的必需营养元素有 17 种：碳（C）、氢（H）、氧（O）、氮（N）、磷（P）、钾（K）、钙（Ca）、镁（Mg）、硫（S）、铁（Fe）、硼（B）、锰（Mn）、铜（Cu）、锌（Zn）、钼（Mo）、氯（Cl）和镍（Ni）。在必需营养元素中，碳和氧来自空气中的二氧化碳，氢和氧来自水，而其他的必需营养元素几乎全部来自土壤。

但在非必需营养元素中，有一些元素虽不是所有牧草所必需的，但却是某些饲草种类所必需，或者是对某种饲草的生长发育有益，或者是有时表现出有刺激生长的作用，如豆科牧草需要钴、硒，禾本科牧草需要硅等，所以，称这些元素为有益元素。只是限于目前的科学技术水平，尚未证实它们是否为饲草普遍所必需。目前，有益元素日益受到人们的重视，要严格分清必需营养元素和非必需营养元素目前仍然是非常困难的。因为饲草的某些生理功能可由相关的两种元素相互代替，当然这种代替是暂时的、部分的，如K^+和Na^+，Ca^{2+}和Si^{2+}；某些元素只是在一定场合下需要，另一场合就不一定必需，如钼一般只是在硝态氮为饲草氮源时才需要，而在氨态氮为氮源时并不一定需要。随着研究工作的进一步深入和元素分析测定技术的发展，特别是对饲草体内各种元素的确切生理生化功能的明确，人们对饲草元素的种类会有进一步的认识，有可能使许多体内含量极低的一些化学元素进入必需营养元素的行列，也有可能再发现一些新的必需营养元素。土壤作为饲草营养元素的主要来源，在饲草生产中缺乏营养元素是一个普遍现状。

三、饲草的必需营养元素分类

饲草中大量营养元素含量一般占干物质重量的0.1%以上。它们是碳、氢、氧、氮、磷和钾6种；在饲草营养学中，中量元素是指在饲草生长过程中需要量次于氮、磷、钾而高于微量元素的营养元素，中量元素一般占饲草植物体干重的0.1%~1.0%，通常指钙、镁和硫3种。微量营养元素的含量一般在0.1%以下，有的只含0.1毫克/千克，它们是铁、硼、锰、铜、锌、钼、氯和镍8种。中微量元素，尤其是微量元素在饲草体内虽然含量低，但却是饲草生长发育不可缺少的营养元素，是制约生长发育的重要元素。习惯上，常把饲草中的17种必需元素分为三大类：大量营养元素、中量营养元素和微量营养元素（表2）。

1. 大量营养元素

大量营养元素一般占植株干物质重量的百分之几十到千分之几，即碳（C）、氢（H）、氧（O）、氮（N）、磷（P）、钾（K）。

2. 中量营养元素

中量营养元素的含量占植株干物质重量的百分之几到千分之几，它们是钙（Ca）、镁（Mg）、硫（S）3种，有人也称中量营养元素叫次量元素。

3. 微量营养元素

微量营养元素的含量只占植株干物质重量的千分之几到十万分之几，它们是铁（Fe）、硼（B）、锰（Mn）、铜（Cu）、锌（Zn）、钼（Mo）、氯（Cl）、镍（Ni）8种。

表 2　饲草必需营养元素的种类、可利用形态及其在植物体内的含量

	营养元素	化学符号	植物可利用的形态	干重（%）
大量营养元素	碳	C	CO_2	45
	氧	O	O_2　H_2O	45
	氢	H	H_2O	6
	氮	N	NO_3^-　NH_4^+	1.5
	磷	P	$H_2PO_4^-$　HPO_4^{2-}	0.2
	钾	K	K^+	1.0
中量营养元素	钙	Ca	Ca^{2+}	0.5
	镁	Mg	Mg^{2+}	0.2
	硫	S	SO_4^{2-}	0.1
微量营养元素	氯	Cl	Cl^-	0.010
	铁	Fe	Fe^{3+}　Fe^{2+}	0.010
	锰	Mn	Mn^{2+}	0.005 0
	硼	B	$H_2BO_3^-$　$B_4O_7^{2-}$	0.002 0
	锌	Zn	Zn^{2+}	0.002 0
	铜	Cu	Cu^{2+}　Cu^+	0.000 06
	钼	Mo	MoO_4^{2+}	0.000 01
	镍	Ni	Ni^{2+}	0.000 01

数据来源：史丹利化肥股份有限公司，2014；李唯，2012。

第二节　饲草营养元素的主要功能

饲草营养元素都有独特的作用，一部分作为活细胞结构物质和生活物质的成分，有些在牧草代谢过程中起催化作用，有些对饲草具有特殊的功能和作用。饲草体内各种营养元素各自有其独立作用，但又相互配合共同担负着体内各种代谢活动，缺少任何一种元素，饲草生长和发育均会受到影响。

一、大量元素在饲草中的主要功能

氮、磷、钾是植物生长发育所必需的三大营养元素，自然界中土壤的氮、磷、钾含量较低，是限制饲草生长的主要因素，也影响着饲草的产量和品质。氮素对作物的最终产量贡献可达 40%～50%。磷和钾在饲草生物合成和同化产物形成等诸多生理过程具有至关重要的作用。

（一）氮在饲草中的主要功能

氮是最重要的生物元素之一，在数量上氮位于碳、氢、氧之后，居第四位。在营养价值上，氮是构成生命的基础物质蛋白质的主要元素。没有氮，不能构成蛋白质，就没有生命。由于氮具有多种重要的生理生化功能，所以饲草生长环境中氮供应的充足与否直接影响细胞的分裂和生长，影响着饲草代谢和生长发育。由此可知，氮在饲草生长发育中起着相当重要的作用。

氮在饲草中的主要功能如下。

1. 组成蛋白质和核酸

饲草吸收无机氮，首先合成氨基酸进而合成蛋白质。饲草中的氮能发挥作用是由于它存在于蛋白质分子的结构中。蛋白质含氮16%~18%是构成细胞原生质的基本物质，原生质是饲草新陈代谢活动的中心。核蛋白是结合蛋白质，它的非蛋白部分是核酸，核酸也含有氮，是遗传信息的传递者，它存在于细胞中，尤其是分生组织中含量特别高，积极参与细胞的繁殖生长。在饲草生长发育过程中，体内旧细胞分裂和新细胞形成都必须有蛋白质，缺氮时，饲草体内分生组织的活动受阻，生长发育延缓或停滞。所以说蛋白质和核酸是生命活动的基础，由此可见氮的重要性。

2. 组成叶绿素

氮也是叶绿素的组成元素，在饲草的叶子中，含有20%~30%叶绿体，叶绿体中含有10%的色素，色素中的叶绿素a（$C_{55}H_{72}O_5N_4Mg$）和叶绿素b（$C_{55}H_{70}O_6N_4Mg$）是含氮化合物。叶绿素能够吸收光能，所以在太阳光照射下，能将二氧化碳和水在叶绿体内合成葡萄糖。葡萄糖是饲草合成其他有机物质的基础。

$$6CO_2+6H_2O \xrightarrow[\text{叶绿素}]{\text{太阳光}} C_6H_{12}O_6+6O_2\uparrow$$

3. 组成酶和维生素

氮也是牧草体内酶的组成成分，酶本身就是蛋白质。酶是饲草体内新陈代谢作用的生物催化剂，对生物化学反应的方向和速度起着很大的影响。蛋白质是组成酶的主要成分，有些酶还含有非蛋白质的辅基，蛋白质和辅基均含有氮。维生素B_1（硫胺素）、B_2（核黄素）、B_6（吡哆醇）、B_{12}（钴维素），还有一些生长素和激素中也含有氮。这些含氮化合物在牧草体内含量虽不多，但对牧草生长发育和体内多种新陈代谢过程起着调节作用，在相当大的程度上控制着种子的萌动与休眠、牧草的营养生长与生殖生长、体内物质转化及整个生理与生化过程。因此，氮对牧草生命活动以及产量和品质均有极其重要的作用。

4. 促进碳代谢

氮的含量对碳的代谢有很大的影响，饲草吸收氮时，所需的能量和分子骨架来源于碳代谢，而饲草的合成能力及新组织的生成又受控于氮的供应，因此，饲草重量的增加常为可利用氮所限制。试验证明，氮素供应充分，光合作用就强，饲草生长旺盛，贮存的营养物质增多；反之，当植物缺氮时，植株矮小，组织细胞收缩，细胞壁变厚，产量降低，营养物质减少，品质变坏。

（二）磷在饲草中的主要功能

在自然界中，磷多与氧结合以5价状态形成磷酸根（PO_4^{3-}）。磷在牧草生长和代谢中是不可缺少的无机成分，饲草中所含的磷来源于土壤中的有效磷。绝大多数磷酸盐（除钾、钠盐外）为难溶性化合物，因此，磷在土壤中稳定性较大，不易流动与损失，但也难被植物吸收利用。磷是饲草必需的三大营养元素之一，在饲草生长发育过程中是一个相当重要的元素。磷以多种方式参与饲草的生命活动。牧草体内许多重要有机化合物都含有磷如核酸、核蛋白、磷脂、辅酶NAD^+、$NADP^+$、三磷酸腺苷（ATP）等，有些化合物虽不含磷，但在其形成和转移过程中，也必须有磷参加，所以磷对牧草的生长发育和新陈代谢有重要作用。

磷在饲草中的主要功能如下。

1. 组成细胞原生质

磷在饲草体内以两种形态存在。无机磷如磷酸钙、磷酸钾、磷酸钠等，只是在磷供给充足时，在生长末期，才在根茎中大量积累。在通常条件下，大部分以有机磷形式存在。磷是核酸的组成部分，核酸是核蛋白的组成部分，核蛋白是原生质，尤其是细胞核的主要成分。磷也是组成磷脂的主要成分，磷脂又是原生质的组成部分，它们均参与细胞的分裂和繁殖。

2. 参与代谢作用

磷以磷酸基的形式含于ATP和ADP中，并且是辅酶Ⅰ、辅酶Ⅱ、辅酶A的组成成分，参与蛋白质、糖类与脂肪的转化和代谢。如停止磷的供应，卵磷脂合成受阻，引起细胞内脂肪的积累与硝酸以外的水溶性含氮化合物的大量积累。

3. 能量的转化作用

在代谢过程中，磷对化学能的贮藏、运转和供应起着重要作用。

4. 组成缓冲体系

饲草中存在的磷酸盐类，如磷酸钾、钠盐及其酸式盐，在调节饲草体内氢离子浓度时，起着缓冲作用。

5. 促进早熟

磷可促进饲草体内各种代谢过程，促进饲草的生长和发育。因此可缩短饲草整个发育时期，促进早熟，提高收籽饲草的产量和质量。

6. 增强耐旱抗寒能力

磷可促进饲草根系发育，使根部产生更多的侧根和须根，伸入土壤深处，增强耐旱抗寒能力。

（三）钾在饲草中的主要功能

钾作为饲草的三大营养元素之一，在饲草生长发育中是必不可少的元素。大约每克饲草干重含钾 250 微摩尔，正常饲草的含钾量约是缺钾饲草的 2 倍，且其他碱金属离子不能代替。欲维持牧草的正常生长发育，钾的浓度不能少于 10^{-5}摩尔。钾不仅在生物物理和生物化学方面有重要作用，而且对体内同化产物的运输和能量转变也有促进作用。

钾在饲草中的主要功能如下。

1. 促进光合作用的产物——糖类的形成、转化和运输

土壤中的有效性钾被饲草吸收后，通过酶的作用，促进光合作用产物的形成，使单糖转化为双糖，并输送到其他器官。所以饲草叶中含钾量较高。一旦缺钾，单糖在叶内积累，不能及时输送出去，使光合作用受阻，引起饲草黄化。钾促进光合作用效果显著的原因，是因为它具有辐射能，在阳光下能放出电子，是光合作用强有力的能源。

2. 与蛋白质的合成、代谢有关

饲草的幼嫩部分，如芽、幼叶、根尖有大量的钾，约占灰分的 50%，这些幼嫩组织中蛋白质含量亦较高。如果钾供应不足，就可引起叶片中蛋白质水解而含量迅速下降，累积分解产物。钾素不仅在蛋白质合成中起一定的作用，而且对蛋白质的代谢有一定的影响。

3. 组成缓冲体系

在饲草体内钾的硫酸盐、草酸盐，磷酸盐、有机酸盐及其酸式盐组成缓冲体系维持体液的 pH 值。

4. 控制渗透压力

钾可调节饲草组织细胞内盐分的浓度，维持一定的渗透压。

5. 增强耐旱抗寒能力

由于钾可增强原生质的水合程度，促进原生质胶体膨胀，从而促使饲草体内的吸水能力和保水能力增强，增强了抗寒耐旱的能力。

6. 使酶类活化

大约有30种酶要求碱金属离子活化，约50毫摩尔的钾离子可使丙酮酸激酶得到最大的活性。钾在饲草中不与有机质形成任何稳定的复杂络合物，主要以可溶性的无机钾盐形式或者以不稳定的被胶体吸着的状态存在，一般易于转移。

二、中量元素在饲草中的主要功能

钙、镁、硫是饲草必需的中量营养元素。近几年来，随着饲草产业的发展，钙、镁、硫营养元素在饲草生产中愈来愈受到重视。其主要作用有以下4个方面：一是能提供饲草生长所需的钙、镁、硫元素；二是能中和土壤酸性，消除铝毒和酸害；三是能调节土壤反应，促进有益微生物的活动，加速土壤有机质的矿化，增加土壤有效养分的含量；四是能改善土壤的物理性状，促进土壤胶体凝聚，有利于团粒结构的形成，降低土壤容重，提高孔隙度，改善通透性，从而增加饲草产量，提高饲草品质。

（一）钙在饲草中的主要功能

钙是饲草生长发育和代谢的必需营养元素之一，钙的生理功能与细胞壁组分有关。钙是牧草结构组分元素。在土—草—畜中，不论是吸收、运送和转化，均以正2价阳离子的形式出现。多数钙化物溶解度较小，常形成沉淀。虽然只有少数钙化物为可溶性的，但造成的损失是相当严重的。钙化物沸点较高，难以挥发，所以不会因气化而损失。钙在饲草生产过程中对土壤的物理结构、化学性质及土壤微生物等均起着重要作用。

钙在饲草中的主要功能如下。

1. 与糖类和蛋白质的代谢有关

当饲草的叶绿体和非叶绿体中含大量钙质时，饲草体内的蛋白质和酰胺也随之增加。缺钙时，发生淀粉的异常积累现象，这与糖类和蛋白质的移动受阻有关。在种子萌发时缺钙，就是发了芽也难以成活。因此钙在饲草体内对糖和蛋白质的代谢起一定作用。

2. 解毒作用

很多饲草的营养物质在代谢的过程中，形成大量的有机酸，主要为草酸，对饲草有害。但钙可与草酸形成不溶性的草酸钙结晶，存在于液泡内，因而钙有解除饲草中草酸致毒的功效。

3. 组成细胞壁

钙在细胞壁的中胶层与果胶酸结合成果胶酸钙，使细胞间的结合牢固，增强了饲草抗病虫害的作用。

4. 促进原生质凝聚

与钾相反，成为钾的拮抗者，它有促进原生质凝聚和脱水的作用，降低胶体的分散度和含水量，使原生质黏度变大，细胞衰老，所以钙和钾的含量比例对原生质的性质有密切关系。

5. 有促进还原硝酸的作用

钙具有促进还原硝酸的作用，并参与转化酶的构成，使很多酶活化。

（二）镁在饲草中的主要功能

镁是饲草所必需的营养元素，镁化学性质活泼，在自然界没有游离状态的单质存在。和钙相似，镁不论是吸收、运输，还是代谢、转化，均以正 2 价阳离子（Mg^{2+}）的形式出现。多数镁盐溶解度较大，可随雨水流动，因此容易造成损失。

镁和钙一起共同影响着土壤的物理、化学特性和生物学活性，还影响饲草吸收、生长及循环的有效性。一定的镁含量有助于饲草获得良好的生产性能。

镁在饲草中的主要功能如下。

1. 镁是叶绿素和色素的组成部分

镁是叶绿素分子的一个必要部分，是防止缺绿病必不可少的，否则就会在老叶的叶脉间发生缺绿病。它不仅是叶绿素的主要结构元素，也在形成叶绿素的一个或几个步骤中作为辅酶（活化剂）而起作用。

2. 镁是许多酶的活化剂

不含叶绿素的根也需要镁，它的主要作用是对许多必需的酶（如 ATP 酶、丙酮酸羧酶、磷酸酯酶、去氢核糖核酸酶）起活化作用。此外，适量的镁对于维持核糖体的结构也是必需的。镁还能促进牧草体内维生素 A 和维生素 C 的形成，提高牧草的抗病能力，防止病菌的侵入，提高饲草的产量和品质。

（三）硫在饲草中的主要功能

在自然界中，硫既有游离状态的硫，也有化合物状态的硫。化合态的硫主要以负 2 价的硫化物和正 6 价的硫酸盐的形式存在，也有以正 4 价的亚硫酸盐的形式存在。在硫的化合物中，有难溶性的金属硫化物，也有易溶解的硫酸盐，还有气体状态的二氧化硫（SO_2）和硫化氢（H_2S）。

硫是所有饲草不可缺少的元素，是组成饲草蛋白质的重要成分。大气中的硫随降雨以硫化氢（H_2S）或硫酸（H_2SO_4）的形式进入土壤，然后再转变成硫酸、硫酸盐而被饲草吸收。

硫在饲草中的主要功能如下。

1. 硫是组成原生质蛋白质的元素

组成原生质蛋白质的主要功能是以含硫氨基酸如胱氨酸、半胱氨酸和蛋氨酸的形式参与蛋白质的形成，因此缺硫症状与缺氨症状极为相似。在饲草生长过程中，体蛋白质中的氮与硫的比例（N：S）大致固定，一般为8.5：1，如缺少硫，体蛋白质的形成则会受到限制。

2. 构成含巯基的辅酶

辅酶A的组成中含有巯基，这是活性基，可催化酰基转移，因而对分解代谢与合成代谢都起着重要作用。缺硫时，由于巯基化合物减少，影响到形成层的作用也减弱，使饲草不能进行正常的生长。

3. 参与叶绿素的合成

硫不是叶绿素的成分，但影响叶绿素的合成，这可能是由于叶绿体内的蛋白质含硫所致。大部分蛋白质中都有含硫氨基酸。由于缺硫，饲草体内的碳水化合物，特别是多糖类和硝酸积累会影响叶绿素的形成，因此叶会出现淡绿色。

此外，硫也是某些维生素（如硫胺素等）的组成成分。某些高等植物的挥发性化合物中含有硫化物，如硫化乙烯和硫化乙炔等。

三、微量元素在饲草中的主要功能

铁、锰、锌、铜、钼、硼、氯和镍是饲草必需微量营养元素，对于饲草产量的提高和品质的改善有着重要作用。微量元素的含量水平对饲草的产量以及草产品品质有显著影响。目前饲草产量提高的“瓶颈”因素已经不仅仅是大量元素和中微量元素，微量元素也起到了至关重要的作用，在缺乏微量元素的土壤中配合施用微量元素肥料是饲草产量进一步提高的关键。

（一）铁在饲草中的主要功能

铁是微量元素中被牧草吸收最多的一种元素。最常用的铁肥是硫酸亚铁，俗称绿矾。尽管它的溶解性很好，但施入土壤后立即被固定，所以一般不直接施用于土壤，而采用叶面喷施，从叶片气孔进入牧草体内以避免被土壤固定，螯合铁肥既可土壤施用又可叶面喷施。铁在饲草体内是一些酶的组分，由于它常居于某些重要氧化还原酶结构上的活性部位，起着电子传递的作用，对于催化各类物质（碳水化合物、脂肪和蛋白质等）代谢中的氧化还原反应有着重要影响。因此，铁与碳氮代谢的关系十分密切。

铁在饲草中的主要功能如下。

1. 有利于叶绿素的形成

铁不是叶绿素分子的组分，但对叶绿素的形成是必需的。缺铁时，叶绿体的片层结构发生很大变化，严重时甚至使叶绿体发生崩解，可见铁对叶绿体结构的形成是必不可少的。缺铁时，叶绿素的形成受到影响，叶片便发生失绿现象，严重时叶片变成灰白色，尤其是新生叶更易出现这类失绿病症。铁与叶绿素之间的这种密切联系，必然会影响到光合作用和碳水化合物的形成。

2. 促进氮素代谢

在硝态氮还原成铵态氮的过程中起着促进的作用。在缺铁的情况下，亚硝酸还原酶和次亚硝酸还原酶的活性显著降低，使这一还原过程变得相当缓慢，蛋白质的合成和氮素代谢便受到一定影响。铁还是固氮系统中铁氧还蛋白和钼铁氧还蛋白的重要组分，对于生物固氮具有重要作用。

3. 铁与饲草体内的氧化还原过程关系密切

铁是一些重要的氧化还原酶催化部分的组分。在饲草体内，铁与血红蛋白有关，铁存在于血红蛋白的电子转移键上，在催化氧化还原反应中铁可以成为氧化或还原的形式，即铁能增加或减少一个电子。因此，铁就成为一些氧化酶或是非血红蛋白酶（如黄素蛋白酶）的重要组分。

4. 增强抗病力

保证饲草的铁素营养，有利于增强饲草植物的抗病力。施铁肥能使有些饲草的感病率显著降低，铁盐还可增强饲草对有些病害的抗性。

（二）锰在饲草中的主要功能

锰为1922年发现的必需元素，它是饲草结构组分元素。目前常用的锰肥主要是硫酸锰，易溶于水，速效，使用最广泛，适于喷施、浸种和拌种。其次为氯化锰、氧化锰和碳酸锰等，它们溶解性较差，可以作基肥施用。

锰在饲草中的主要功能如下。

1. 增强光合作用

锰是叶绿体的成分，是维持叶绿体结构所必需的微量元素。叶绿体中含有丰富的锰元素，锰在叶绿体中直接参与光合作用过程中水的光解，是电子转移的传递体。如果饲草体内锰素不足，常常引起叶片失绿，使光合作用减弱，锰素供应充足，能减少正午阳光对光合作用的抑制，从而使光合作用得以正常进行，有利于饲草体内的碳素同化过程。

2. 调节体内氧化还原状况

锰是三羧酸循环中许多酶的成分，而三羧酸循环是饲草体内的一切代谢过程的中心。锰与铁一起可以调节饲草体内的氧化还原作用，提高饲草的呼吸强度，当饲草吸收硝态氮时，锰起还原作用，而在饲草吸收铵态氮时，又起氧化作用。因此，锰在这些氧化还原过程中担当着催化剂的角色。

3. 促进氮素代谢

锰是饲草体内羟胺还原酶的组分，参与硝酸还原过程。缺锰时，硝态氮的还原受阻，叶片中游离氨基酸有所累积，并影响蛋白质的合成。豆科牧草施锰，根瘤的数目和大小均有增长，根瘤菌的固氮能力增强，根的重量和土壤中含氮量均有提高，锰对饲草体内的氮素代谢有着显著的影响。

4. 有利于饲草生长发育

锰有促进种子发芽、早期幼苗生长、开花时增加花数的作用。锰是氧化还原酶、水解酶与转化酶等的活化剂，在锰素的影响下，不仅对胚芽鞘的延伸有刺激作用，而且加强种子萌发时淀粉和蛋白质的水解过程，使单糖和氨基酸的含量比未经锰处理的种子要高。它能加速同化作用，尤其是蔗糖从叶部向根部和其他器官的转移，为饲草各部位及时提供充足的碳素营养和能量，促进饲草的生长发育，抑制铁过多的毒害。

5. 降低饲草病害

缺锰时，饲草往往易感染某些病害；锰充足，可以增强饲草对某些病害的抗性。施锰可以大大降低病害的感染率，提高抗病能力。

（三）锌在饲草中的主要功能

锌是1926年发现的必需元素，它是植物结构组分元素。最常用的锌肥是七水硫酸锌，易溶于水，但吸湿性很强。氯化锌也溶于水，有吸湿性。氧化锌不溶于水。它们可作基肥、种肥，可溶性锌肥也可作叶面喷肥。

锌在饲草中的主要功能如下。

1. 锌是一些酶和辅酶的组分

酶是一种具有催化活性的蛋白质，对饲草体内物质的水解、氧化还原及蛋白质、淀粉的合成起着重要作用。锌是一些脱氢酶、蛋白酶和肽酶必不可少的组分。这些酶包括碳酸酐酶、磷脂酶、黄素酶、二肽酶、谷氨酸脱氢酶、苹果酸脱氢酶、乙醇脱氢酶、L-乳酸脱氢酶、D-乳酸脱氢酶、D-3磷酸甘油醛脱氢酶、D-乳酸细胞色素C还原酶和醛缩酶等。饲草喷施锌肥后均能提高光合强度，从而增加干物质积累。

2. 参与饲草体内生长素吲哚乙酸的合成过程

吲哚乙酸是饲草自身合成的一种生长素。锌参与吲哚和丝氨酸合成色氨酸的过程，而色氨酸是吲哚乙酸的前身。饲草缺锌时生长素含量下降，导致生长发育出现停滞状态，叶片变小，节间缩短，形成小叶簇生等症状。

3. 以某种方式影响叶绿体的形成

禾本科饲草缺锌时，叶片维管束鞘细胞中叶绿体的数目明显减少，叶绿体的片层结构遭到破坏。因此，降低了饲草光合作用强度和干物质的积累。

4. 与饲草碳氮代谢的关系密切

在缺锌情况下，饲草体内总氮量变化不大，但氨基酸态氮的含量增加，蛋白质态氮的含量下降，说明蛋白质的合成受到影响。缺锌饲草中大量积累α-酮戊二酸，α-酮戊二酸是形成糖类化合物和蛋白质的中间体。α 酮戊二酸与胺结合形成氨基酸和蛋白质，与碳氢化合物结合形成糖和淀粉。α-酮戊二酸的大量累积，既影响了蛋白质的生成，也影响了淀粉的生成。

5. 锌是稳定细胞核糖体的必要成分

饲草缺锌还使核糖核酸和核糖体减少。正常的核糖体含有锌，缺锌时，这种细胞极不稳定，说明锌是稳定细胞核糖体的必要成分。

6. 对生殖器官的影响

在缺锌情况下，部分饲草花器官生长发育不良或生长停滞，甚至不能形成正常的花粉粒。

此外，锌在某种程度上能稳定饲草的呼吸作用，提高抗逆性，锌还能调节作物对磷的吸收和利用。缺锌时，饲草对磷的利用减少，导致体内无机磷大量积累。

（四）铜在饲草中的主要功能

铜是 1932 年发现的植物必需元素，它是牧草结构组分元素。最常用的铜肥是胆矾，即五水硫酸铜，其水溶性很好，一般用来叶面喷施。螯合铜肥可以土壤施用和叶面喷施。铜在饲草中的生理作用大多与酶的活性有关。铜在作物体内与蛋白质结合构成多种含铜的蛋白酶，缺少铜直接影响铜蛋白酶所催化的生化反应，影响饲草的正常代谢。

铜在饲草中的主要功能如下。

1. 铜是叶绿体中类脂的成分

铜对叶绿素的合成和稳定起促进作用，饲草缺铜，叶绿素含量减少。

2. 饲草呼吸作用和氧化磷酸化过程中重要的酶

在多酚氧化酶、维生素 C 氧化酶、细胞色素氧化酶等都是含铜酶，所以铜在作物的碳素代谢中起着重要作用。

3. 铜作为亚硝酸还原酶和次亚硝酸还原酶的活化剂

铜参与饲草体内硝酸还原过程，铜也是胺氧化酶的还原剂，起催化氧化脱胺作用，影响蛋白质的合成。在饲草生殖生长过程中，铜能促进营养器官中的含氮化合物向生殖器官转运，缺铜会影响有些饲草花粉受精和种子的形成，造成“花而不实”。

4. 铜在代谢过程中起催化作用

在脂肪代谢中，脂肪酸的去饱和作用和羟基化作用都需要含铜的酶起催化作用。由于铜在饲草的主要物质代谢过程中起主要作用，所以施铜可以明显改善饲草生长状况，达到高产的目的。

5. 铜在木质素合成中起着重要作用

饲草缺铜，会导致木质素合成受阻，厚壁组织和输导组织发育不良，支持组织软化，饲草体内水分运输恶化，铜可促进饲草细胞壁的木质化和聚合物合成，从而增加饲草植株抵抗病原侵入的能力。

（五）钼在饲草中的主要功能

钼是 1938 年发现的必需元素，它是植物结构组分元素，是微量元素中需要量较少的一个元素。最常用的钼肥是钼酸铵，易溶于水，可用作基肥、种肥和追肥，喷施效果也很好。有时也使用钼酸钠，也是可溶性肥料。二氧化钼为难溶性肥料，一般不大使用。

钼在饲草中的主要功能如下。

1. 促进氮素代谢

钼在饲草体内最主要的生理功能是影响氮素代谢过程。作物将硝态氮吸入体内，必须首先在硝酸还原酶等的作用下，转化成铵态氮以后，才能参与蛋白质的合成。而在这一转化过程中，钼又是硝酸还原酶中不可缺少的组分。因此，在缺钼的情况下，硝酸还原反应将受到阻碍，饲草叶片内的硝酸盐便会大量累积，给蛋白质的合成带来困难。此外，也有人认为，在合成蛋白质的整个过程中，钼都能发挥其不同程度的作用。

2. 参与根瘤菌的固氮作用

生物固氮是由固氮酶催化的，固氮酶由两个蛋白组分组成，一个是钼铁氧还蛋白，含有钼和铁两种金属元素；另一个是铁氧还蛋白。这两种蛋白单独存在时都不能固氮，只有两者结合时才具有固氮能力。固氮作用是一个非常复杂的生化反应过程，其机理尚未完全搞清。钼在固氮酶中也是起电子传递体的作用，豆科牧草的根瘤之所以能固氮，是因为钼对于豆科牧草起着非常重要的作用。

3. 钼与维生素 C 的形成有关

饲草缺钼时，维生素 C 的浓度显著减少，对饲草补施钼肥后，维生素 C 的浓度显著上升，并在数天后恢复正常，可见钼与维生素 C 的形成有关。

4. 钼与饲草的磷代谢有密切关系

钼酸盐影响正磷酸盐和焦磷酸酯类的化学水解作用，也影响饲草体内有机磷和无机磷的比例。

5. 参与碳水化合物的代谢过程

钼在光合作用中的直接作用还不清楚，但缺钼会引起光合作用水平的降低，糖的含量特别是还原糖的含量降低，表明钼也参与碳水化合物的代谢过程。

6. 钼是一些酶的活化剂和抑制剂

钼能促进过氧化氢酶、氧化物酶和多酚氧化酶的活性，是酸性磷酸酶的专性抑制剂。

（六）硼在饲草中的主要功能

早在 1923 年就确定了硼是植物所必需的微量营养元素，但硼是非植物结构组分元素。关于硼在作物体内的确切生理作用还不十分清楚，还未证实硼与植物体内的酶或酶的活性有关。应用最广泛的硼肥是硼砂和硼酸。缺硼土壤上一般采用基肥，也有浸种或拌种作种肥使用的，必要时还可以喷施。这两种肥料水溶性都很好。

硼在饲草中的主要功能如下。

1. 参与植物体内糖的运输与代谢

缺硼时，饲草体内的碳水化合物代谢发生混乱，饲草叶中糖累积而茎中糖减少，表明糖的运输受阻。缺硼时糖类不能运输至生长点，引起生长点死亡。在有硼的情况下，有利于糖穿过细胞膜的运输。

2. 与饲草体内生长素合成或利用有关

虽然没有证实硼在生长素代谢中起某种特别的作用，但是芳基硼酸（酚基硼酸的衍生物）对根的生长肯定有促进作用。硼还能间接控制饲草体内吲哚乙酸的活性及含量，保持其促进生长的生理浓度。缺硼时会产生过量的生长素，抑制根系的生长，硼能抑制吲哚乙酸活性，因而有利于花芽的分化。

3. 影响植物体内细胞伸长和分裂

这主要与硼影响核酸的含量有关，另外也与果胶的合成有关。硼和核糖核酸（RNA）的代谢有关，缺硼时核糖核酸明显降低，植株组织中果胶物质显著减少，而纤维素含量增加，细胞壁具有异样结构，韧皮部薄壁细胞和一般薄壁细胞壁增厚，使这些组织易于撕裂。木质素形成受阻，木质素的含量下降。而硼能促进植物根中木质素的形成。

4. 与6–磷酸葡萄糖络合，抑制6–磷酸葡萄糖脱氢酶的活性

缺硼时，6–磷酸葡萄糖脱氢酶的活性增加，导致含酚化合物的积累，这些化合物的积累同作物组织出现的褐色坏死有关。饲草缺硼时，出现顶芽褐腐病、根心腐病等。

5. 对饲草生殖器官的形成和发育的影响

缺硼时，饲草的生殖器官及开花结实受到的影响最为突出，不能形成或形成不正常的花器官，表现为花药和花丝萎缩，花粉管形成困难，妨碍受精作用，甚至生殖器官受到严重破坏，花粉粒发育不能正常进行，形成“花而不实”等现象。硼能促进D–半乳糖的形成和L–阿拉伯糖转入到花粉管薄膜果胶部分的数量，促进花粉萌发，有利于花粉管的生长。

6. 与豆科作物根瘤菌的固氮作用有关

缺硼时，根瘤生长不良，甚至无固氮能力，饲草的生长也受到限制。

（七）氯在饲草中的主要功能

氯是1954年发现为植物生长的必需元素。氯是牧草必需养分中唯一的气体非金属微量元素。到目前为止人们对氯营养的研究还很不够，因为氯在自然界中广泛存在并且容易被牧草吸收，所以大田中很少出现缺氯现象。一般牧草含氯100~1 000毫克/千克即可满足正常生长需要，但大多数牧草中含氯高达2 000~20 000毫克/千克，已达中、大量元素水平，可能是因为氯的吸收跨度较宽。人们普遍担心的是氯过量影响牧草产量和品质。

氯在饲草中的主要功能如下。

1. 在牧草体内氯主要在维持细胞的膨压及电荷平衡方面起重要作用

氯维持细胞液的缓冲性以及液泡的渗透调节，氯能激活质子泵ATP酶，使原生质与液泡之间保持pH值梯度，有利于液泡渗透压的维持与伸长生长。

2. 氯作为钾的伴随离子参与调节叶片上气孔的开闭，影响到光合作用与水分蒸腾

氯可以活化若干酶系统。氯离子与膜的结合对于活化氧释放过程的酶是

必需的。在细胞遭破坏、正的叶绿体光合作用受到影响时，氯能使叶绿体的光合反应活化。适量的氯还能促进氮代谢中谷氨酰胺的转化以及有利于碳水化合物的合成与转化。氯移动与蒸腾作用有关，蒸腾量大的器官含氯量高，因而叶片中含氯大于籽粒。

（八）镍在饲草中的主要功能

镍在地壳中含量是比较丰富的矿物元素之一，是一种银白色金属，1751年瑞典矿物学家克朗斯塔特首次将其分离出来。镍是脲酶的辅基，参与植物整个生命周期过程。1970 年明确镍是低等植物如细菌、蓝藻、绿藻必需的微量营养素。1983 年 Eskew 等研究人员发现，如果镍对大豆生长供给不够，大豆体内脲酶活性受到遏制，叶片中的尿素积累，会产生坏死现象。正是尿素过多引起的毒害作用，使得研究者发现镍是高等植物必需的营养元素的证据。20 世纪 80 年代中期，Brown 等研究人员发现镍在植物体内主要参与种子萌发、氮代谢、铁吸收和衰老过程。许多植物缺乏镍时，不能够完成生命周期，为此证明镍是植物生长必需的微量营养元素。人们对植物中镍的作用进行了许多研究，发现了镍的双重角色：一方面是植物必需的微量元素，另一方面又是环境的危害因素。镍作为高等植物必需的微量元素，其含量存在一定的浓度范围，若超过临界值，可能导致植物生理紊乱，如抑制某些酶的活性、扰乱能量代谢和拮抗 Fe^{2+} 吸收等，从而阻滞植物的生长发育。一般认为，镍是脲酶的必需元素，低浓度的镍对植物生长有明显的促进作用，但高浓度镍却抑制植物生长。

镍在饲草中的主要功能如下。

1. 镍是脲酶的组成成分，与氮代谢有关

镍是脲酶的组成成分，对饲草的生长起刺激作用。镍对于氨基酸水解形成的尿素和核酸代谢都是必要的，缺乏镍酶将导致叶片坏死损伤。

2. 促进饲草的生长发育

镍能够对饲草起到促进生长的作用。补充适量的镍能改善饲草等植物的生长状况。植物喷施镍肥有显著的增产作用。镍是脲酶结构动力所必需，在脲酶里它与 N-O-配合基纵向结合。

3. 促进种子萌发

多数高等植物都含有脲酶，尿素一般来自酰脲和胍的代谢过程。缺乏脲酶活性的植物会在种子中累积大量尿素，或者在种子萌发时产生大量尿素，会严重影响种子出芽。饲草籽粒中的镍含量与其萌发密切相关，缺镍或低镍籽粒生活力低，镍在种子活力及种子萌发中可能起重要作用。一些饲草种子经低浓度镍浸种后，发芽率明显提高。

4. 延缓植物衰老

镍能有效地延缓一些植物的叶片衰老，使叶片保持较高水平的叶绿素、蛋白质、磷脂含量和较高的膜脂不饱和指数。但镍稍过量就会对植物产生毒害，过量的镍不利于种子的萌发、抑制植物生长发育，引起植物代谢紊乱、中毒甚至致死。因此，依靠增施镍肥促进饲草生长、提高饲草产量应十分慎重。

四、有益元素硅在饲草中的主要功能

硅是地壳和土壤中含量位居第二的元素，对植物的生长具有重要作用，能防止倒伏，增强植株对病虫害的抵御能力，减轻铝等重金属的毒害，改善植物叶着生姿态，使光合生产率提高等。鉴于硅对有些植物的显著功能，有人将硅叫作“近必需元素”或者“有益元素”。硅肥有水溶性硅肥和枸溶性硅肥两大类。目前，我国以枸溶性硅肥为主，少量生产水溶性硅肥。枸溶性硅肥是一种以枸溶性硅酸钙为主的玻璃体矿质肥料。硅肥中通常还含有钙、镁等，故也称为硅钙肥或硅钙镁肥。

硅在饲草中的主要功能如下。

1. 硅对饲草的营养功能和生长作用

硅参与细胞壁的组成和影响光合作用与蒸腾作用。硅能促进紫花苜蓿的早期生长，影响钾和钙元素的吸收。硅对紫花苜蓿产量及品质均有良好的作用。

2. 硅的抗逆性作用

硅在许多禾本科作物的增产增收中起着重要作用，同时还可以提高作物的抗逆性。硅能提高植物抗旱的作用，硅进入植物体后，在叶片角质层下面的表皮组织里形成角质—硅两层结构，抑制蒸腾，减少植株水分蒸发，提高光合作用效率与水分利用率。同时，硅沉积于细胞壁与角质层之间，可降低水分散失，减轻强光下因失水过多而出现的萎蔫，从而提高植物对水分的利用。作物施硅后，遇干旱缺水时，萎蔫程度明显轻于不施硅的田块，增产作用十分显著。此外，硅具有提高植物抗病、抗虫的作用，硅提高植物抗病、抗虫的能力可能与“角质—硅双重层”有关。硅沉积在植物细胞壁的外表皮，形成机械屏障，硅酸沉积于细胞外层，形成一层保护膜，这层膜对植物抗病抗虫起主要作用。

3. 硅提高植物抗倒伏的作用

硅能增强禾本科植物茎秆的强度，提高植株抗风雨、抗倒伏的能力。增加植物的硅含量可增强植株的机械强度，从而起到抗倒伏的作用。硅对植物叶子直立的作用也是影响硅在穗部的表皮细胞层中沉积的主要原因。

此外，硅有提高植物抗重金属的作用，能抑制或缓解铝、锶、铯、硒、砷、钠、铬对植物的毒害作用。硅肥不仅对许多农产品具有显著的增产作用，还能有效地防止镉元素对农产品的污染。另外，硅是品质元素，有改善农产品品质的作用，有利于贮存和运输，对一些牧草（如紫花苜蓿）的生长和发育均有积极作用。

第三节　土壤中的营养元素

一、土壤中的大量元素

（一）土壤中的氮元素

1. 氮元素的来源

土壤中的氮，除来自化肥和有机肥外，还有以下 3 个来源。

（1）生物固氮。依靠自生和共生的固氮菌将空气中的 N_2 固定为含氮有机化合物，再通过微生物及共生的寄生植物，直接或间接地进入土壤。

（2）大气层中的雷电。可以使氮氧化为以 NO_2、NO 为主的各种氧化物，烟道排气、含氮有机质的燃烧废气、以及由许多铵化物挥发出来的气体也都含一定浓度的氨，这些气态氮散于大气中，通过降水的溶解，最后随雨水带入土中，而成为土壤中氮的经常性来源之一。

（3）由灌溉地下水或池塘水带入的氮。这主要是硝态氮，其数量因地区、季节和雨量而异。

2. 氮元素的形态

土壤中氮的形态可分为无机氮和有机氮，两者合称为土壤全氮，其中以有机态氮为主。

（1）有机氮。有机氮一般占土壤全氮的 95% 以上，根据有机氮的溶解和水解的难易程度，可以把它们分为水溶性有机氮、水解性有机氮和非水解性有机氮。水溶性有机氮主要包括一些结构简单的游离氨基酸和酰胺类化合物等，有些分子质量小的水溶性有机氮可以被作物直接吸收，分子质量稍大的可以迅速水解成铵盐而被利用，水溶性有机氮的质量分数一般不超过土壤全氮量的5%。水解性有机氮经过酸、碱和酶处理，能水解成比较简单的水溶性化合物或铵盐，包括蛋白质（占土壤全氮的40%~50%）、氨基糖类（占土壤全氮的5%~10%）和其他尚未鉴定的有机氮。在土壤中，它们经过微生物的分解后，可以作为植物的氮源，在植物的氮素营养方面有重要意义。非水解性有机氮主要有胡敏酸氮、富里酸氮和杂环氮，可占土壤全氮量30%~50%，由于它们难以水解或水解缓慢，故对植物营养的作用较小，但对土壤物理和化学性质的影响较大。

（2）无机氮。土壤中的无机氮主要包括铵态氮、硝态氮、亚硝态氮和气态氮等。亚硝态氮是硝化作用的中间产物，在嫌气条件下于土壤中短时存在，如果通气良好，很快转化成硝态氮。在土壤空气中存在少量气态氮，但难于被作物吸收利用。因此，通常所谓的土壤无机氮是指铵态氮和硝态氮，一般仅占全氮的1%~2%，且波动性大，属于土壤速效氮。土壤无机氮含量既不能指示作物一生或某个生育时期吸收氮的多少，也不能作为下季作物施用氮肥的依据，但可以作为参考指标。

（二）土壤中的磷元素

1. 磷元素的来源

土壤中磷素的最初来源是岩石矿物中的磷，如原生矿物磷灰石，风化后被保留在土体中。四川盆地紫色岩，含磷量与紫色土的含磷量基本一致，说明紫色土中磷的主要来源是母岩。增施有机肥和磷肥，是土壤磷素的补充来源，这在母岩含磷量低的地区是补充磷的主要方式。

放牧草地土壤中磷的来源主要有下列几个方面。

（1）成土母质中的磷。各种成土母质的含磷量差异很大，所以由它衍生的土壤的含磷量也不同。

（2）动植物残体及放牧家畜粪便中归还的磷。

（3）大气中降落的磷。包括飞尘的降落和随雨水而来的磷。有人证明每年每公顷草地由大气中降落的磷为0.2~0.6千克。

（4）施肥。一般在草地上施过磷酸钙以补充磷的不足，此外有些草地还可由灌溉水中增加含磷量。草原土壤的含磷量除受成土母质影响外，还有自然环境条件和人类对草地的经营管理等因素的影响，差异较大。

2. 磷元素的形态

土壤中的磷素主要分有机态和无机态两大类。对于耕地土壤来说，由于化学磷肥的转化结果，其所含磷的化合物种类比自然土更为繁多。

（1）土壤中的有机磷。有机磷在一般耕地中占全磷25%~50%，但一些侵蚀严重有机质少的红壤，有机磷只占全磷的10%以下，而东北黑土的有机磷可占全磷的2/3左右。土壤中有机磷形态主要有3类。

核酸类：是一类含磷的复杂有机物，占有机磷的5%~10%。除核酸外，土壤中还有少量核蛋白质。核蛋白和核酸属同类性质的有机态磷化合物，它们都要通过微生物酶系的作用，分解为磷酸盐后，才能被植物吸收。

植素类：植素是普遍存在于植物体中（特别是种子）的含磷有机化合物，但土壤中的植素类化合物和植物体中的不完全相同，至少有相当一部分是通过微生物的作用改造而成的，植素磷占土壤总量的20%~30%，植素在水中的溶解度可达10毫克/升，溶液的pH值越高，溶解度也越大，溶解的植素可被某些植物所吸收，但大部分植素一般都是由微生物的植素酶水解产生H_3PO_4后才发挥其对植物的有效性。

磷脂类：是一类醇溶性和醚溶性的含磷有机化合物，其中较复杂的还含有氮。磷脂类化合物中的磷约占有机磷的1%。磷脂类中所含的磷也需要经过微生物的分解才能成为有效磷。

（2）土壤中的无机磷化合物。土壤中的无机磷化合物几乎全部为正磷酸盐。根据其所结合的主要阳离子性质的不同，可以把土壤中的磷酸盐化合物分为四类，其中主要的为前3类。

磷酸钙（镁）化合物：磷酸根在土壤中与钙、镁结合，按不同比例形成一系列有不同溶解度的磷酸钙、镁盐类。在磷酸钙类化合物中浓度最小的为磷灰石类，它们溶解度低，所含磷对植物无效。

在耕地土壤中，所施用的化学磷肥，它们在土壤中转化可产生一系列磷酸钙类化合物。以过磷酸钙为例，它的主要有效成分为水溶性的磷酸一钙，它与土壤中的钙作用会依次转化成磷酸二钙、磷酸三钙及磷酸八钙等。随着这些化合物中Ca/P原子比值的增加，其水溶性迅速下降。磷酸八钙还可继续转化成溶解度更小的羟基磷灰石。

磷酸铁和磷酸铝化合物：在酸性土壤中，无机磷与土壤中的铁、铝化合成各种形态的磷酸铁和磷酸铝化合物。它们有的是凝胶沉淀，有的是结晶态，其中最常见的是粉红磷铁矿和磷铝石，溶解度极小。在我国南方大面积的酸性土中，土壤中磷酸铁的含量多于磷酸铝；而北方石灰性土中，以磷酸钙为主，磷酸铝多于磷酸铁。

闭蓄态磷：由氧化铁胶膜包被着的磷酸盐，由于氧化铁溶解度极小，所以被包被的磷酸盐就很难溶解出来。土壤中的闭蓄态磷在无机磷形态中所占比例很大，特别是在强酸性土壤中，可达50%以上，即使在石灰性土也达

15%~30%。

磷酸铁铝和碱金属、碱土金属复合而成的磷酸盐类：土壤中存在数量不多，溶解度极小，所含磷对植物基本无效。

（三）土壤中的钾元素

1. 钾元素的来源

土壤中钾的主要来源如下。

（1）成土母质。主要决定于成土母质中钾长石、云母等钾矿石含量的多少。这些矿石均以原生矿物形态分布于土壤粗粒部分，是土壤全钾含量的主体。其中绝大部分难以溶解，很少一部分可逐渐分解变为缓效性钾，一般占土壤总含钾量的2%以下。

（2）生物残体。动植物残体及放牧家畜粪便中归还的钾。

（3）大气降水中降落的钾。根据降水量1 208.4毫米，含钾0.1毫克/千克左右估算，得知由降水而来的钾量为每年每公顷1.2千克，因降水量变化，加上尘埃的降落，每年每公顷增加量在0.6~3.7千克，这个数值对钾的循环来说是太小了。

（4）施肥。给草地施用硫酸钾、氯化钾、草木灰等可提高土壤中钾的含量。钾在土壤中的含量，因土壤种类与环境条件（植被成分与淋溶等）而不同。我国北方地区土壤多为黄土母质发育而来，含钾量高，一般在2%以上。

2. 钾元素的形态

土壤中有4种形态的钾。

（1）水溶性钾。以离子形态（K^+）存在于土壤溶液中，其数量不多，一般只占土壤含钾量的0.05%~0.15%，是最易被植物吸收利用的钾。

（2）交换性钾。吸附在胶体表面上的K^+，可通过解离或交换而释放出来，和水溶性钾呈动态平衡。一般土壤中的交换性钾占全钾的0.15%~0.5%左右。交换性钾是土壤中速效性钾的主要来源。

（3）固定态钾。主要是指层状黏土矿物层间所固定的钾和水云母以及黑云母中的钾，不超过土壤全钾的2%。由于固定于层间晶穴中，有效性降低，又称为缓效性钾。

（4）原生矿物中的钾。即钾长石、白云母、黑云母等矿物中的钾，对作物无效，又称无效态钾，它们只有通过风化作用才能释放。本类钾一般占全钾含量的90%以上，是土壤潜在的有效钾源。

3. 钾在土壤中的转化

(1) 钾的释放。包括含钾矿物的风化释放和缓效钾的释放，而后者关系到土壤中速效钾的供应和补给，是土壤中重要的供肥机制之一。国内外的大量研究表明，土壤中钾的释放过程，归纳起来有以下 4 个特点。

特点一：释放过程主要是缓效性钾转化为速效性钾的过程，也就是说，释放出来的速效性钾主要来自固定态及黑云母态的钾。

特点二：只有当土壤的交换性钾减少时，缓效性钾才释放出成为交换性钾。试验证明，作物种植地中的钾释放量比休闲地多，这是因为作物生长需要吸收大量速效性钾，这样就提高了土壤中交换性钾的水平，从而增加了钾的释放量。

特点三：各种土壤的释钾能力是不同的，这主要决定于土壤中缓效性钾的含量水平。因此有土壤学家建议以土壤中缓效性钾作为鉴定供钾潜力的指标，并以此作为合理施用钾肥的依据。

特点四：干燥、灼烧和冰冻对土壤中钾释放有显著的影响。一般湿润土壤通过高度脱水有促进钾释放的趋势，但如果土壤速效钾量已相当丰富，情况可能相反。高温（>100℃）灼烧，例如烧土、熏泥等，都能成倍地增加土壤中的速效性钾。土壤经灼烧处理，不仅缓效性钾释放为速效性钾，而且一部分封闭在长石等难风化的无效钾也分解转化成速效性钾。此外，冰冻的影响，特别是冰融交替的作用，也能促进钾的释放。

(2) 钾的固定。钾的固定是指水溶性钾或交换性钾进入黏土矿物层间孔穴转化成缓效件钾的过程。钾的固定机制和铵态氮的固定相同。影响土壤钾固定的因素如下。

黏粒矿物的类型：以 2：1 型矿物，特别是蛭石、伊利石、拜来石等固钾能力最强，其固钾能力依次为蛭石>拜来石>伊利石>蒙脱石。

质地：质地越黏重，固钾能力越大。

水分条件：国内外研究表明，如果让土壤始终保持适度的湿润状态，则钾的固定作用可以大大减弱，固钾量也可以减至最少。对含速效钾丰富的土壤，干湿的频繁交替会促进钾的固定，但如果土壤速效钾水平不高，则不仅不会固定，而且还可能发生释钾现象。

土壤的酸碱度：酸性土壤存在着水化铝离子，它们常聚合成为大型的多价阳离子，吸附于黏粒矿物的表面上，可以防止钾进入层间孔穴，减少钾的固定。

铵离子：铵离子的半径为 0.148 毫米，与钾离子和机 2：1 型矿物层间孔穴的大小相近，它也比较容易落入孔穴中而成为固态钾。同时，NH_4^+能与吸附态的K^+竞争结合位置，因此，先施用大量铵态氮肥的情况下随后施用钾肥，则钾的周定作用明显减少。也有资料认为，NH_4^+的存在将阻止已固定的K^+释放出来。

二、土壤中的中量元素

（一）土壤中的硫元素

1. *硫元素的来源*

土壤中的硫主要来自成土母岩中的含硫矿物，在风化时硫化物转化为硫酸盐。含硫矿物有硫黄矿、硫铁矿、石膏矿等。

硫的另一来源是大气。煤及其他含硫物燃烧时释放出二氧化硫到大气中，大部分通过降水回到地面，一部分以气态直接被叶片吸收。

2. *硫元素的形态*

土壤中硫可分为4种形态。

（1）土壤有机硫。主要是土壤中动植物残体和施入有机肥中的硫，是作物硫的重要来源，但有机硫分解缓慢，每年仅有1%~3%转化为无机硫。

（2）土壤矿物态硫。存在于土壤矿物中的硫，包括难溶性的硫化物和硫酸盐，作物难以吸收利用，要经过风化释放并氧化成SO_4^{2-}才能被作物吸收利用。

（3）水溶性硫酸盐。溶解于土壤溶液中的硫酸盐，作物容易吸收利用。一般土壤溶液中SO_4^{2-}浓度在25~100毫克/千克，盐土中最高，可达100毫克/千克。

（4）吸附态硫酸盐。土壤中的水化氧化铁、水化氧化铝带正电荷，能吸附SO_4^{2-}，黏粒晶格边缘，氢氧化铝络合物以及有机质的两电性都能吸附SO_4^{2-}。土壤吸附SO_4^{2-}的规律与一般阴离子的吸附作用相同，黏粒矿物吸附SO_4^{2-}的能力大小依次为：高岭石，伊利石，蒙脱石。有机质丰富的土壤吸附SO_4^{2-}也多，降低土壤pH值可提高吸附SO_4^{2-}的能力，土壤中游离硫酸盐浓度高时被吸附的SO_4^{2-}也多。土壤对SO_4^{2-}的吸附力仅低于对$H_2PO_4^-$的吸附力，而强于对OAc^-、Cl^-、NO_3^-。吸附于土壤胶体上的SO_4^{2-}，容易被其他阴离子代换下来，这点与吸附磷明显不同。土壤吸附态硫在土壤中一般小于10毫克/千克。水溶性硫酸盐和吸附态硫酸盐是有效硫，两者占土壤全硫的10%以下。

土壤有机硫的转化也是在微生物作用下的生物化学过程，在好氧条件下，有机硫被微生物分解，有机硫被氧化为 SO_4^{2-} 态。在嫌气条件下，最终生成硫化物。

土壤中无机硫的转化主要包括氧化和还原作用。硫酸盐的还原作用主要通过 2 种途径进行：一种是土壤生物吸收 SO_4^{2-} 到体内后，使之还原为含硫氨基酸等有机物；另一种则是在硫还原细菌作用下 SO_4^{2-} 被还原为还原态硫，如硫化物、硫代硫酸盐和元素硫等。无机硫的氧化作用是土壤中的还原态硫在硫氧化细菌作用下，氧化为硫酸盐的过程。

（二）土壤中的钙元素

1. 钙元素的来源

放牧草地土壤中钙的基本来源如下。

（1）成土母质中的钙。各种成土母质的含钙量不同，影响到土壤中含钙量的多少也不同，如我国的西北、内蒙古地区，一些栗钙土、棕钙土和灰钙土含碳酸钙较多，可高达 20%；南方的红壤、黄壤一般在 0.5%以下。

（2）生物残体。动植物残体及放牧家畜粪便中归还的钙。

（3）大气中降落的钙。据测定雨水中平均含钙量 0.32 毫克/千克，按降水量折算，每年每公顷可增加钙 3.9 千克。

（4）施肥。施石灰或过磷酸石灰可增加草地含钙量。

此外，灌溉也可增加土壤中钙的含量。

2. 钙元素的形态

土壤中的钙可分为有机物中的钙、矿物态钙、土壤溶液中的钙和土壤代换性钙 4 种形态。

（1）土壤有机物中的钙。一般只占土壤总钙量的 1%以下，主要存在于土壤动植物残体中，有机物中的钙植物不能直接吸收利用，一般作为植物供应潜力看待，只有分解后才能被植物吸收利用。

（2）土壤矿物态钙。一般占土壤总钙量的 40%～90%，是主要的钙形态，存在于土壤固相的矿物晶格中，植物不能直接吸收利用矿物态钙，一般也作为植物供应潜力看待。矿物态钙一部分存在于原生矿物如长石、辉石和角闪石中；还有一部分则是简单的盐类，如碳酸钙（方解石和白云石），硫酸钙（石膏），硝酸钙和磷灰石等。土壤含钙矿物一般比较容易风化，风化后形成有效钙。

（3）土壤溶液中的 Ca^{2+}。与其他离子相比数量最多，是 Mg^{2+} 的 2～8 倍，K^+ 的 10 倍。水溶性钙占土壤代换性钙的 2%以下。

（4）土壤代换性钙。一般占土壤总钙量的20%~30%，吸附于土壤胶体表面，可被其他阳离子代换出来供植物吸收利用。

（三）土壤中的镁元素

1. 镁元素的来源

其主要来源为成土母质（如钙长石、角闪石、石灰石及白云石等），动植物残质及肥料。以降水获得的镁很少，据测定雨水中的平均含镁量为0.11毫克/千克。空气悬浮物中的一部分镁可能被叶片直接吸收，但大部分仍将归入土壤。

2. 镁元素的形态

土壤镁的存在形态有以下5种。

（1）有机态镁。含量很少，有机态镁不足全镁的1%，土壤中镁主要以无机态存在。

（2）矿物态镁。存在于原生矿物和次生矿物晶格中，是土壤镁的主要形态和供给源，占土壤全镁量的70%~90%，主要存在于橄榄石、辉石、角闪石、黑云母等含镁硅酸盐矿物和菱镁石、白云石、硫酸镁等非硅酸盐矿物中。矿物态镁不溶于水，大多可溶于酸中，植物不能吸收利用。

（3）非代换性镁。溶于低浓度酸如0.05~1.0摩尔/升盐酸中的矿物态镁，占土壤全镁量的5%~25%，非代换性镁又称缓效态镁，可作为植物能利用的潜在有效镁源。

（4）代换态镁。指吸附于土壤胶体表面并能够被其他阳离子代换出来的Mg^{2+}。代换态镁占土壤全镁量的1%~20%，低于钙，而高于钾、钠。代换态镁是植物可利用的主要有效镁，是土壤镁肥力的重要衡量指标。

（5）水溶性镁。指存在于土壤溶液中的镁，其含量只占代换态镁总量的百分之几。作物容易吸收利用水溶性镁，水溶性镁和代换态镁合称为土壤有效态镁。由于水溶性镁占有效态镁的比例很少，而且它们是动态平衡的关系，因此通常以代换态镁作为土壤有效镁的供应指标。

土壤中各形态镁之间处于一个动态平衡之中。矿物态镁在生物、化学和物理风化作用下逐渐破碎分解，参与土壤中各形态镁之间的转化和平衡。转化成的非代换性镁可释放交换态镁，代换态镁也会被固定为非代换性镁，它们之间可缓慢地相互转化。代换态镁与水溶性镁之间也发生着快速的吸附与解吸的平衡过程。

三、土壤中的微量元素

(一)土壤中的硼元素

1. *硼元素的来源*

土壤中的硼主要来自电气石等含硼矿物。在土壤发育过程中，含硼矿物发生风化，形成的硼酸根离子进入土壤溶液，这部分硼就是通常所说的有效态硼，它可以供植物生长发育之需。土壤中全硼含量高低决定于含硼矿物的存在量多少；有效态硼含量的多寡，则与风化形成的硼酸根离子在土壤溶液中的浓度大小有关。各类土壤中硼的含量均有一定的变化幅度。

2. *硼元素的形态*

根据作物对土壤中硼的吸收、利用情况，通常将土壤中的硼分为水溶态硼、酸溶态硼和全硼。能被植物吸收利用的硼称为有效态硼，主要包括水溶态硼和酸溶态硼。水溶态硼指在进行土壤分析时，用沸水 5 分钟所溶解的硼，包括土壤溶液中的硼和可溶性硼酸盐中的硼。酸溶态硼除了可溶的硼酸盐以外，还包括溶解度较小的硼酸盐以及部分有机物中的硼。对于砂质土，则水溶态硼与酸溶态硼含量无多大差别。对于黏土，则酸溶态硼多于水溶态硼。水溶态硼又是有效态硼的主体。水溶态硼占土壤全硼的百分数因土壤类型而异，在酸性土壤（如红壤）只占 1%左右，在盐土中可占全硼的 90%左右，但平均处在 5%左右。

（1）全硼。地壳的所有岩石都含有硼，含量因岩石性质而异：基性火成岩（玄武岩等）为 1～5 毫克/千克；酸性火成岩（花岗岩、流纹岩等）为 3～10 毫克/千克；变质岩（片岩）和陆相沉积岩（黏土、砂土、冲积物、石灰石等）为 5～12 毫克/千克；海相沉积岩的含硼量非常高，为≥500 毫克/千克；地壳的平均含硼量约为 50 毫克/千克；世界土壤平均含硼量 20～40 毫克/千克。

我国土壤中的全硼含量范围从痕迹到 500 毫克/千克，平均含量 64 毫克/千克，不同类型的土壤含硼量存在着一些差异，黄壤和黄棕壤的全硼量一般较高，紫色土和冲积土较低（表 3）。在同类土壤中，因成土母质和母岩不同，含硼量也不一样。一般来说，灰岩和泥岩等发育的土壤，含硼量较高，砂岩和花岗岩发育的土壤，含硼量较低；由近代河流冲积物发育的冲积土，其含硼量随冲积物质来源不同而异。如梅江冲积土的含硼量较其他几种冲积土高出许多，主要原因是梅江冲积土的母质来源于含硼量较高的灰岩黄壤所致。

总的趋势是由北向南逐渐降低（云南、西藏除外），含量最高地区是西藏，平均154毫克/千克。

（2）有效态硼　目前认为热水浸提土壤所得的水溶性硼的代表。同种土壤中，无论是水田或旱地，其有效态硼的含量都未出现明显差异。

表3　我国部分土壤全硼含量

土壤类型	全硼量（毫克/千克）	
	变幅	全硼平均含量
白浆土	45~69	63
棕壤	31~92	61
草甸土	32~72	54
黑土	36~69	54
黑钙土	49~64	50
暗栗钙土	35~57	42
褐土	45~69	63
黑垆土、黄绵土	32~128	80
红壤（华中）	4~145	62
红壤（华南）	痕迹~300	71
砖红壤及赤红壤	5~500	60
黄壤	10~150	78
红色石灰土	20~200	88
棕色石灰土	40~150	87
紫色土	40~50	45

数据来源：褚天铎 等，2002. 化肥科学使用指南［M］.

我国北方石灰性土壤分布面积较大，缺硼土壤也比较多；而我国南方硼含量的变幅在0.02~1.33毫克/千克，缺硼土壤占88%，土壤由于成土母质中硼的含量就较低，因而引起了有效性硼的缺乏。

（二）土壤中的锰元素

1. 锰元素的来源

锰元素在土壤中是广布元素，换句话说，即凡是土壤都含有锰元素。不过，其含量随土壤类型不同而异。这主要是成土母质或母岩和成土过程不同所致。

地壳的所有岩石都含有锰，其含量比其他微量元素高得多。成土母质在很大程度上影响了土壤中锰的含量。酸性火成岩（花岗岩、流纹岩等）、变质岩（片岩等）以及某些沉积岩中，锰含量变化很大，在 200～1 200 毫克/千克，基性火成岩像玄武岩、辉长岩的含量最高在 1 000～2 000 毫克/千克，石灰岩中的含量接近平均值为 400～600 毫克/千克，而砂岩中的锰含量低，一般为 20～500 毫克/千克。我国土壤含锰量通常在42～3 000毫克/千克，但有个别高达 5 000 毫克/千克，平均为 710 毫克/千克。

2. 锰元素的形态

土壤中锰以多种形态存在，有水溶态锰、代换态锰、还原态锰和矿物态锰。前 3 种形态猛的总量称为活性锰，作物能够吸收利用，我们用 DTPA 浸提的是代换态锰。

锰的有效性与土壤的全锰含量关系不甚密切，但与土壤的酸度关系密切。就全国范围来说，缺乏有效态锰的土壤与石灰性土壤的分布十分吻合。缺锰土壤主要是石灰性土壤，尤其是 pH 值较高的质地疏松、通气性良好的土壤。我国南方局部地区分布的缺锰土壤，这主要与成土母质含锰量过低有关。

（三）土壤中的钼元素

1. 钼元素的来源

土壤中的钼来自含钼矿物，而主要含钼矿物是辉钼矿。含钼矿物经过风化后，钼则以钼酸离子（MoO_4^{2-}或 $HMoO_4^-$）的形态进入溶液。

2. 钼元素的形态

（1）水溶态钼。包括可溶态的钼酸盐。其含量甚微，一般不容易测定出来。

（2）代换态钼。MoO_4^{2-}离子被黏土矿物或铁锰的氧化物所吸附。以上两部分称为有效态钼，是植物能够吸收的。

（3）难溶态钼。包括原生矿物、次生矿物、铁锰结核中所包被的钼，植物是难以吸收的。

（4）有机结合态的钼。钼原子价很多，最重要的是六价钼，是植物能吸收的；低价钼包括五价和五价以下的钼，植物则不能吸收利用。各种形态的钼互相转化，在酸性条件下，水溶态钼常转化成氧化钼。

土壤中绝大部分是难溶性钼，存在于矿物晶格、铁锰结核、氧化铁铝内，是植物不能直接吸收的。有效态钼包括水溶态、代换态钼，是能被植物吸收利用的。因此，国内国外对有效钼分析研究较多。

我国从西北向西南方向，由于成土母质由砂性岩石渐次过渡到以含碳酸盐为主的母质，最后过渡到含钼量较高的花岗岩为主的母质；土壤由荒漠土、生草灰化森林土到黄棕壤，再过渡到黄壤、红壤、砖红壤。沿这个方向由于地表风化作用越来越强，成土母质含钼量越来越高。我国南部南岭山地与滇南山地一带，土壤全钼量大部分在2~4毫克/千克。我国中部、华北平原和关中平原，成土母质主要是黄河、淮河带来的洪积冲积物，因而土壤含钼量很低。

（四）土壤中的锌元素

1. 锌元素的来源

锌以二价状态存在于自然界中，主要的含锌矿物为闪锌矿（硫化锌），其次为红锌矿（氧化锌）、菱锌矿（碳酸锌）。含锌矿物分解产物的溶解度大，并以二价阳离子或一价络离子等状态存在于土壤中，进而被植物吸收利用。但是，由于受到土壤酸碱度、吸附固定、有机质和元素之间相互关系等因子的影响，锌的溶解度常常会很快降低。当pH值增大1个单位时，溶解度就会下降至原来的百分之一，在还原条件下，并且有硫化氢存在时，溶液中的锌又被沉淀或被包在铁镁氧化物的水化物中；另外，锌离子和含锌络离子参加代换反应时，又会被黏土矿物和有机质吸附，所有这些都会降低土壤锌对植物的有效性。通常土壤中有效锌的含量只占全锌含量的1/100左右。

2. 锌元素的形态

土壤中的锌大部分以简单的、吸附在细粒成分上的离子状态存在，20%~45%的锌是以与黏土矿物结合的方式存在，有些也以确定形式的锌矿物存在，但在一般情况下不会有这种形式存在。在土壤中，仅在Zn^{2+}异常集中的地方，有时确实有矿物的形成，在这种情况下，最可能形成的矿物是菱锌矿、异极矿和锌蒙脱石。锌能够很成功地在地球化学勘探中用以寻找锌矿或在寻找其他矿时作为指示元素，这一事实说明土壤中锌的数量与下层岩石中的数量粗略相关，尽管该元素在地下水或地面水中可流动一个很长的距离。

（1）土壤全锌。据现有资料，世界土壤全锌含量10~300毫克/千克，平均50毫克/千克；我国土壤全锌含量为3~790毫克/千克，平均100毫克/千克土壤全锌量与成土母质有关，由基性岩发育的土壤全锌量比酸性岩高，由石灰岩发育的土壤全锌量比片麻岩和石英岩高。我国主要土类全锌含量，就土壤类型而论，暗栗钙土、黑土、紫色土等较低，棕色石灰土、红色石灰土、砖红壤、赤红壤、黄壤等较高，其他介于二者之间。

（2）土壤有效锌的含量。作物利用土壤中的锌不是土壤含锌量的全部，而是利用处于作物能够吸收状态的锌，称为有效锌。土壤有效锌包括水溶态、代换态、螯合态和稀酸溶态等。在这些形态中，水溶态锌含量很少，通常以代换态、螯合态和稀酸溶态作为作物可以吸收的锌。

（五）土壤中的铜元素

1. 铜元素的来源

铜在土壤中是广布元素，凡是土壤都含有铜元素。但其含量随土壤类型不同而异。

2. 铜元素的形态

按铜在土壤中的形态可分为水溶态铜、代换性铜、难溶性铜以及铜的有机化合物。水溶态、代换性的铜能被作物吸收利用，因此，称为有效态铜。难溶性铜及铜的有机化合物则很难被植物吸收利用。4 种形态的铜加在一起称为全量铜。

水溶态铜在土壤中含量较少，一般不易测出，主要是有机酸所形成的可溶性络合物，如草酸铜和柠檬铜。此外，还有硝酸铜和氯化铜。代换态铜是土壤胶体所吸附的铜离子和铜络离子。

（1）土壤中的全铜。土壤的全铜含量常常与它的母质来源和抗风化能力有关，因此，也与土壤质地间接相关。土壤中的铜来自含铜矿物——孔雀石、黄铜矿、含铜砂岩等，一般情况基性岩发育土壤含铜多于酸性岩，沉积岩中以砂岩含铜最低。

（2）土壤中的有效铜。我国土壤有效态铜含量变化不大，除少数有机质土壤外，一般供应比较充足。铜的临界值（DTPA 提取）以 0.2 毫克/千克为标准。

（六）土壤中的铁元素

1. 铁元素的来源

铁是地壳中分布最广的化学元素之一，在所有的土壤中都含有大量的铁，有的土壤含铁量高达 10%以上，一般占土壤重量的 1%~6%，仅次于硅和铝。

2. 铁元素的形态

铁在土壤中通常是以氧化铁的形态存在，除了氧化铁的形态以外，还可以形成少量的硫化铁或磷酸铁。在含氧的土壤溶液中，铁主要以三氧化二铁的胶体形态存在，同时有一部分铁与有机物质结合，部分铁被土壤黏粒吸附。由于三氧化二铁的高度不溶解性使铁在水中的移动成为一个很困难的问题。在有氧条件下二价铁很快被氧化成高价铁，高价铁的化合物如氢氧化铁、碳酸铁（菱铁矿）等也均是难溶解的物质。因此，尽管土壤中铁的含量很高，但对作物有效的铁的含量都很少，只有总铁量的千分之几至万分之几。尤其是碱性偏高的石灰性土壤，铁的可给性更低，因此，在北方石灰性土壤上作物缺铁的现象时有发生。

我国土壤中有效态铁含量自北向南逐渐增多，黄土母质发育土壤往往偏低。例如，黄土区土壤有 1/3 面积缺乏有效态铁。

（七）土壤中的氯元素

1. 氯元素的来源

土壤中的氯主要来自肥料、降水、海水、含氯灌溉水、含氯地下水及含氯农药和母质等。

2. 氯元素的形态

在酸性土壤中，氯离子与氢离子结合生成盐酸，能增强土壤的酸度，在中性和石灰性土壤里，残留的氯离子与钙离子结合生成溶解度较大的氯化钙。所以，长期单独施用氯化铵、氯化钾等生理酸性肥料，一方面会引起土壤变酸，使土壤有益微生物活动受影响；另一方面，肥料中副成分能与土壤钙结合，生成氯化钙。氯化钙溶解度大，能随水流失，而钙是形成土壤结构不可缺少的元素，钙盐流失过多，会破坏土壤结构造成板结。

（八）土壤中的镍元素

1. 镍元素的来源

镍是在地壳中含量较为丰富的矿质元素之一，也是植物体的组成成分。土壤的镍主要来自岩石风化而来的成土母质，成土母质中镍的含量很大程度上决定了土壤中镍含量。发育在酸性火成岩、砂岩和石灰岩的土壤镍含量一般在 50 毫克/千克以下；发育在泥质沉积岩和基性火成岩的土壤镍含量在 50～100 毫克/千克；发育于超基性岩火成岩的千克土壤，镍含量高达几千毫克。

2. 镍元素的形态

一般认为，镍是亲铁元素，土壤中镍大部分与铁锰氧化物结合在一起形成复合物或吸附在铁锰氧化物的表面。有人估计土壤中与铁、锰氧化物在一起的镍占土壤中镍总量的 15%～30%。一般随土壤 pH 值的升高，镍的有效性降低。此外，镍还可以与一些有机化合物形成高效的络合物，这种整合态的镍在土壤中容易移动并非常容易被植物吸收。土壤溶液中镍的形态一般有 Ni^{2+}、$Ni(H_2O)_6^{2+}$、$Ni(OH)^+$和 $Ni(OH)_3^-$等。

镍一般以离子形态被植物吸收，土壤中天然的有机整合剂或人工合成的整合剂的存在会大大降低镍的吸收。在土壤 pH 值低于 5.5 时，镍的有效性会大大提高。镍在植物木质部和韧皮部的可移动性比较高，在木质部汁液中，镍以有机离子复合物的形式存在。

第四节　饲草中的营养元素含量

氮、磷、钾是植物生长发育需要量最大、生理作用最重要的 3 种矿质元素，被称作“肥料三要素”。氮、磷、钾含量特征既影响植物的产量，也侧面反映了植物本身的营养状况。

一、饲草中的大量元素含量

（一）饲草中氮的含量

牧草中的含氮物质总称为粗蛋白质，包括纯蛋白质与氨化物。纯蛋白质是由各种不同的氨基酸组成的，有些蛋白质还含有少量的磷、硫、铁、铜、碘等，其组成的主要元素含量如表 4 所示。

氨化物是非蛋白质的含氮物，在牧草生长旺盛时期和发酵饲料中含量最多，约占总氮量的 40%，它包括如下。

（1）未结合成蛋白质分子的个别游离氨基酸。

（2）牧草吸收的无机氮（铵态氮和硝态氮）合成蛋白质的中间产物。

（3）植物蛋白质在酶和细菌作用下的分解产物（氨基酸和硝酸盐等）。

表 4　组成植物蛋白质的主要元素含量表

元素	含量（%）	平均（%）
碳	50.0~55.0	52.0
氢	6.7~7.8	7.0
氧	21.0~24.0	23.0
氮	15.0~18.4	16.0
磷	0.2~2.3	2.0
硫	0.4~0.9	0.6

数据来源：任继周，1991。

几种饲料的氨化物含氮量占总氮量的百分率如表 5 所示。

表 5 几种饲料的氨化物含氮量

饲料种类	氨化物含氮量（占总氮量的%）
青饲料	40
甜菜	50
青贮料	30~60
马铃薯	30~40
麦芽	30
成熟籽实	3~10

数据来源：任继周，1991。

已有研究证明，氨化物不仅对反刍类家畜具有与蛋白质同等的营养价值，而且对于非反刍家畜的蛋白质营养亦具有重要意义，因为氨化物中的主要成分是游离氨基酸。

牧草中粗蛋白质的含量受牧草品种、发育阶段（表 6）、生境中水温等条件的影响，变化较大。一般豆科牧草粗蛋白质含量为 20%左右。禾本科牧草粗蛋白质含量为 10%~15%，在其幼嫩阶段也可能达 20%。

表 6 几种主要牧草与饲料中粗蛋白质的含量

种类	发育期	粗蛋白质含量（占干物质的%）	生长地
芨芨草	初花期	15.37	肃南
赖草	开花期	11.15	永昌
紫花苜蓿	盛花期	21.56	肃南
黄花草木樨	—	20.11	内蒙古
褐穗莎草	—	16.77	内蒙古
垂穗鹅冠草	抽穗期	14.39	永昌
燕麦	籽实	13.04	山丹
大麦	籽实	8.09	永昌
豌豆	籽实	28.09	兰州

数据来源：任继周，1991。

牧草不同生长阶段，含氮量也不相同。如在天祝高山草原莎草科型草地上的试验结果由表 7 可见，幼嫩期牧草中含粗蛋白质较高，随牧草年龄增长而渐减，冬、春枯草期粗蛋白质含量显著降低。其原因有二。

（1）幼嫩期的牧草中，粗纤维及其他物质比例小，粗蛋白质的比例相对提高；随牧草年龄增长，粗纤维等含量提高，粗蛋白质比例相对下降。

（2）一般在牧草叶中含粗蛋白质比例较高，但在枯黄后叶易脱落，使粗蛋白质含量下降。

在各生育期中，牧草体内氮的分布在不断变化。在营养生长阶段，氮大多集中在茎叶等幼嫩器官，当进入生殖生长后，茎叶中的氮就转向籽粒；成熟时，大约有70%的氮已转入种子；就不同部位而言，豆科牧草地上部分氮的含量高于地下组织氮的含量，而地上部分中氮的含量随季节波动较大。牧草同一器官植株上不同部位营养成分含量不同，同一植株上位于上部的叶片其蛋白质含量高于下部。

表7　几种牧草在不同生长阶段中粗蛋白质含量（占干物质的%）

生长阶段 牧草	幼嫩期 （6月）	抽穗期 （8月）	半枯黄期 （10月）	枯黄期 （4月）
垂穗鹅冠草	13.03	11.36	10.03	—
嵩草	14.04	10.32	8.14	5.19
扁蓿豆	17.51	15.91（结夹期）	15.34	—

数据来源：任继周，1991。

植株不同部位的含氮量不相同，以叶中含量最高，如豆科牧草叶片含氮2.0%，籽粒含氮4.5%~5.0%，而茎秆仅含1.0%~1.4%。

牧草收获的是营养器官，体内氮的含量还受营养条件的影响。不同施氮水平和施氮时期影响体内氮的含量与分布，在一定的氮肥施用量范围内，牧草叶片中氮的含量明显提高，增产效应明显；但生长后期施用氮肥，则表现为生殖器官中含氮量明显上升。

在共和县切吉地区（棕钙土）对2龄无芒雀麦草地进行集中大量施氮试验表明，不同施氮水平的增产效应随着草地利用年限而变化。在施氮当年，增产曲线处于效应递减和负效应阶段。在低水平施氮的起初阶段，平均增产量随施氮量的增加而递减，增产量按渐减率增加，达到最大增产量的施氮量为300千克/公顷，施氮量超过这个临界值以后，增产量随施氮量的继续提高而减少，呈负效应（表8）。

表8　大量施氮后无芒雀麦连续3年的增产效应

施氮效应	施氮水平（千克/公顷）								
	37.5	75	112.5	150	225	300	450	600	750
施氮当年平均每千克氮素增产量	35.9	30.0	25.6	20.0	17.9	14.6	8.3	7.0	5.4

（续表）

施氮效应	施氮水平（千克/公顷）								
	37.5	75	112.5	150	225	300	450	600	750
施氮后两年平均每千克氮素增产量	35.5	34.5	31.9	29.3	27.0	24.7	15.2	14.9	11.5
施氮后三年平均每千克氮素增产量	25.4	24.0	34.1	30.2	28.3	26.1	15.6	15.4	12.9

数据来源：郭孝 等，2012。

（二）饲草中磷的含量

磷是牧草必需的大量营养元素之一。牧草的全磷（P_2O_5）含量，一般为牧草干物质重的0.2%~1.1%。其中大部分是有机态磷，约占全磷量的85%，而无机态磷仅占15%左右。

有机态磷主要以核酸、磷脂和植素等形态存在；无机态磷要以钙、镁、钾的磷酸盐形态存在，其含量的变化与供磷水平有密切关系。幼叶中有机态磷含量较高，而老叶中则含无机态磷较多。

磷在牧草中的含量，因土壤状况，牧草种类及其牧草部位等而不同。如在酸性土壤生长的天然植物中含磷量较低，一般为0.03%~0.09%，高于0.1%的不多；相反在盐渍土和钙土生长的植物，其含磷量较高，一般为0.1%~0.25%，个别高于0.3%~0.4%。

一般牧草中的含磷量见表9，牧草中以紫花苜蓿的含磷量为最高，二裂委陵菜次之，落草最低。一般的规律是豆科牧草高于禾本科牧草。

表9　几种牧草的含磷量

牧草种类	生长阶段	含磷量（%）		产地
		鲜样	干样	
黄花苜蓿	开花期	0.06	0.30	肃南、内蒙哲蒙（哲里木盟）
紫花苜蓿	盛花期	0.27	1.22	肃南
杂花苜蓿	—	0.09	0.31	肃南
芨芨草	初花期	0.06	0.19	肃南
冰草	抽穗期	0.06	0.26	青海
赖草	开花期	0.05	0.16	永昌
披碱草	乳熟期	0.07	0.23	永昌
落草	抽穗期	0.05	0.14	青海

（续表）

牧草种类	生长阶段	含磷量（%）		产地
		鲜样	干样	
鹅冠草	抽穗期	0.07	0.27	青海
二裂委陵菜	开花期	0.13	0.34	天祝

数据来源：任继周，1991。

牧草的生长期与部位对含磷量的影响较大，如表10所述。

表10　牧草不同生长期与不同部位的含磷量

发育阶段	器官	含磷量（%）	
		鸭茅	牛尾草
幼穗形成初期	叶片	0.351	0.348
	叶鞘与茎秆	0.348	0.321
	整体植株	0.349	0.339
孕穗期	叶片	0.268	0.236
	叶鞘与茎秆	0.219	0.238
	整体植株	0.252	0.242
开花期	叶片	0.254	0.260
	叶鞘与茎秆	0.166	0.194
	整体植株	0.203	0.225

数据来源：任继周，1991。

牧草体内磷的含量因其器官不同而有差异。种子含磷量高于叶片，叶片含磷量高于根系，根系含磷量高于茎秆，繁殖器官高于营养器官，幼嫩器官高于衰老器官。这是因为，在牧草体内，磷是运转和分配能力很强的元素。磷在牧草体内的分布和运转与牧草的代谢和生长中心转移有密切关系。磷多分布在含核蛋白较多的新芽和根尖等生长点中，并常向生长发育旺盛的幼嫩组织中转移，并表现出明显的顶端优势，即每当作物形成更幼嫩的组织时，磷就向新生的组织中运转。当作物成熟时，大部分磷酸盐则向种子或果实中运输。

随牧草生长期增加，含磷量逐渐下降，但这种趋势并不具有规律性。牧草在不同生长阶段其含磷量是不相同的，其变化规律与牧草的种类有关。多数随牧草的生长而逐渐下降，而少数牧草却有上升的趋势，如天祝高山草原莎草科草地牧草除枯黄期（牧草不再生长）外，多数牧草的含磷量都随牧草的生长阶段而增高（表11）。

表11　天祝高山草原莎草科草地牧草含磷量的季节动态

生长阶段	牧草的含磷量（占干物质的%）			
	垂穗鹅冠草	嵩草	扁蓿豆	杂类草
幼嫩期	0.130	0.062	0.106	0.105
抽穗或开花期	0.107	0.064	0.130	0.129
半枯黄期	0.075	0.064	0.183	0.140
枯黄期	0.025	0.055	—	0.090

数据来源：任继周，1991。

一般牧草幼苗对磷的吸收非常迅速。如豆科牧草苜蓿在其生长早期对磷吸收较多，且受锌元素的影响（表12）。据报道，干物质重达到成株总干重的1/4时的幼年植株，其含磷量可达到成株总磷量的3/4。磷能刺激豆科牧草吸收大气中的氮，同时也促进了牧草生长，苜蓿缺磷会降低氮利用，进而降低干物质含量。牧草含磷量常受土壤磷水平的影响，当土壤有效磷含量高时，牧草的含磷量也略高于缺磷的土壤。

表12　锌对紫花苜蓿磷的含量及吸收量的影响

处理	磷	
	含量（%）	吸收量（千克/公顷）
CK	0.17	7.19
Zn1（200毫克/千克）	0.20	10.60
Zn2（500毫克/千克）	0.23	12.32
Zn3（800毫克/千克）	0.21	10.95

数据来源：胡华锋 等，2009。

（三）饲草中钾的含量

钾与氮、磷不同，在牧草体内主要以离子态或可溶性盐类或吸附在原生质胶体表面的形态存在。在牧草体内还没发现含钾的有机物，几乎全部保持易溶于水的形态。

钾在牧草体内含量较多，一般牧草体内的含钾量（K_2O）占干物质重量的0.3%~5.0%。牧草内的含钾量常因种类不同而有很大差异。从表13的资料可以看出，豆科牧草中的含钾量较禾本科牧草高。其他资料也有同样趋势，例如苜蓿青草和干草干物质中的含钾量分别为2.1%和2.18%，红三叶青草中约为2.46%；而禾本科青燕麦草与猫尾草青干草干物质中的含钾量分别为 0.94%和 1.59%。

表 13 几种牧草中钾的含量

牧草	地点	土壤	含钾量（占干物质的%）
紫花苜蓿	内蒙古锡林浩特	栗钙土	1.676
盐角草	青海柴达木	盐渍土	0.933
胡枝子	辽宁	棕色森林土	0.588
芦苇	青海柴达木	盐渍土	0.155~2.121
落草	内蒙古锡林浩特	栗钙土	1.391
蒙古冰草	内蒙古锡林浩特	栗钙土	0.593
白草	甘肃合水	栗钙土	1.520

数据来源：任继周，1991。

同一牧草中因其生长发育阶段和株体部位不同，含钾量也不同。就不同器官来看，禾本科牧草种子中钾的含量较低，而茎秆中钾的含量则较高。牧草体内的钾十分活跃，易流动，再分配的速度很快，再利用的能力也很强。通常，随着牧草的生长，钾不断地向代谢作用最旺盛的部位转移。因此，在幼芽、幼叶和根尖中，钾的含量极为丰富，衰老部分含钾量极少或不含钾（表 14）。

表 14 鸭茅与牛尾草的含钾量变化（两年平均值）

发育阶段	器官	含钾量（克/每千克干物质）	
		鸭茅	牛尾草
幼穗形成初期	叶片	29.4	33.5
	叶鞘与茎秆	30.7	30.8
	整体植株	30.1	32.4
孕穗期	叶片	23.6	28.1
	叶鞘与茎秆	20.3	25.3
	整体植株	20.6	25.2
开花期	叶片	23.8	28.4
	叶鞘与茎秆	17.1	26.1
	整体植株	17.4	23.8

数据来源：任继周，1991。

二、饲草中的中量元素含量

中量营养元素的含量占植株干物质重量的百分之几到千分之几，它们是钙、镁、硫3种，有人也称这3种营养元素为次量元素，这些元素在饲草体中的含量，一般介于大量元素和微量元素之间。

（一）饲草中钙的含量

在牧草体内，钙离子通常是细胞壁果胶层中主要的阳离子，果胶钙是细胞壁的主要成分。生长于不同土壤中的牧草，对钙的反应不同。在钙土中生长良好的称为钙土牧草，如黄花苜蓿、羊草、蒙古冰草等；在非钙土（酸性土）中生长良好的称为非钙土牧草，如酸模及生于酸性沼泽中的植物。有些牧草属钙土牧草，但有时也可在非钙土中生长，如狐茅。锌影响紫花苜蓿钙的含量和吸收量，喷施锌肥降低了钙的含量（表15）。

表15　锌对紫花苜蓿钙的含量及吸收量的影响

处理	钙	
	含量（%）	吸收量（千克/公顷）
CK	1.62	68.61
Zn1（200毫克/千克）	1.35	71.43
Zn2（500毫克/千克）	1.28	68.13
Zn3（800毫克/千克）	1.25	65.27

数据来源：胡华锋 等，2009。

牧草含钙量，受土壤种类、施肥、pH值与牧草种类及生长阶段的影响。表16资料所提供的我国西北地区几种草原牧草的含钙量表明，豆科牧草中含钙量较高，但差异也很大。

表16　几种主要牧草中的含钙量

牧草种类	生长阶段	含钙量（%）	
		新鲜	全干
紫花苜蓿	盛花期	1.23	5.53
黄花苜蓿	开花期	0.41	1.28
蒙古冰草	抽穗期	0.15	0.65
披碱草	抽穗期	0.06	0.20
赖草	开花期	0.16	0.45
落草	抽穗期	0.10	0.29
芨芨草	—	0.16	0.60
二裂委陵菜	开花期	0.63	1.64
褐穗莎草	幼嫩期	0.16	0.46

数据来源：任继周，1991。

分析表明，在牧草不同生长阶段中，牧草中各部位的含钙量也不同，见表17。一般牧草叶片的含钙量高于其他部位，而且随牧草生长的增大而提高，但整株牧草的含钙量却逐渐下降。这是因为只有幼嫩根尖能吸收钙，且新生的嫩枝顶端（生长点）是钙的积累中心，含量高；而在种子和果实中钙含量都较低。

表17　两种牧草在两个生长周期平均含钙量变化

发育阶段	器官	含钙量（占干物质%）	
		鸭茅	牛尾草
幼穗形成初期	叶片	0.391	0.543
	叶鞘与茎秆	0.271	0.198
	整体植株	0.338	0.429
孕穗期	叶片	0.401	0.656
	叶鞘与茎秆	0.176	0.167
	整体植株	0.338	0.287
开花期	叶片	0.607	0.747
	叶鞘与茎秆	0.146	0.168
	整体植株	0.229	0.270

数据来源：任继周，1991。

（二）饲草中镁的含量

镁主要存在于叶绿素、植素和果胶物质中，含量较高，是叶绿素和植素的矿质组分。牧草含镁量一般在0.1%~0.6%，豆科牧草比禾本科牧草含镁量多，种子比茎叶及根系多。牧草生长初期，镁大多存在于叶片中，一般定型的叶中镁的含量为0.20%~0.25%，低于0.2%时可能出现缺镁；到了结实期，镁向种子中转移，以植酸盐的形式贮存。镁除了在叶绿素和叶绿体中的作用之外，还存在于其他质体中，它是几乎所有作用于磷酸化底物酶的一种辅助因子。

不同种类的牧草对镁的蓄积反应是不同的，例如在相同温度下（14℃），给禾本科牧草增施镁肥，猫尾草、鸭茅和虉草有高的镁蓄积，而草地早熟禾和多年生黑麦草则是低镁蓄积。在一般条件下，豆科牧草的含镁量高于禾本科牧草（表18），其他非豆科牧草通常不考虑土壤有效镁的含量水平。牧草对镁的吸收受土壤中高含量的有效钾、动物厩肥的大量施用或含钾化肥大量使用的影响。含镁化肥和白云石灰石的施用对提高牧草产量是有效的，生长于沙土和壤土上的牧草能富集镁，而生长于黏土特别是含有较高可交换性钾的黏土上的牧草则含镁量偏低。

表 18　几种牧草中的含镁量

牧草种类	含镁量（%）	
	原样	干样
苜蓿青草（鲜）	0.08	0.30
苜蓿青干草	0.31	0.34
胡枝子青草（鲜）	0.07	0.27
红三叶青草	0.10	0.43
红三叶青干草	0.33	0.42
白三叶青草（鲜）	0.08	0.45
草地早熟禾青干草	0.19	0.21
燕麦青干草	0.15	0.18
燕麦秸	0.18	0.20

数据来源：任继周，1991。

不同品种的牧草对镁的吸收也不相同。例如黄花羽扇豆对镁的吸收就比白花羽扇豆高。

由于镁是构成叶绿体的成分，叶绿体多集中在叶上，所以叶片中的含镁量高于茎秆。

镁含量的季节变化也比较明显。春季和初夏最低，秋季最高。各年份间变化也大，以猫尾草、黑麦草和三叶草组成的放牧地上，变化率可达37.7%。从表 19 可以看出牧草含镁量的季节变化与生长强度有正相关的趋势。

表 19　几种牧草在不同生长阶段中含镁量变化（占干物质的%）

牧草种类	刈割时期				
	4 月	5 月	6 月	8 月	9 月
鸭茅	0.144	0.107	0.176	0.135	0.145
牛尾草	0.135	0.136	0.209	0.211	0.201
黑麦草	0.142	0.114	0.154	0.157	0.167
三叶草	0.223	0.216	—	0.236	0.235

数据来源：任继周，1991。

（三）饲草中硫的含量

由于硫是一些氨基酸的组分，因此它是构成蛋白质和酶不可缺少的成分，在牧草体内几乎所有的蛋白质都含有硫。硫在牧草体内除一部分呈硫酸根形态外，大部分以巯基（-SH）或联硫基（S-S）与许多有机物结合，这些含硫有机化合物参与牧草体内的氧化还原过程。在植物生长和代谢中硫有多种重要功能：主要有合成蛋白质必需组分胱氨酸、半胱氨酸和蛋氨酸等含硫氨基酸需要硫，植株中约90%的硫存在于这些氨基酸中；合成其他代谢物时也需要硫，这些代谢物包括辅酶A、生物素、硫胺素（即维生素B_1）和谷胱甘肽。硫还是铁氧还蛋白的重要组成部分，也是叶绿素中非血红离子硫蛋白。

一般牧草蛋白质中平均含硫量为0.3%~2.2%，也有高达7.2%的。硫在牧草体内的分布与蛋白质的分布有关，比较均匀，主要集中在种子中。部分禾本科饲草硫的含量见表20。

表20　羊场常用补饲料的干物质硫含量

牧草名称	燕麦青干草	燕麦料	青贮料	大麦	青稞	混合精料	颗粒料
硫含量（%）	0.126 1	0.104 5	0.178 3	0.127 3	0.131 5	0.176 0	0.227 9
测定次数（次）	7	3	6	1	2	3	3

数据来源：李桂英，2009。

植物根几乎只吸收硫酸根离子，大多数硫酸根离子能够在植株内还原，能够以-S-S-S和-SH形态测出。大量硫酸盐态的硫也出现于植物组织和胞液中，尤其苜蓿中含量甚大。

牧草中的含硫量因受土壤种类及其水热条件等因素的影响而不同。一般盐渍土壤上的植物含硫量（0.4%~0.6%）较酸性土和钙质土壤上的（0.05%）高，特别是有些盐渍土壤的植物，如盐爪爪含硫量高达2.79%（表21）。

表21　几种牧草中的含硫量

种类	土类	地区	含量（占干物质的%）
黄花苜蓿	栗钙土	内蒙古锡林浩特	0.13
菭草	栗钙土	内蒙古锡林浩特	0.07
蒙古冰草	栗钙土	内蒙古锡林浩特	0.05
盐爪爪	盐渍土	内蒙古包头	2.79
盐角草	盐渍土	青海柴达木	1.57
芦苇	盐渍土	青海柴达木	0.10

数据来源：任继周，1991。

值得注意的是，同一地区同一土壤，因牧草种类不同，其含硫量差异很大，如内蒙古锡林浩特栗钙土上的豆科牧草含硫量远高于禾本科牧草。同一地区同一土壤，牧草含硫量也会有时空上的动态变化。天然草地不同生长期硫的含量有差别（表22）。

表22　2008—2009年天然牧草干物质硫含量

年-月	2008-3	2008-6	2008-9	2008-1	2008-12	2009-1	2009-4	2009-6
硫含量（%）	0.098 3	0.223 3	0.200 4	0.175 4	0.105 1	0.092 1	0.076 8	0.216 7

数据来源：李桂英，2009。

三、饲草中的微量元素含量

微量元素缺乏一直是我国农业生产中限制饲草高产和优质的重要因子。微量元素是植物必需且需求量很少的一类元素，对植物的新陈代谢和生长发育具有重要作用。随着我国畜牧业的快速发展，对饲草产量和品质的要求越来越高。施用微量元素不仅可以提高牧草的产量与品质，还可防止牲畜因缺乏微量元素而引起的代谢性疾病。因此，微量元素在牧草生产中的管理对我国畜牧业的可持续发展具有重要意义。各种微量元素在饲草体内的含量虽然不同，但作用是同等重要的，任何一种微量营养元素的特殊作用都不能由其他元素代替。

（一）饲草中铁的含量

牧草体内含铁量一般为干物质重量的0.03%左右，集中分布在叶绿体中。其中大部分铁是以铁硫蛋白的形式储存，称为牧草铁蛋白。细胞中约75%的铁与叶绿体结合，叶片中高达90%的铁与叶绿体和线粒体膜的脂蛋白结合。叶子中牧草铁蛋白储存作为形成质子体用，是进行光合作用所必需的。

铁在饲草中的含量因植物种类和部位而不同。但不论何种饲草，一般在富含原生质的幼嫩细胞叶中含铁量较高，其他部位的含铁量较少。我国东北及西北草原区几种牧草的含铁量见表23。酸性土壤上的植物含铁量高于平均含量。

表23　几种草原牧草中的含铁量

牧草种类	地点	土类	含量（占干物质的%）
黄花苜蓿	内蒙古锡林郭勒盟	栗钙土	0.022
菭草	内蒙古锡林郭勒盟	栗钙土	0.033

（续表）

牧草种类	地点	土类	含量（占干物质的%）
白草	甘肃合水	栗钙土	0.021
垂穗鹅冠草	甘肃合水	栗钙土	0.096
盐爪爪	青海柴达木	盐渍土	0.110
盐角草	青海柴达木	盐渍土	6.251
芦苇	青海柴达木	盐渍土	0.141

数据来源：任继周，1991。

铁是饲草生长必需的微量元素，影响叶绿体构造形成，从而影响叶绿素合成，铁含量过高或过低都将制约饲草生长。铁的适宜水平为25~30毫克/千克。

铁在饲草中的含量因部位不同有差异，地上和地下部分含量不同（表24）。

表24　几种优良牧草地上、地下部铁含量的比较

牧草种类	地上部铁含量（毫克/千克）	地下部铁含量（毫克/千克）
红三叶	129	821
白三叶	757	206
绛三叶	176	128
鸭茅	138	3077
多年生黑麦草	161	675

数据来源：杜占池，2003。

铁在饲草中的含量也因品种不同而有差异（表25）。

表25　不同品种苜蓿植株地上部分铁元素含量

品 种	铁含量（微克/克）	品 种	铁含量（微克/克）
胖多	221.97	WL-323HQ	280.31
猎人河	279.2	WL-525HQ	293.57
WL-232HQ	211.35	飞马	256.06
阿尔刚金	268.55	金皇后	274.04
皇冠	289.13	巨人	278.21
驯鹿	300.19	敖汉苜蓿	258.9

数据来源：方勇，2010。

种植地域不同也会影响饲草中的铁含量（表26）。

表26　海南不同地区牧草铁的含量（毫克/千克 干物质）

地区	样本数	热研2号柱花草	热研4号王草	热研9号坚尼草	黑籽雀稗
儋州	12	307.50±27.73	237.28±18.42	219.36±30.23	184.64±10.73
昌江	12	341.89±54.55	158.51±13.27	218.89±18.83	292.62±33.69
琼中	12	318.39±23.32	171.09±21.34	—	—
乐东	12	213.93±12.84	203.15±13.01	228.82±22.21	168.84±8.72
澄迈	12	413.31±21.49	223.60±11.39	—	—

数据来源：周汉林，2008。

（二）饲草中锰的含量

一般牧草中所含的锰高于它自身的需要量，这是由吸收进来的少量锰逐渐积累起来的。但各种牧草中的含锰量差异很大。锰主要分布在牧草的绿色部位，牧草吸收的锰优先转运到分生组织，因此牧草幼嫩器官通常富含锰，这些锰大部分积累在叶子中。在不同器官中通常是叶多于茎，茎多于种子，如甜菜叶柄中锰的含量显著低于叶身。植物块根、块茎中锰含量也是很低的，马铃薯块茎锰含量比地上部低10%，但某些植物根中可累积较多的锰而很难被再利用。锌的含量对饲草中锰的含量和锰的吸收有影响，适量施锌能显著提高锰含量（表27）。

表27　锌对紫花苜蓿锰的含量及吸收量的影响

处理	锰	
	含量（毫克/千克）	吸收量（克/公顷）
CK	35.95	152.78
Zn1（200毫克/千克）	40.35	213.34
Zn2（500毫克/千克）	38.83	206.31
Zn3（800毫克/千克）	35.34	184.80

数据来源：胡华锋，2009。

从表28中几种牧草的含锰量看出，除盐渍土与棕色森林土的植物含有一定量锰外，栗钙土上生长的牧草中含锰量甚微，用一般方法测定不出。可见，我国北方地区土壤中含锰极少，或因土壤条件限制，有效态锰很低，满足不了植物的需要，属缺锰区。

表 28　我国北方几种牧草的锰含量（占干物质的%）

牧草种类	地点	土类	含锰量
胡枝子	辽宁	棕色森林土	0.015
芦苇	青海柴达木	盐渍土	0.000~0.017
盐角草	青海柴达木	盐渍土	0.011
盐爪爪	内蒙古	盐渍土	0.011
莕草	内蒙古	栗钙土	0.000

数据来源：任继周，1991。

在缺锰地区施用锰肥时，对牧草生长的促进作用很大。例如在亚高山区的豆科—禾本科等草地施用锰肥时，可提高牧草产量 29%，特别在高山区的草地上，施用锰肥可显著提高饲草产量。

表 29　饲草中锰含量分布（毫克/千克，风干）

样品名	省（市、区）数	样品数	锰含量
羊草	7	35	89.1±32.7
黑麦草	16	72	86.5±15.7
苜蓿	25	93	33.0±2.5
青贮玉米	23	88	41.4±3.9

数据来源：王传龙，2019。

从表 29 可以看出，羊草、黑麦草、青贮玉米 3 种禾本科牧草对锰的吸收能力一般超过苜蓿草。

从表 30 可以看出，黑麦草根系锰含量和富集系数都大于紫花苜蓿，表明黑麦草的根系富集能力比紫花苜蓿强，这是因为黑麦草具有非常发达的侧根，植物通过根系分泌有机酸活化土壤中的锰，然后形成较为稳定的螯合物，不仅促进了植物对锰的吸收，还降低了重金属的胁迫。

表 30　不同锰渣添加量紫花苜蓿和黑麦草对锰的富集、转移情况

供试植物	锰渣添加量	pH 值	地上锰含量（毫克/千克）	根系锰含量（毫克/千克）
紫花苜蓿	0	7.37±0.02	51.08±7.27	81.80±14.57
	7	7.04±0.02	72.62±38.41	133.63±7.53
	14	7.01±0.11	98.15±3.94	154.72±5.81
	21	7.12±0.01	163.40±63.37	396.33±81.30
	28	6.97±0.02	768.46±3.83	2 391.41±162.42
	35	6.95±0.06	1 997.27±67.11	7 102.99±93.38

（续表）

供试植物	锰渣添加量	pH 值	地上锰含量（毫克/千克）	根系锰含量（毫克/千克）
黑麦草	0	7.52±0.04	88.63±16.15	93.73±11.48
	7	7.06±0.03	158.82±28.77	291.92±26.49
	14	7.15±0.08	187.15±6.75	419.19±17.22
	21	7.09±0.04	359.13±70.10	1 319.00±64.99
	28	7.14±0.04	883.72±110.76	7 755.00±183.01
	35	7.05±0.01	1 309.39±32.40	10 035.00±209.15

数据来源：敖慧，2021。

（三）饲草中硼的含量

硼是植物正常生长和发育所必需的微量元素。硼还能加速植物性器官的发育，提早开花结实，加快种子的成熟。

牧草体内硼含量通常在 2～100 毫克/千克，其中以豆科牧草含量最高，而禾本科牧草含量低。甜菜叶柄中的硼含量高于叶片，苜蓿植株顶部低于基部。植物地下部分，无论根、块根、块茎、鳞茎等硼含量均较低（但生长点含量高），在植物繁殖器官中，花内的硼含量很高。由此可见，硼在植物叶片、茎根生长点和花器官中有较多分布，这些新生组织需硼量高。

但当环境中缺硼时，其他组织原来已利用的硼却不能再分配到这些新生组织。在发生硼的毒害时，叶片中硼的分布极不均匀，同一叶片坏死区含硼量为1 500 毫克/千克，失绿区为 >1 000 毫克/千克，绿色区则为<100 毫克/千克。培养在含硼量为 20 毫克/升培养液中的燕麦和向日葵幼苗，其过量硼主要累积在叶片顶端部分。在植物细胞中硼的分布也是不均匀的，有人分离测定了向日葵和赤豆细胞器中硼含量，发现核、质体和上清液中比线粒体和微粒体中含量高，各部分硼都不是游离态的，但上清液中的硼有 75%是可透析的，在缺硼时还能进一步被利用。又有人发现在细胞器中最富硼的是核糖体、染色质和内质网膜，并且在细胞壁中存在大量的硼。

在缺硼土壤上施用硼肥（0.13 毫克/千克、0.75 毫克/千克和 5.0 毫克/千克），红三叶草根部和地上部分各生育期的硼浓度、单株吸收量和平均吸收速度均随土壤有效硼的增加而提高；同一硼水平，各部位硼浓度随生育期的变化较小，硼平均吸收速度随生育期的变化与红三叶草平均生长速度一致，表明硼的吸收与植株生长需求密切相关。

牧草中硼的浓度随硼的用量的增加而增加，并且三叶草中硼的浓度明显大于禾本科牧草中硼的浓度。牧草的干物质产量对硼的反应不同。

喷施锌肥未显著影响紫花苜蓿硼的含量，但其吸收量均显著高于对照（CK），且其硼含量和吸收量与施锌量呈负相关（表31）。

表31　锌对紫花苜蓿硼的含量及吸收量的影响

处理	硼	
	含量（毫克/千克）	吸收量（克/公顷）
CK	59.13	250.09
Zn1（200毫克/千克）	60.95	322.23
Zn2（500毫克/千克）	58.79	312.25
Zn3（800毫克/千克）	55.59	290.70

数据来源：胡华锋，2009。

植物体内缺硼可能与干旱有关。通常苜蓿黄叶是由于缺硼引起的，而且缺硼常常发生在干旱之后。当硼浓度降低到<30毫克/千克，就会发生黄叶现象。

在温室内发现，苜蓿施氮将加剧硼的短缺。利用温室研究，在低硼土壤中施锌降低苜蓿对硼的吸收。植物中硼含量一般随施硼增加而增加，因而，有发生硼中毒的潜在危险。

硼不直接参与植物体的组成，也没有迹象表明硼是酶的组分，而且硼在植物体内的化合价是稳定的，不能通过自身化合价的改变来参与氧化还原反应，只能与具有相邻顺式二元醇构型的多羟基化合物形成复合物，包括各种糖类及其衍生物等来实现其功能。

（四）饲草中锌的含量

牧草体内的锌含量为20~150毫克/千克，一般介于20~25毫克/千克，临界锌含量为20毫克/千克，少于20毫克/千克可发生缺锌症。因锌过多而发生中毒的现象比较少见，如果锌含量多于400毫克/千克，可引起锌中毒。

各种牧草的含锌量有很大的差别，同一些草因地点不同，土壤条件不同，管理不同，生育期不同，部位不同锌含量也不同，如初花期苜蓿上部15厘米内含锌20~100毫克/千克，而玉米叶片在抽雄期为20~50毫克/千克。牧草含锌量的季节性变化如表32所示。

表32　草地牧草中含锌量的季节动态

季节	冬	春	夏	秋
含量（毫克/千克）	36.9	28.8	24.6	20.1

数据来源：任继周，1991。

植物的含锌量为1~10 000毫克/千克（以干物质计），但对于大多数作物和牧草来说，一般为20~100毫克/千克，低于15~20毫克/千克时，作物常表现缺锌。不同种类的植物，锌含量有很大的差异（表33）。植物的不同部位含锌量不同，一般多分布在茎尖和幼嫩的叶子中，且植物的幼嫩部分比年老组织含锌量高，并且随植物的年龄增大而降低。因此，在采集植物分析用的标本时，必须考虑采集的部位和植物的生长阶段，以便所得的分析结果能够进行比较。锌容易积累在根系，牧草上下各部分的含量由下而上逐渐递增。它的分布与生长素的分布基本上是平行的，通常由老叶向新叶运转。如果锌的供应充足，植物根通常会积累大量的锌。锌在植物体内是可以移动的，当锌不足时，锌能从老叶流入较幼小的叶中。

表33　不同植物的含锌量

植物种类	植物的锌含量（毫克/千克）				
	缺乏	低	正常	高	毒害
燕麦（苗期）	0~10	11~20	21~40	41~150	150
甜菜（营养生长期）	0~10	11~20	21–70	>70	—
紫花苜蓿（地上部分）	0~8	—	—	9~14	—

数据来源：史丹利化肥股份有限公司，2014。

锌参与植物生长素和蛋白质的合成，还能提高植物的耐旱和抗病能力。甘南桑科草原牧草锌含量在43. 1~92. 9毫克/千克，满足牧草正常生长对锌的需求（11~59毫克/千克）。牧草锌含量的季节变化不同于其他元素，补播和放牧处理下的牧草在生长初期锌含量较少，但随着植物生长其含量也逐步增加。

喷施锌肥显著提高了紫花苜蓿锌的含量和吸收量（表34）。与对照相比，施锌处理锌含量和吸收量增幅分别为71. 40%~191. 51%和115. 44%~261. 91%；且其含量和吸收量随施锌量的增加而提高，以施锌800毫克/克（Zn3）处理锌含量和吸收量最高。

表34　紫花苜蓿锌的含量及吸收量

处理	锌	
	含量（毫克/千克）	吸收量（克/公顷）
CK	28. 04	118. 13
Zn1（200毫克/千克）	48. 06	254. 50

（续表）

处理	锌	
	含量（毫克/千克）	吸收量（克/公顷）
Zn2（500 毫克/千克）	52.43	278.66
Zn3（800 毫克/千克）	81.74	427.52

数据来源：胡华锋，2009。

为了保证放牧家畜正常生长繁殖，风干日粮中锌的含量应高于 30 毫克/千克。大量的研究发现，牧草中锌的含量随着牧草的逐渐成熟和枯萎而呈显著下降趋势。

苜蓿生长期间，叶片中锌含量随年龄稍有上升，而茎秆中则下降，叶片和荚中锌含量高于茎。玉米叶片中锌含量则随成熟而下降，上部叶片高于下部叶片，叶身高于中脉。甜菜叶片中锌含量为叶柄的 3 倍。但一般来说，锌多分布在生长旺盛的幼嫩组织（叶、生长点等）和花器官中，且试验证实锌大量地进入植株幼嫩的正在生长的部位。和锰不同，锌在种子中含量比较高，主要累积在胚中，说明锌对胚的发育是必需的。存在于叶绿体和线粒体中的大部分锌是和高分子化合物结合的。细胞核和线粒体比其他细胞器含有更多的锌。

（五）饲草中铜的含量

牧草体内含铜量一般为 4~15 毫克/千克。铜在牧草中的含量取决于土壤成分和牧草种类等因素，如豆科牧草含铜量比禾本科高（表 35）。

表 35　几种不同牧草铜含量

牧草种类	干物质中含铜量（毫克/千克）
杂三叶草	10.9
红三叶草	16.1
苜蓿	13.8
猫尾草	6.3

数据来源：任继周，1991。

在植物体内各部位铜的含量亦不相同（表 36），主要集中在牧草生长较活跃和幼嫩部分，种子及新叶中含铜较多，如羽扇豆大量积累铜的部位为茎和叶柄。

表 36　几种优良牧草地上、地下部铜含量的比较

牧草种类	地上部铜含量（毫克/千克）	地下部铜含量（毫克/千克）
红三叶	11.33	13.31
白三叶	12.62	15.72
绛三叶	9.13	12.23
鸭茅	14.17	21.78
多年生黑麦草	8.09	9.43

数据来源：杜占池，2003。

不同季节植物中的铜含量也不相同。在英国阿伯丁地区，春季和初夏牧草中铜的含量最低，秋季最高。

大豆叶中铜含量幼苗期较低，结荚期较高，成熟期茎中铜含量比叶和荚中都低很多。玉米整个生长期植株中铜含量比较稳定，但不同部位仍有明显差异，叶片中铜含量比茎秆多，茎秆下段最低。和上述几种元素不同，铜在玉米叶片中是均匀分布的。铜和锌一样能较多地贮藏在种子中。一般植物体内含铜量是很少的（4~15 毫克/千克），主要分布在幼嫩叶片、种子胚等生长活跃的组织中，茎秆和老叶中较少。在细胞中，叶绿体和线粒体都含有铜，每分子叶绿体蛋白中有 3 个原子铜。有人认为叶片中约 75%的铜存在于叶绿体中。在动物中已发现铜存在于线粒体的所有分离组分中，铜在线粒体中的含量显著高于作为线粒体中各种酶的成分。

植物以铜离子（Cu^{2+}）形态吸收，也能吸收天然或合成有机复合体中的铜。叶片也能吸收铜盐及其复合体。苜蓿对缺铜非常敏感，铜在植物组织中的浓度降到 5×10^{-6}水平以下时可能表现缺乏。对于缺铜的矿质土壤，11~17 千克/公顷硫酸铜完全可以满足苜蓿生长。在缺铜的有机土壤，施铜应增加 1 倍。铜在土壤中的后效作用很大，因而 3 年施 1 次即可。

喷施锌肥未显著影响紫花苜蓿铜的含量，但其吸收量均显著高于对照（CK），且各锌肥处理铜含量和吸收量均随施锌水平的提高而降低（表 37）。

表 37　紫花苜蓿铜的含量及吸收量

处理	铜	
	含量（毫克/千克）	吸收量（克/公顷）
CK	16.90	71.26
Zn1（200 毫克/千克）	17.24	91.29
Zn2（500 毫克/千克）	16.50	87.70
Zn3（800 毫克/千克）	16.49	86.34

数据来源：胡华锋，2009。

（六）饲草中钼的含量

钼主要以钼酸根阴离子形态被牧草吸收。土壤中钼含量制约着牧草中的钼含量，特别是豆科牧草更为显著，如在内蒙古以禾草为主的微温微干草地，弱碱性草甸和草甸土施用钼酸铵后与不施钼的相比，禾本科植物中钼的含量分别为 30 毫克/千克和 0~7 毫克/千克。牧草干物质中的钼含量一般为 1~100 毫克/千克。大量钼积累在根部和豆科牧草根瘤中，各种牧草中钼的含量亦不相同（表 38）。

表 38　几种不同牧草钼含量

牧草种类	干物质中含铜量（毫克/千克）
杂三叶草	4.61
红三叶草	23.6
苜蓿	14.4
猫尾草	3.0

数据来源：任继周，1991。

适量喷施锌肥能显著提高紫花苜蓿钼的含量和吸收量。由表 39 可知，Zn1 处理钼含量和吸收量最高，其含量和吸收量比对照（CK）分别显著提高 0.25 毫克/千克和 2.40 克/公顷。

表 39　紫花苜蓿钼的含量及吸收量

处理	钼	
	含量（毫克/千克）	吸收量（克/公顷）
CK	1.02	4.33
Zn1（200 毫克/千克）	1.27	6.73
Zn2（500 毫克/千克）	1.07	5.70
Zn3（800 毫克/千克）	0.95	4.95

数据来源：胡华锋，2009。

植物对钼的需求量是必需营养元素中最低的一种，植物中钼的含量也很低，为 0.1~0.5 毫克/千克。通常植物叶片中含钼量（干物重）为 0.1 毫克/千克。不同的植物种类，钼的需求量也不一样，缺钼的临界值也不相同。通常豆科和十字花科植物需钼量较多，缺钼临界值较高，而谷类作物需钼较低。

此外，同一植株，不同部位钼的含量也不相同（表 40）。如豆科植物，各部位钼含量的顺序为：根瘤>种子叶>茎根。这是因为钼参与生物氮的固定和蛋白质的合成，是固氮酶结构组成部分，苜蓿根瘤中有10倍于叶片中的钼浓度。植物根系从土壤中吸收钼的主要形态为MoO_4^{2-}，但其吸收的方式一直存在着争论。

表40　几种优良牧草地上、地下部钼含量

牧草种类	地上部钼含量（毫克/千克）	地下部钼含量（毫克/千克）
红三叶	0.023 1	0.022 5
白三叶	0.022 5	0.022 9
绛三叶	0.022 6	0.022 5
鸭茅	0.425 0	0.022 6
多年生黑麦草	0.022 6	0.117 9

数据来源：杜占池，2003。

（七）饲草中氯的含量

氯在自然界中普遍存在。在水溶液中以氯化物形态存在。Cl^-是最活跃的负价阴离子，经由水体媒介能进入几乎所有生物的物资循环中。氯在高等植物中虽已发现有130种以上的含氯有机物，但主要以移动性很强的Cl^-行使其功能，参与电荷补偿和细胞膜渗透调节有关的一些生理过程。

牧草中积累的正常氯浓度一般为0.2%~2.0%。牧草体内的氯以氯离于形态存在，流动性很强，氯离子在细胞质中积累较多，胞间连丝上也发现较多氯，叶片中含氯大于籽粒。正常植株体内，氯的浓度可积累至70~700毫摩尔/升干重（2~20克/千克干重），属典型的大量元素水平。

但植物最适宜生长的氯浓度为10~30毫摩尔/升干重（350~1 060毫克/千克），为微量元素水平。由于氯极易进入植物体，在正常条件下较难发现和诱发缺氯症。故人们更关心的是氯的毒害水平和中毒症状。植物吸入体内的氯，优先积累于叶绿体中，如菠菜和甜菜的叶绿体中的氯的浓度接近100毫摩尔/升，两者相差10倍以上。这主要是由于氯能参与光合作用，作为含氯系统的辅助因子而促进水的光解，并使光合磷酸化作用相应增强。

氯能通过调节叶片气孔开闭以影响光合作用和植物生长。特别是对有些作物，如洋葱，其叶片气孔的保卫细胞中叶绿体发育差，缺乏K^+流入保卫细胞时所需的等量有机阴离子（如草果酸），则主要依赖Cl^-与K^+相对应，一起流入，保卫细胞即可依靠K^+而增加膨压，开闭自如。这一机制对棕榈属植物如椰子、油棕和棕榈也同样重要。因此，缺氯会影响对CO_2的利用和气孔蒸腾水分的控制。

氯化物是细胞溶液中主要的活性渗透溶质之一，能激活 H^+-ATP 酶，使 H 从原生质转运至液泡，促进作物对养分的吸收。它还能激活利用谷氨酰胺为底物的天冬门酰胺合成酶，使体内氮代谢过程顺利进行。

（八）饲草中镍的含量

镍是高等植物生长发育必需的微量元素，在植物生长发育、生理、生化和形态等方面起重要的作用。镍是植物体的组成成分，大多数饲草植物体内镍的含量一般为 0.05～1.0 毫克/千克，不同植物体内的含量差别很大。植物对镍很敏感，当营养液中镍浓度超过 1 毫克/千克时，有些植物就会出现中毒症状。

镍在植物体内的含量与植物的品种、生长阶段、土壤中镍的浓度和可利用率有关。相同条件下，生长期的豆科植物一般比禾本科植物含镍量高，而且在叶、根和籽实中镍主要以有机态存在，牧草含镍量随其成熟度而下降，生长期比开花期含镍高。镍可与植酸螯合形成稳定的化合物，从而降低了动物对镍的利用率。

镍在植物体不同器官的分布不均衡。镍积累植物地上部分含镍量高于根系，而非积累植物的根系含镍量比地上部分高，豆科植物的根瘤中镍含量比茎部高 13～19 倍。一般而言，营养生长期镍主要分布于叶和芽中，生殖生长期绝大部分镍从叶和芽转移到生殖器官，因此，成熟种子中镍含量一般较高。

狼尾草不同部位富集镍能力为：根>叶>茎。镍主要集中在狼尾草的根系，茎和叶中含量相对较少。因为根系可直接吸收土壤中的重金属，茎叶中的重金属则是通过根系传递营养的过程而富集的。同时植物根细胞壁有大量交换位点，这些位点可以固定或吸收 Ni^{2+}，从而阻止其向叶片和茎迁移。

有研究测定了在镍处理浓度下不同品种紫花苜蓿（超人、W1319、三得利、北极熊、前景）茎叶镍含量。结果表明，在镍处理浓度为 1 微克/毫升时，5 个品种茎叶对镍的吸收能力强弱表现为：超人>W1319>三得利>北极熊>前景，镍含量最高为（99.60±5.23）微克/克，最低为（69.58±10.42）微克/克；在镍处理浓度为 9 微克/毫升时，5 个品种对镍的吸收能力强弱表现为：W1319>超人>北极熊>前景>三得利，镍含量最高为 610.36±44.70 微克/克，最低为（390.34±88.52）微克/克。

有研究测定了不同品种紫花苜蓿根部的镍含量。在镍处理浓度为 1 微克/毫升时，5 个品种根部对镍的吸收能力强弱表现为：超人>W1319>北极熊>前景>三得利，镍含量最高为（1 649.89±238.14）微克/克，最低为（1 368.73±88.94）微克/克；在镍处理浓度为 9 微克/毫升时，5 个品种对镍的吸收能力强弱表现为：W1319>超人>北极熊>前景>三得利，镍含量最高为（3 378.59±377.56）微克/克，最低为（1 444.59±186.13）微克/克。

从以上结果可以看出：5 个紫花苜蓿品种根部富集能力都远强于茎叶的富集能力；随着镍处理浓度的升高，茎叶部分的镍积累量随之增加，根部吸收的镍明显地向茎叶部分转运并累积。

第五节　营养元素缺乏或过多症状

一、大量元素缺乏或过多的症状

（一）氮缺乏或过多的症状

1. 氮缺乏的症状

牧草主要利用氮的是营养器官，氮营养对牧草营养生长影响很大。牧草缺氮时，由于蛋白质合成受阻，导致蛋白质和酶的数量下降；同时，叶绿体结构遭到破坏，叶绿素合成减少而使叶片早衰甚至干枯。这些变化致使牧草生长过程缓慢，产量降低。又因氮在牧草体内的移动性大，老叶中氨化物分解后可运到幼嫩组织被重复利用，所以缺氮时幼叶发黄，并由下部叶片向上发展。

牧草苗期缺氮时植株矮小、瘦弱、分蘖少，茎秆细长，叶片发黄，一般先出现于低位叶片，高位叶片仍很绿，严重缺氮时叶片变褐并且死亡，后期继续缺氮时，生殖生长受阻，下部老叶提前衰落，并易出现早衰而导致产量下降，植株衰老部分的氮化合物转移到代谢活跃区域，在新的原生质合成中再次被利用。

牧草缺氮不仅影响产量，而且蛋白质含量减少，维生素和必需氨基酸的含量相应地减少，也会影响牧草的品质。

2. 氮过多的症状

在牧草生长期间，供应充足而适量的氮能促进牧草生长发育，并获得高产，如果超量供应氮而磷钾肥没有相应增加时，植株体内大部分碳水化合物将与氮转化成蛋白质、叶绿素等物质，只有少量的碳水化合物用作构成纤维素、半纤维素等细胞壁的原料，使细胞增长过大，细胞壁薄，细胞多汁，牧草抗逆性变差，易受机械损伤和各种病害侵袭。如果造成群体过大，导致受光条件恶化，则牧草高度增加过快，下部节间过细，易造成倒伏。此外，过多施用氮还会消耗大量碳水化合物，并在牧草体内积累过多的硝酸盐，对牲畜健康产生威胁，影响牧草的食用品质。而且，施用氮肥过多，特别是施用铵态氮过多时，能引起牧草对钙的缺乏。

总之，氮营养失调对牧草生长发育、产量和品质都带来不良影响，在生产实践中做到适量施肥很重要。

（二）磷缺乏或过多的症状

1. 磷缺乏的症状

由于磷是许多重要化合物的组分，并广泛参与各种重要的代谢活动，因此，缺磷的症状相当复杂。缺磷时，牧草光合作用、呼吸作用等代谢过程受阻，细胞分裂迟缓，新细胞难以形成，同时也影响细胞伸长，影响牧草的营养生长。所以从外形上看，生长延缓，植株矮小，分枝或分蘖减少。

在缺磷初期由于缺磷的细胞其伸长受影响的程度超过叶绿素所受的影响，叶片常呈暗绿色或灰绿色，但其光合作用的效率却很低，缺磷严重时，体内碳水化合物代谢受阻，糖分积累，从而易形成花青素（糖苷），植株基部叶片或茎出现紫红色的条纹或斑点，严重时，叶片枯死。豆科牧草缺磷时，由于光合产物的运输受到影响，其根部得不到足够的光合产物，而导致根瘤菌的固氮能力降低，生长减缓甚至停止生长，更严重时影响繁殖器官的形成，延迟开花和成熟，成为“小老苗”，并出现空秆、空壳、秕籽和成熟不整齐，籽粒不饱满，产量降低。牧草缺磷的症状常首先出现在老叶上，因为磷的再利用程度高，在牧草缺磷时老叶中的磷可运往新生叶片中再被利用。在缺磷环境中，牧草自身有一定的调节能力，缺磷时，根和根毛的长度增加、根的半径减小，可使根所吸收的磷更快地径向运输到达导管，这样可使牧草在缺磷的土壤中吸收到较多的磷。此外，在缺磷的情况下，某些牧草还能分泌有机酸，使根际土壤酸化，从而提高土壤磷的有效性，使牧草能吸收到更多的磷。

不同基因型牧草的自身调节能力不同，因而对磷的利用效率也有差异。缺磷时，光合产物运到根系的比例增加，引起根的相对生长速度加快，根冠比增加，从而提高根对磷的吸收和利用。

2. 磷过多的症状

施用磷肥过量时，由于牧草呼吸作用过强，消耗大量糖分和能量，产生不良影响，包括禾本科牧草的无效分蘖和瘪籽增加；叶片肥厚而密集，叶色浓绿；植株矮小，节间过短；地上部生长受抑制，根系非常发达，根量极多而粗短。繁殖器官常因磷肥过量而加速成熟进程，并由此而导致营养体小，茎叶生长受抑制，降低产量。施磷肥过多还表现为牧草地上部分与根系生长比例失调，此外，还会出现牧草纤维素含量增加、品质下降的情况。施用磷肥过多还会引起水溶性磷酸盐与土壤中锌、锰、铁等元素生成溶解度较低的化合物，降低其有效性，导致牧草诱发性缺锌等。

（三）钾缺乏或过多的症状

1. 钾缺乏的症状

缺钾时牧草体内代谢活动受阻、紊乱和失调，根据电子显微镜观察，牧草缺钾时细胞形态有明显变化，其组织中常出现细胞解体，死细胞很多，在外观上也有特殊症状。由于钾在牧草体内流动性很强，并可充分再利用，因此，牧草生长早期，不易观察到缺钾症状，即处于潜在性缺钾阶段。此时往往使牧草生活力和细胞膨压明显降低，表现出牧草生长缓慢、矮化；到生长发育的中、后期发生黄化和坏死现象。缺钾症状一般先从下部老叶开始，逐步向上部叶片扩展。缺钾的主要特征通常是老叶的叶缘先发黄，进而变褐，焦枯似灼烧状；叶片上出现褐色斑点或斑块，但叶中部、叶脉处仍保持绿色。牧草缺钾时，根系生长明显停滞，细根和根毛生长很差，易出现根腐病。缺钾牧草的维管束木质化程度低，厚壁组织不发达，常表现出组织柔弱而易倒伏。

2. 钾过多的症状

镁是叶绿素的组成成分，缺镁将影响叶绿素的形成；而土壤中钾过多，易造成牧草缺镁；所以施用钾肥时，特别是对沙性土壤不能过量，以免引起牧草缺镁。

二、中量元素缺乏或过多的症状

（一）钙缺乏或过多的症状

1. 钙缺乏的症状

钙在牧草体内易形成不溶性钙盐沉淀而固定，所以它是不能移动和再度被利用的。缺钙易造成顶芽和根系顶端不发育，呈“断脖”症状，幼叶失绿、变形、出现弯钩状；严重时，生长点坏死，叶尖和生长点呈果胶状，根常常变黑腐烂。一般牧草果实和储藏器官供钙极差。

禾本科牧草缺钙表现为幼叶卷曲、干枯，功能叶的叶间及叶缘黄萎，植株未老先衰，结实少，秕籽多，根尖分泌球状的透明黏液，叶缘出现白色斑纹，常出现锯齿状不规则横向开裂，顶部叶片卷筒下弯呈“弓”状，相邻叶片常粘连，不能正常伸展。豆科牧草新叶不伸展，老叶出现灰白色斑点。叶脉棕色，叶柄柔软下垂；根暗褐色、脆弱，呈黏稠状，叶柄与叶片交接处呈暗褐色，严重时茎顶卷曲呈钩状枯死。在老叶背面出现斑痕，随后叶片正反面均发生棕色枯死斑块，果实空荚多。

牧草中，苜蓿对钙最敏感，常作为缺钙指示物。钙不足，新根发育受到抑制，植株生长缓慢，抗干旱和抗寒冷的能力差。

2. 钙过多的症状

豆科牧草不耐高浓度的钙，过量的钙会影响其他矿物质的摄入，因而可能出现其他元素缺乏的状况，导致离子不平衡，如钙/钾比例过大，引起钾或镁缺乏，表现出叶绿素减少，叶片失绿，而且最先表现在老叶上，症状为黄色、青铜色或红色。

（二）镁缺乏和过多的症状

1. 镁缺乏的症状

近年来，随着氮、磷、钾化肥的施用，牧草产量不断提高，牧草从土壤中携走的镁数量不断增加，又因土壤镁得不到有效补充，牧草缺镁现象陆续出现。

土壤中钙和镁的不平衡会加重缺镁。当钙/镁过高时，牧草吸收的镁较少。当土壤含镁量处在缺乏边缘时，施钾量高或施 NH_4^+-N 量高时也可能引发缺镁。镁在牧草体内较易移动，它可向新生组织转移。牧草缺镁，首先表现在低位衰老叶片上，一般症状中叶肉为黄色、青铜色或红色，叶片上出现清晰网状、脉纹，有多种斑点或斑块。严重时，整个叶片组织全部淡黄或发亮，叶肉组织逐渐变为褐色，直至坏死。开花受抑制，牧草品质降低，牧草产量减少。

2. 镁过多的症状

镁过量时，牧草叶缘焦枯，影响牧草对氮、磷、钾、钙的吸收，导致牧草生长发育受阻，开花少、果实稚。

（三）硫缺乏或过多的症状

1. 硫缺乏的症状

牧草缺硫时，生长受阻，尤其是营养生长，症状类似缺氮。牧草植株矮小，分枝、分蘖减少，全株体色褪淡，呈浅绿色或黄绿色；叶片失绿或黄化，褪绿均匀，幼叶较老叶明显，叶小而薄，向上卷曲，变硬，易碎，脱落提早；牧草茎生长受阻，株矮、僵直；生长期延迟。缺硫症状常表现在幼嫩部位，这是因为牧草体内硫的移动性较小，不易被再利用。牧草可能于生育初期，特别当天气寒冷潮湿时在许多土壤上表现出淡绿的缺硫外观。不同种类牧草缺硫症状有所差异，一般豆科牧草对缺硫较为敏感，禾本科牧草需硫较少。

2. 硫过多的症状

供硫过多对牧草会产生毒害作用，叶片常呈暗绿色，植株生长缓慢，近年来研究发现，牧草通过释放 H_2S 来调节自身的硫营养。

三、微量元素缺乏或过多的症状

（一）铁缺乏或过多的症状

1. 铁缺乏的症状

铁离子在牧草体内是最为固定的元素之一，通常以高分子化合物存在，流动性很小，老叶片中的铁不能向新生组织转移，因此，缺铁首先出现在牧草幼叶上。缺铁牧草叶片失绿黄白化，新叶常白化，称失绿症。初期脉间褪色而叶脉仍绿，叶脉颜色深于叶肉，色界清晰，严重时叶片变黄甚至变白。

豆科牧草最易缺铁，因为铁是豆血红素和固氮酶的成分。缺铁使根瘤菌的固氮作用减弱，植株生长矮小。缺铁时上部叶片脉间黄化，叶脉仍保持绿色，并有轻度卷曲，严重时全部新叶失绿呈黄白色，极端缺乏时，叶缘附近出现许多褐色斑点，进而坏死。禾本科牧草缺铁，叶片脉间失绿，呈条纹花叶，症状越近心叶越重。严重时心叶不出，植株生长不良，矮缩，生育延迟，有的甚至不能抽穗。

在实际诊断中，根据外部症状判别苜蓿缺铁时，由于铁、锰和铁、锌二者之间容易混淆，需注意鉴别。缺铁和缺锰：缺铁褪绿程度通常较深，黄绿间色界常明显，一般不出现褐斑；而缺锰褪绿程度较浅，且常发生褐斑或褐色条纹。缺铁和缺锌：缺锌一般出现黄斑叶，而缺铁通常全叶黄白化而呈清晰网状花纹。

2. 铁过多的症状

如果土壤铁肥施用过多，能引起牧草铁中毒。但实际生产中牧草铁中毒不多见。在 pH 值低的酸性土壤和强还原性的嫌气条件土壤，三价铁离子被还原为二价铁离子，土壤中亚铁过多会使牧草发生铁中毒。如果土壤供钾不足，牧草含钾量低，根系氧化力下降，则对二价铁离子的氧化能力削弱，二价铁离子容易进入根系积累而致害。因此，铁中毒常与缺钾及其他还原性物质的为害有关。单纯的铁中毒很少，旱作土壤一般不发生铁中毒。

(二) 锰缺乏和过多的症状

1. 锰缺乏的症状

锰为较不活动元素。缺锰牧草首先在新生叶片叶脉间绿色褪淡发黄，叶脉仍保持绿色，脉纹较清晰；严重缺锰时有灰白色或褐色斑点出现，但程度通常较浅，黄色、绿色界线不够清晰，对光观察才有比较明显的差异现象，严重时病斑枯死，称为“黄斑病”，或“灰斑病”，并可能穿孔，有时叶片发皱、卷曲甚至凋萎。不同作物表现症状有差异，禾本科牧草中缺锰症的特点是新叶叶脉间呈条纹状黄化，并出现淡灰绿色或灰黄色斑点，称“灰斑病”；严重时叶身全部黄化，病斑呈灰白色坏死，叶片螺旋状扭曲，破裂或折断下垂。豆类牧草缺锰称“湿斑病”，其特点是未发芽种子上出现褐色病斑，出苗后子叶中心组织变褐，有的在幼茎和幼根上也有出现。根据牧草外部缺锰症状进行诊断时需注意与其他容易混淆症状的区别。缺锰与缺镁：缺锰失绿首先出现在新叶上，缺镁首先出现在老叶上。缺锰与缺锌：缺锰叶脉黄化部分与绿色部分的色差没有缺锌明显。缺锰与缺铁：缺铁褪绿程度通常较深，黄绿间色界线明显，一般不出现褐斑；而缺锰褪绿程度较浅，且常发生褐斑或褐色条纹。

2. 锰过多的症状

土壤施锰过多，能引起牧草锰中毒。因为过量锰会阻碍牧草对钼和铁的吸收，往往使牧草出现缺钼症状。一般表现为根的颜色变褐、根尖损伤、新根少。叶片出现褐色斑点，叶缘白化或变成紫色，幼叶卷曲等。

(三) 硼缺乏或过多的症状

1. 硼缺乏的症状

硼不易从衰老组织向活跃生长组织移动，最先出现缺硼的是顶芽停止生长。缺硼牧草受影响最大的是代谢旺盛的细胞和组织。硼不足时根端、茎端生长停止，严重时生长点坏死，侧芽、侧根萌发生长，枝叶丛生，叶片增厚变脆、皱缩歪扭、褪绿萎蔫，叶柄及枝条增粗变短、开裂、木栓化，或出现水渍状斑点或环节状突起，茎基膨大，肉质根内部出现褐色坏死、开裂，花粉畸形，花蕾易脱落，受精不正常，果实种子不充实。

三叶草缺硼时植株矮小，茎生长点受抑制，叶片丛生，呈簇形，多数叶片小而厚、畸形、皱缩，表面有突起，叶色浓绿，叶尖下卷，叶柄短粗，有的叶片发黄，叶柄和叶脉变红，继而全叶成紫色，叶缘为黄色，形成明显的“金边叶”。病株现蕾开花少，严重时种子无收。

2. 硼过多的症状

硼过量会阻碍牧草生长，大多数耕作土壤的含硼量一般达不到毒害程度，干旱地区可能会自然产生硼毒害。施用过量硼肥会造成毒害，因为溶液中硼浓度从短缺到致毒之间跨度很窄。高浓度硼积累的部位出现失绿、焦枯坏死症状。叶缘最易积累，所以硼中毒最常见的症状之一是牧草叶缘出现规则黄边，称“金边叶”。老叶中硼积累比新叶多，症状更重。

（四）锌缺乏或过多的症状

1. 锌缺乏的症状

锌在牧草中不能迁移，因此缺锌症状首先出现在幼嫩叶片上和其他幼嫩牧草器官上。许多牧草共有的缺锌症状主要是牧草叶片褪绿黄白化，叶片失绿，脉间变黄，出现黄斑花叶。叶形显著变小，常发生小叶丛生，称为“小叶病”“簇叶病”等，生长缓慢，叶小、茎节间缩短，甚至节间生长完全停止。缺锌症状因牧草种类和缺锌程度不同而有所差异。

豆科牧草缺锌生长缓慢，下部叶脉间变黄，并出现褐色斑点，逐渐扩大并连成坏死斑块，继而坏死组织脱落。苜蓿和三叶草对锌很敏感，而禾本科牧草对锌不敏感。

2. 锌过多的症状

土壤锌过多，能引起牧草锌中毒；一般锌中毒症状是牧草植株幼嫩部分或顶端失绿，呈淡绿或灰白色，进而在茎、叶柄、叶的下表面出现红紫色或红褐色斑点，根伸长受阻。

（五）铜缺乏或过多的症状

1. 铜缺乏的症状

牧草缺铜一般表现为顶端枯萎，节间缩短，叶尖发白，叶片变窄变薄，扭曲，繁殖器官发育受阻，裂果。不同牧草种类往往出现不同症状，豆科牧草新生叶失绿、卷曲，老叶枯萎，易出现坏死斑点，但不失绿，花由正常的鲜艳红褐色变为暗淡的漂白色。苜蓿对缺铜很敏感，是良好的缺铜指示物，而禾本科牧草是耐受缺铜。在新开垦的酸性有机土壤上种植牧草最先出现的营养性疾病常是缺铜症，这种状况常被称为“垦荒症”。

2. 铜过多的症状

对大多数牧草，叶片铜中毒的临界水平高于20~30微克/克干重。然而不同牧草品种对铜忍耐力差别很大，这种差异与牧草地上部含铜量有直接关系。铜中毒可能诱导缺铁，牧草失绿也可能是由于高浓度铜使脂类发生氧化作用，而导致类囊体膜破坏的直接结果。大量供应铜时，不耐铜毒的牧草会迅速表现为根伸长受阻和根细胞膜遭破坏。在高铜浓度中，根系形态的某些变化，如伸长受阻和侧根形成加强，可能和 IAA 氧化酶活性急剧下降有关。

（六）钼缺乏或过多的症状

1. 钼缺乏的症状

牧草缺钼症有两种类型：一种是叶片脉间失绿，甚至变黄易出现斑点，新叶出现症状较迟；另一种是叶片瘦长畸形、叶片变厚，甚至焦枯。一般表现叶片出现黄色或橙黄色大小不一的点，叶缘向上卷曲呈杯状，叶肉脱落残缺或发育不全。缺钼与缺氮相似，但缺钼叶片易出现斑点，边缘发生焦枯，并向内卷曲，组织失水而萎蔫，一般症状先在老叶上出现。豆科牧草叶片褪绿，出现许多灰褐色小斑并散布全叶，叶片变厚、发皱，有的叶片边缘向上卷曲成杯状；禾本科牧草仅在严重时才表现叶片失绿，叶尖和叶缘呈灰色，开花成熟延迟，籽粒皱缩，颖壳生长不正常。

2. 钼过多的症状

土壤中钼过多，一般不会引起牧草钼中毒，但牧草含钼过多能引起牲畜中毒。牲畜对钼十分敏感，饲料中含钼量在 5 毫克/千克干重以上就足以诱发所谓的钼中毒症。例如，在美国西部、澳大利亚和新西兰，由于反刍动物的饲料中钼和铜的不平衡，长期取食的草食动物就会发生钼中毒。牛中毒出现腹泻、消瘦、毛褪色、皮肤发红和不育，严重时死亡，可口服铜、体内注射甘氨酸铜或对土壤施用硫酸铜来克服，采用施硫和锰及改善排水状况也能减轻钼毒害。因此，生长在豆科、草本和禾科混植草场上的牧草的铜营养需要特别注意，一方面要满足豆科牧草固氮和种子对钼的需求，另一方面放牧动物的饲草中又不允许钼累积到毒害的水平。

（七）氯缺乏或过多的症状

1. 氯缺乏的症状

牧草缺氯时根细短，侧根少，尖端凋萎，叶片失绿，叶面积减少，严重时组织坏死，由局部遍及全叶，不能正常结实。幼叶失绿和全株萎蔫是缺氯的两个最常见症状。

苜蓿缺氯，叶片萎蔫，侧根粗短呈棒状，幼叶叶缘上卷成杯状，失绿，尖端进一步坏死。由于氯的来源广，大气、雨水中的氯远超过牧草每年的需要量，即使在实验室的水培条件下因空气污染也很难诱发缺氯症状。因此大田生产条件下不易发生缺氯症。

2. 氯过多的症状

土壤施氯过多时，能引起牧草氯中毒；且从农业生产实际看，氯过量比缺氯更让人担心。氯过量主要表现是生长缓慢，牧草植株矮小，叶片少，叶面积小，叶色发黄，严重时叶尖呈烧灼状，叶缘焦枯并向上卷筒，老叶死亡，根尖死亡。另外，氯过量时种子吸水困难，发芽率降低，主要影响是增加土壤水的渗透压，因而降低水对牧草植株的有效性。

（八）镍缺乏或过多的症状

1. 镍缺乏的症状

镍在饲草中的主要功能是作为脲酶和氢化酶的成分。缺镍时，不仅会阻碍饲草对氮元素的吸收，影响产量和品质，还会在饲草叶尖积累较多的脲，出现尿素中毒，叶子小而卷曲，生长发育迟缓，或者引发植物出现幼叶萎黄和分生组织死亡的现象。

2. 镍过多的症状

过量的镍对饲草会产生毒害作用，症状多变。一般饲草缺镍会表现为生长缓慢，叶片失绿、变形；叶片出现斑点、条纹。一般认为，镍中毒所表现出来的“失绿症”可能是由于过量的镍阻碍了饲草对铁和锌的吸收，诱发缺铁和缺锌所致。

第三章　饲草营养与施肥基础理论

饲草的生长离不开营养养分的补给，饲草生长发育过程中均需要 17 种必需营养元素，但是不同品种的饲草植物所需的营养元素的数量和种类有很大的差距。在我国传统饲草生产中，几乎没有针对饲草生产方面的专用肥，绝大部分饲草生产者都不懂得饲草营养补给的正确方法和施肥量，往往只是盲目地依据农作物使用的经验来施肥，造成饲草生产过程中肥料的浪费比大农业更加严重，过度使用化肥还破坏了环境，造成了严重的土壤板结，破坏了土壤的基本结构，不仅降低了饲草产品的品质，还影响了生长环境，使土壤的肥力不断下降，阻碍了农业可持续发展。

第一节　施肥应遵循的原则和基本原理

肥料是饲草的粮食，支撑着饲草生长发育和高品质产品的形成。近百年来，经过数代人的努力，人们在饲草营养生理、营养诊断、施肥技术与肥料研究等方面均取得了较大进展，为保障家畜和奶牛饲草料供给作出了卓越的贡献。目前，随着人民生活水平的不断提高，我国居民对牛羊肉和奶类需求持续快速增长，未来 10 年依然呈现强劲的需求趋势，优质饲草作为草食畜牧业可持续发展的重要物质基础，也是构筑国家粮食安全和生态安全屏障的重要保障。

当前我国粮食安全的主要压力在饲料粮，促进饲料粮减量的一个重要举措就是增加饲草供应。近年来，中央大力发展现代饲草产业，相继实施草原生态保护补助奖励、粮改饲、振兴奶业苜蓿发展行动等政策措施，草食畜牧业集约化发展步伐加快，优质饲草需求快速增加。2020 年，国务院办公厅印发的《关于促进畜牧业高质量发展的意见》明确提出，到 2025 年，我国的牛羊肉和奶类自给率分别保持在 85%和 70%以上。要实现上述目标，我国对优质饲草的需求总量将超过 1.2 亿吨，目前尚有约 5 000 万吨的缺口。2022 年，农业农村部正式印发《“十四五”全国饲草产业发展规划》指出，饲草是草食畜牧业发展的物质基础，饲草产业是现代农业的重要组成部分，是调整优化农业结构的重要着力点。计划到2025年，全国优质饲草产量达到9 800万吨，牛羊饲草需求保障率达80%以上，饲草种子总体自给率达70%以上，饲料（草）生产与加工机械化率达65%以上。《“十四五”全国饲草产业发展规划》的制定意在加快建设现代饲草产业，促进草食畜牧业高质量发展，提升牛羊肉和奶类供给保障能力。

在我国，随着人们收人和消费水平的不断提高，城乡居民的恩格尔系数和人均谷物直接消费量不断下降。虽然城乡人口总量不断增加，但由于人均谷物直接消费量的下降，自20世纪90年代中期以来，全国城乡居民的口粮消费总量稳中趋降。且随着主要动物性食物消费的不断增加，间接粮食消费所占比重仍将继续提高，间接粮食消费替代直接粮食消费将成为今后粮食总需求增加的主要因素。在间接粮食消费总量中，饲料用粮的比重不断提高、总量迅速增加，饲料用粮已成为推动粮食消费需求增长的主要因素和粮食生产的主要压力。我国人民膳食结构中肉、蛋、奶的比重不断增加，带动了动物性食品的消费扩张，随着生活水平的进一步提高，人们对动物性食品的需求将会大幅度增长。但我国耕地农业、养殖业发展的结构性缺失，使饲料粮的相对紧缺成为新的粮食问题。饲料粮的不足，成为畜牧业发展的重要限制因素。因此，大力发展饲草产业，提高饲草产量和质量，是进一步促进农牧结合，提高整个农业生态系统生产力和经济效益的重要动力。优质饲草产品是连接草产业与畜牧业的纽带，饲草产业的健康健全发展可弥补国内畜牧业发展快速而草业发展缓慢带来的草、畜链条脱节问题，从而更好地保障和促进草牧业的健康发展。

随着我国目前对草食畜产品的需求量与日俱增，亟须加快建设现代饲草产业体系，助推草牧业高质量发展。要把解决好饲草生产问题作为保障国家粮食安全来抓，饲草营养和肥料利用是发展饲草产业高产、稳产的一项重要技术措施，也是平衡国内草畜供需、增强草牧业内循环动力、增加优质饲草供应、促进草食畜牧业提质增效的重大举措。

一、施肥应遵循的原则

饲草生产中提高肥料利用率是解决肥料问题的关键所在。在世界范围内，60%的氮肥用于谷物生产，其利用率约为33%；磷肥的当季利用率在15%以下，30年的累积利用率也很难达到50%。为了提高肥料利用率，需要遵循饲草施肥原理，解决饲草生产过程中施肥存在的关键问题，倡导使用正确的肥料、正确的用量、正确的时间和正确的位置，旨在提高肥料利用率，减少肥料对环境的影响。

施肥是饲草生产中一项十分重要的内容，它对生态环境也具有强烈影响。因此，合理施肥、提高肥料利用率就成为提高饲草生产的经济效益、保护生态环境的一个关键环节。

饲草生产中土壤中的营养元素对于土壤具有十分重要的影响，当土壤中的营养元素比列失衡时，土壤会表现出养分退化现象，而土壤养分退化一直以来是我国饲草种植中出现的主要问题。我国大部分饲草种植户都不是太了解饲草营养有关知识，在使用肥料时，对于饲草生长所需的营养养分不了解，往往掌控不好化肥中营养元素的比例平衡，绝大部分均是根据农作物的施肥量和经验来种植饲草，这很大程度上影响了饲草生长发育，致使大多数情况下饲草在生长关键时期不能充分获取所需营养，自然而然生产效率和品质也就降低了。饲草施肥应遵循如下原则。

（一）严格遵循化肥使用原则

在饲草生产过程中，对于饲草植物的营养补给，需要结合饲草生长和利用的实际需求，确定化肥使用方法。保住土壤基础肥力，这样可以有效防止土壤养分的流失；同时，使用化肥时还要注重生态环境的保护，一定要科学合理地使用化肥，注重土壤的保护和周围环境保护。

（二）遵循测土配方确定施肥量的原则

目前对饲草产品，尤其是奶牛场及相关生产企业不仅仅是要求饲草量的生产，更是对饲草品质的高要求，所以饲草产业的发展，在保证量的同时，一定要注重高品质的特级、一级草产品的生产。但是我国大部分饲草种植户都不懂科学的施肥技术，盲目使用化肥，没有考虑到饲草生长的实际营养需求，导致大量的化肥浪费，还造成了严重的环境污染。目前大部分饲草生产企业生产的饲草产品难以达到生产量和品质的“双高”要求。在饲草产业化生产中，测土配方施肥技术可以有效解决种植过程中施肥存在的这些问题。测土施肥配方是根据检测土壤理化性质结合饲草的生长利用需求，有针对性地对饲草的生长进行施肥营养补充，实现对饲草生产利用的定向施肥。这样可以保证饲草在生长过程中营养充分补给，还能减少化肥农药浪费导致的环境污染问题，提升饲草生产等级，实现饲草产业高质量发展的长远目标。

1\. 遵循最佳施肥时间的原则

饲草在生长时期，是营养吸收转化使用关键时期。饲草和农作物不同，大部分是以收获茎叶营养体为主，不同饲草在不同的生长时期对营养的吸收需求都有所差异，合理掌握饲草底肥和追肥量，特别是追肥时间，及时进行施肥，可以有效促进饲草的生长，形成高品质草产品。不同饲草在整个生长过程对营养元素的需求不同，其关键营养吸收时期非常重要，要根据饲草种类和品种特性，掌握最佳追肥时间，及时补充饲草生长所需的营养肥料。

2. 优先使用有机化肥和微生物肥的原则

我国传统农业的生产主要是使用有机物化肥。大部分饲草品种耐瘠薄，在土壤不是太贫瘠的情况下需要施用的化肥量也不是太多，在有条件的地方优先推荐使用有机物化肥和微生物肥。在现代化的饲草生产中，应该重视有机化肥的使用，合理控制化学化肥的使用，有机化肥可以改良土壤结构，增加土质营养成分。微生物化肥的使用也应重视，虽然微生物化肥和有机物化肥在性质上有很大的区别，但是对土壤改善与饲草营养补给的作用原理相似。使用微生物化肥可以防止土壤中各种微量营养元素的流失，保住土壤的肥力，有利于饲草生产的可持续性，增加利用年限。

二、施肥基本原理

（一）养分归还学说

养分归还学说是饲草施肥的重要理论依据。德国化学家李比希在《化学在农业及生理学的应用》一书中指出，腐殖质是在有了植物以后才出现在地球上，而不是在植物出现以前，因此植物的原始养分只能是矿物质。后来进一步提出了养分归还学说，他认为：随着作物每次种植与收获，必然要从土壤中取走大量养分，使土壤养分逐渐减少，连续种植会使土壤贫瘠；为了保持土壤肥力，就必须将植物带走的矿质养分和氮素以施肥的方式归还给土壤，对恢复和维持土壤肥力有积极意义。虽然李比希的归还学说有一定的局限性，如对有机肥的作用重视不够，但至今仍是指导施肥的基本原理之一。

（二）最小养分律

最小养分律也是饲草合理施肥的重要理论依据。最小养分律是李比希在1843年提出的。内容主要为：植物生长发育需要吸收各种养分；然而，决定植物产量高低的是土壤中有效含量相对最小的那种养分；在一定范围内，产量随着这种养分的增减而升降。无视这种最小养分，继续增加其他任何养分，都难以提高作物产量。最小养分与产量的关系，可以用数学式 $y=a+bx$

表示，式中 a>0，表示不施肥时的产量，x 为最小养分的有效数量。对最小养分的理解应注意如下 3 个问题。

（1）决定作物产量高低的是土壤中某种对作物需要量来说是最少的，而不是绝对量最少的那种养分。若某田块的速效磷和有效锌分别为 10 毫克/千克和 1.5 毫克/千克，则最小养分为磷，而不是锌。

（2）最小养分不是固定不变的。当土壤中原有的最小养分因施肥而得到补充，它就不再是最小养分；而其他养分，因作物需求的增加，而变成了最小养分。

（3）最小养分是作物增产的显著因素，要想提高产量，必须补充最小养分。若忽视最小养分，而继续增加其他养分，不但产量不能增加，反而造成肥料浪费，降低施肥经济效益。如在中低产田，氮素不足是影响产量的限制因子；而在高产田块上，不补充钾肥而继续加大氮肥用量，不但不会增产，反而造成减产。

（三）报酬递减律

报酬递减律是指在其他经济技术条件不变的情况下，随着某项投资的增加，每单位量投资的报酬是递减的。德国的农业化学家米采利希等人于 20 世纪初，在总结前人工作的基础上，以燕麦为供试材料，研究了施磷肥量与产量的关系，得到了与报酬递减律相似的规律，即在技术条件相对稳定的情况下，随着施肥量的增加，作物总产量是增加的，但单位施肥量的增产量是依次递减的。也就是说当施肥量较低时，随着施肥量的增加，作物产量几乎呈直线上升；施肥量增加到某一程度，肥效递减明显；当施肥量达到最高产量施肥量以后，再增加施肥量时总产量下降。由于在一定的时期内生产条件是相对稳定的。因此，肥料报酬递减律是普遍规律，是合理施肥的基础之一。报酬递减律揭示了作物产量与施肥量之间的一般规律，反映了肥效递减规律，使得肥料施用由经验性、定性化走向了定量化。

（四）不可替代律

对饲草植物来讲，不论大量元素，还是中量元素或微量元素，在饲草生长都是同等重要，缺一不可的。缺少某一种微量元素，尽管它的需要量可能会很少，仍会产生微量元素缺乏症而导致减产。不论微量元素还是大量元素、中量元素，其在植物生长发育中并不因为需要量的多少而改变其重要性。饲草需要的各种营养元素，在饲草体内都有一定的功能，相互之间不能代替。缺少什么营养元素，就必须施用含有该营养元素的肥料，施用其他肥料不仅不能解决缺素的问题，有些时候还会加重缺素症状。

（五）限制因子律

1905年英国布来克曼把最小养分律扩大到养分以外的生态因子，如光照、温度、水分、空气和机械支持等，提出了限制因子律。其含义是：增加一个因子的供应，可以使作物生长增加；但在遇到另一个生长因子不足时，即使增加前一个因子，也不能使作物增产，直到缺少的因子得到满足，作物产量才能继续增长。限制因子律是最小养分律的扩大和延伸，它包括养分以外的各种因素，如土壤性质、气候条件、栽培技术等，都可能成为限制作物生长的主要原因，因此，施肥时，不但要考虑各种的养分供应状况，而且要注意与生长有关的环境因素。如在我国北方地区，冬季饲草栽培中温度就是一个限制饲草生长的重要限制因子之一。

三、施肥量的估算、施肥方式、施肥时期与方法

（一）施肥量的估算

1. 定性的丰缺指标法

该法是根据校验研究所确定的"高""中""低"等指标等级确定相应的施肥量。在取得土壤测定结果以后，将测定值与该养分的分级标准相比较，以确定测试土壤的等级，根据等级确定施肥量。一般在"低"级时，施入的养分量是作物需要量的2倍；在"中"级时，施肥量与作物需肥量相等；在"高"级时，一般不施肥。此方法简便易行，缺点是比较粗糙。

2. 肥料效应函数法

在试验设计的基础上，用田间试验资料拟合肥料效应方程，通过肥料效应方程可以计算出理论最高产量、最高产量施肥量、经济最佳施肥量等。

大量试验研究表明，单因素的肥料试验结果可以用一元二次肥料效应方程拟合：

$$Y=a+bX+cX^2$$

式中：Y是饲草产量，X是肥料用量，a、b、c是系数。

两因素肥料试验结果可以用二元二次肥料效应方程来拟合：

$$Y=b_0+b_1X_1+b_2X^2+b_3Z^2+b_4Z^2+b_5XZ$$

式中：Y是饲草产量，X是第一种肥料用量，Z是第二种肥料用量，ZX是两种肥料的交互效应，b_0，…，b_5是系数。

目前生产中使用的氮、磷、钾三因素肥料试验方案为"3414"方案，即3因素4水平，共计14个处理，既可以拟合三元肥料效应函数，计算出氮、磷、钾肥的合理配比；也可以拟合一元二次或二元二次肥料效应函数，

分别计算氮、磷、钾肥的最佳施肥量。

3. 目标产量法

也叫养分平衡法，它是美国土壤化学家 E. Turog 提出的，根据一定的产量要求计算肥料需要量。

（二）施肥方式

大部分饲草的整个生育期可分为若干阶段，不同生长发育阶段对土壤和养分条件有不同的要求。同时，各生长发育阶段所处的气候条件不同，土壤水分、热量和养分条件也随之发生变化。因此，施肥一般不是一次就能满足饲草整个生育期的需要，需要在基肥的基础上进行多次追肥。

饲草施肥时期的确定应以提高肥料增产效率和减少肥料损失，防止环境污染为基本原则。因此，饲草的营养规律和土壤供肥特性应是确定施肥期的依据。一般情况下，饲草的需肥具有长期性和阶段性的特征，而且有养分临界期和最大效率期。所以，应采取基肥、种肥与追肥相结合的方式。

（1）基肥。播种或定植前结合土壤耕作所施的肥料称为基肥。其目的是为了创造饲草良好生长发育所要求的土壤条件，满足饲草整个生育期间对养分的要求。基肥的作用一是培肥改良土壤；二是供给饲草养分。因此，基肥的作用是双重的，一是培养地力、改良土壤，二是供给作物养分。作基肥的肥料主要是有机肥料（如厩肥、堆肥、绿肥）或磷肥、复合肥，有时为了出苗整齐，可少量施用氮肥。基肥的施用方法有撒施、条施和分层施。所谓撒施是在土壤翻耕之前，把肥料均匀撒于田面、然后翻耕入土中，撒施为基肥的主要施用方法，优点是省工，缺点是肥效发挥得不够充分。条施是在田面上开沟，然后把肥料施入沟中，条施肥料施得集中，靠近种子及植株根系，因此，用肥少、肥效高，但较费工。分层施是结合深耕把粗质肥料和迟效肥料施入深层，精质肥料和速效肥料施到土壤上层，这样既可满足饲料作物对速效肥的需求，又能起到改良土壤的作用。

（2）种肥。播种和定植时施于种子附近，或与种子同播，或用来进行种子处理的肥料称为种肥。目的是一方面供给饲草幼苗养分，另一方面是改善饲草种子床或苗床的理化性状。种肥的种类主要有腐熟的有机肥料、速效的无机肥料或混合肥料、颗粒肥料及菌肥等。种肥是同种子一起施入的肥料，因而要求所选用的肥料对种子无副作用，过酸过碱或未腐熟的有机肥料均不能作种肥。种肥的施用方法很多，可根据肥料种类和具体要求采用拌种、浸种、条施、穴施等。

（3）追肥。追肥是在饲草生长期间施用的肥料，其目的是满足饲草每个生育阶段的营养需求。饲草主要以收获营养体为主，追肥特别重要。追肥一定要及时合理，既要避免供肥不足，影响饲草对养分的吸收，又要防止追肥过多，造成养分吸收不及时或流失太多。追肥的主要种类为速效氮肥和腐熟的有机肥料。磷、钾、复合肥也可用作追肥。经验证明，采用尿素等化肥，硼、钼、锰等微量元素肥料以及某些生长激素在现蕾（抽穗）开花期对饲料作物或牧草进行根外追肥，对提高种子产量有重要作用。为了充分发挥追肥的增产效果，除了确定适宜的追肥期外，还要采用合理的施用方法。追肥的施用方法通常包括撒施、条施、穴施和灌溉施肥等。但前三者在土壤墒情不好时也多结合灌溉进行。根外施肥在多数情况下是将肥料溶解在一定比例的水中，然后喷洒于叶面，通过组织吸收满足饲料作物和牧草对营养的需要。追肥的时间一般在禾本科牧草的分蘖、拔节期，豆科牧草的分枝、现蕾期。为了提高牧草产草率，每次收割后也应追肥。多年生牧草，每年春季要追 1 次肥，促其早发快长。秋季追肥以磷、钾肥为主，以便牧草能安全越冬。禾本科牧草追肥以氮肥为主，配施一定量的磷、钾肥。豆科牧草除苗期追氮肥外，其他时期主要以磷钾肥为主。

饲草生产要根据饲草种类、品种、立地条件及产量预估，在养分总量确定的前提下，合理安排基肥和追肥的比例。施肥的具体时期依饲草种类、肥料性质、气候、土壤状况而定，多年生的饲草不但要根据生育期分次施，而且要根据生长年限进行量的调整；对于生育期短的饲草应相对集中施肥次数；速效性肥料适宜于做种肥或追肥，肥效迟缓的肥料应做基肥；干旱少雨的地区，或无灌溉条件时，应早施，以基肥为主；温暖潮湿多雨地区，或有灌溉条件的地区，应基肥和追肥结合施用。

（三）施肥时期

不同饲草种类和同一种饲草的不同品种具有不同的营养特性，所以饲草的需肥规律是合理施肥的理论依据。要进行合理施肥必须掌握饲草在其生长和发育的各个时期所需要养分的种类和数量。农业上所谓“看作物、看品种、看苗情”施肥，实质上就是要掌握不同饲草种类或同一饲草不同品种在各生育阶段的营养特性，因时因地改善其营养条件，以提高产量和品质。

饲草从种子萌发到成熟枯黄这一整个生长周期，一般要经历几个生长发育阶段。如禾本科饲草由出苗（萌发返青）到分蘖，由分蘖到抽穗，再由抽穗到成熟等，在每一个生长发育阶段都要求它所需要的条件。因此，了解和掌握饲草每一生育阶段对养分要求的特性，对饲草施肥具有重要的意义。

为保证饲草有良好的营养条件，必须了解饲草营养的阶段性。总的来说，饲草在整个生育期对养分吸收的特点是：各生育期内饲草吸收养分的相对数量多少各异，一般在生长初期较少，而到生长旺盛期吸收量明显增加，以氮、磷、钾养分而言，不同时期吸收比例亦不相同；各种养分吸收的最大值，也不是都在同一个生育期内。

饲草的养分需要，无论总的需要量或按比例的数量，各个生育期都是不同的。饲草也和其他作物一样，对养分要求常有2个重要的时期，即营养临界期和营养最大效率期。如能在这两个时期充分供给养分，其产量即会明显增加。饲草营养临界期，在饲草生长发育过程中，往往有1个对某种养分虽需要量不多，但很迫切的时期。如这时不能满足对这种养分的需求，饲草生长发育即受到显著影响，并由此造成经济损失，即使以后再补施肥料也难以挽回，这一时期即为作物营养临界期。即使同一种作物，对不同的养分，其临界期也不尽相同，大多数作物，磷的临界期都在幼苗期，饲草幼苗期，正是由种子营养（母株营养）转向土壤营养（自体营养）的时期。种子或分蘖芽中所贮藏的养分如磷酸已近用完，而这时根系很小，和土壤接触面少，吸收能力弱。而土壤中的有效磷通常含量不高，且移动性差，故幼苗期需磷十分迫切。这时只要用少量速效磷做种肥，通常能收到显著的增产效果。氮的临界期则比磷的临界期稍靠后些。如禾草是在分蘖—拔节期。这时缺氮可使分蘖减少，花数减少。豆科饲草氮的临界期一般在孕蕾初期，此时缺氮，花蕾易脱落。

饲草营养最大效率期。饲草在生长发育过程中，还有一个对养分的绝对需要量最多，肥料效应最大，增产效果最佳的时期，即作物营养的最大效率期。这一时期，作物生长旺盛，对施肥的反应明显。作物营养的临界期和最大效率期，通常不在同一生育期。如禾本科草氮素最大效率期在拔节抽穗期，豆科草则在开花结实期。还有，各种营养元素的最大效率期也不相同，如块茎（根）类作物，生长早期氮素营养效果较好，即块茎（根）膨大时磷、钾的营养效果较好。

一方面，作物需肥有阶段性，须保证在关键时期有足够的养分供应；另一方面作物吸收养分又有连续性。因此，对饲草作物，除营养临界期和最大效率期外，还应当在各生育阶段供给必的养分，才不致影响作物的生长发育、产量与品质。所以，了解和掌握饲草作物的需肥规律、各类饲草需要养分的时期，是进行草地施肥的重要依据。

（四）施肥方法

饲草施肥方法包括土壤施肥、茎叶施肥和灌溉施肥等。土壤施肥是将肥料施于土壤，由饲草根系吸收，方法有撒施和集中施肥。

撒施即播种或定植前，将肥料撒施于田面，然后通过翻耕将肥料与土壤混合均匀。或在降雨前，或灌溉前，将速效性肥料撒于田中，让肥料随水渗入土中。

集中施肥是将肥料施于特定的位置。施肥量少，或肥料有限，土壤对肥料固定强烈，穴播或条播饲草，土壤肥力较低，根系不发达的饲草适合此法。优点是肥效持久，养分吸收容易，肥料利用率高。常用的方法有穴施、条施、环状施、放射状施、带状施、浸种、拌种以及蘸秧根等。

茎叶喷施是将肥料配成溶液，喷洒在饲草的茎叶上，靠叶片和幼嫩枝条吸收，称为茎叶喷肥或根外追肥。

灌溉施肥就是将肥料溶于灌溉水中，随着灌溉水将肥料施入种植饲草的土壤中或生长介质里。

第二节　饲草地营养调控

在新时代背景下，种植以苜蓿为主的豆科牧草，以燕麦为主的禾本科牧草，实行粮草轮作，是落实新时代背景下国家乡村振兴战略、深化农业供给侧结构性改革、调整种植结构的重要途径。然而，饲草产业发展中存在供给与需求矛盾、进口与国产矛盾，受资源、政策、科技、市场因素制约，现状不容乐观。为了解决这一问题，我国从国家、地方政府、科研机构、企业等方面投入了人力、物力和财力，取得了明显的成效，但依然存在诸多亟待解决的问题。

饲草营养的研究与草牧业的可持续发展之间有着密切的关系。实现饲草草地的可持续经营和发展，必须注重饲草种植生产过程中植物营养的补充。但是一定要科学合理地使用营养补充方法。在施肥过程中，一定要根据饲草的实际生长需求进行科学施肥，从思想观念和种植理念上梳理正确的观念。第一，要改变多年来农耕文化的影响：认为种粮是“正道”，种草不是；种粮需要精耕细作，种草不用特意种植的错误观念。第二，种草对于草食家畜的重要性认识不到位。没有认识到草食家畜的“主食”是优质牧草，大多饲喂秸秆，补充一点精料。国内的养殖大多是在圈舍的建设等方面舍得投资，而在牛羊的养殖时舍不得饲喂优质饲草料，导致生产效率不高，饲草料转化的边际效果不好。

一、饲草营养需求特征

饲草从土壤中吸收营养元素的种类和数量决定于土壤条件、生长环境和饲草的种类与产量。肥料是饲草生产的物质基础，在饲草的增产中起着决定性的作用。饲草生产施肥和农作物不同，农作物基本以收获籽粒为最终目的，而饲草是以收获营养体为主，而且，大多数饲草为多年生，一年刈割几次，刈割带走了大量营养物质和元素，所以饲草对肥料的需求有其区别于农作物的不同特性。

牧草从土壤中吸收的营养元素远不能满足其生长的需要，只有通过科学施肥才能满足牧草生长发育的营养需求。饲草生长一般可分为 3 个阶段：自养生长阶段—营养生长阶段—生殖生长阶段。不同阶段的饲草需肥规律不同，即使同一饲草在不同生育阶段需肥规律也不相同。因此，针对不同的牧草采取相应的合理施肥方法，具有十分重要的意义。

禾本科饲草在三叶期前处于自养阶段，基本不需追肥。三叶期后，开始分枝，进入分蘖期。从分蘖至拔节这一阶段，是营养生长最旺盛阶段，此期茎叶和分枝生长快，需肥量大。此时追肥，可显著促进饲草生长，肥效最高。孕穗期后，饲草生长中心由营养生长转入生殖生长，此时施肥只对开花结实的生殖过程起主导作用，而对增加鲜草产量作用不大。因此，若非留种地，饲草在进入生殖过程前，应刈割利用。

豆科牧草由于其根瘤能同化固定空气中的氮，因而其施肥方法与禾本科牧草相比，有很大的差别。一般不施无机氮素化肥，而以有机肥、无机磷和钾肥为主。豆科牧草在 3 片复叶前同禾本科牧草一样，不需追肥。3 片复叶后，根瘤菌开始活跃起来，形成根瘤，能够自己固定空气中的氮，维持自身氮素营养需要。此时，还需施一定比例的无机磷和钾肥，以维持其体内的氮、磷、钾营养平衡，才能促进分枝和形成粗壮肥大的茎叶。同时应适当施铁和钼两种微肥，以促进根瘤固氮能力。高产的苜蓿在生产上吸取的营养物质比谷物如玉米和小麦多，特别是氮、钾、钙更是如此。苜蓿对氮、磷的吸收比小麦多 1 倍，钾多 2 倍，钙多 10 倍。每亩产苜蓿干草 1 000 千克，需要磷 2.0~2.6 千克、钙 15~20 千克、钾 10~15 千克。

对于混播饲草地，施肥方法是根据草场混播比例情况而定的。若是豆科牧草比例高，则以磷、钾肥为主，氮肥为辅；反之，则以氮肥为主，磷、钾肥为辅，按比例搭配好后混合使用即可。

（一）饲草地氮肥施用特征

在饲草生产中，氮是饲草产量的一个重要限制因子，是生产优质高产饲草极其重要的元素。氮肥施用是提高饲草产量的有效手段之一。禾本科牧草和豆科牧草对营养元素的需要量有相似之处，但也有不同点。禾本科牧草对氮的需要较强烈，对施用的氮肥的反应更为敏感。豆科牧草可以利用自身的根瘤菌来固氮以满足生长发育的需要，因而种植中常不需要施入氮肥。豆科牧草只需在苗期根瘤形成之前施入少量氮肥即可，对氮肥的反应不如禾本科作物敏感。牧草没有固氮能力，完全依靠其根系从土壤中吸收来维持它们生长发育所需要的氮素，故高产中常需要施入氮肥。因此，为了生产蛋白质含量高的高产禾本科牧草，就要给它施大量的氮肥。禾本科施氮可以明显提高种子的活力和质量，获得较高的生长速度，有效地促进分蘖，从而提高饲草产量。氮肥并非施的越多越好，而是在一定量时为最佳，而且氮素需要每年持续施用才能高产。施用氮肥还可改善牧草的品质，使其质嫩、叶片多、蛋白质含量高、适口性好，提高其饲用价值。

豆科牧草根部有大量根瘤菌，能固定空气中游离的氮，固氮能力很强。据测定，苜蓿年固氮量达 105~300 千克/公顷，苜蓿中氮量的 40%~80%来自空气中固定的氮，只是在含氮量低的土壤中播种苜蓿时需施少量的氮肥（如磷酸氢二铵 30 千克/公顷），与种子一起播种，目的是保证苜蓿幼苗能迅速的生长。在分析土壤养分的基础上，进行配方施肥。在豆科牧草生长发育期间，提倡少施用氮肥。饲草中氮素营养是动物蛋白质生产的物质基础。家畜通过采食饲草，消化吸收其中的蛋白质从而转化成动物蛋白质，没有氮素营养也就没有动物蛋白质产品。

（二）饲草地磷肥施用特征

磷是饲草体内的基本营养元素，适量施入磷肥，可显著提高鲜草产量和磷营养含量，也是调控草地缺磷的有效途径。无论是豆科牧草还是禾本科牧草对磷肥均有极显著的响应，在其他肥料施用量一定时，饲草产量一般随磷肥用量增加而增加。开始时，增产的幅度大，磷肥用量增加时，增产幅度变小。增施磷肥不仅可以显著增加苜蓿对磷的吸收，而且能不同程度地促进苜蓿对钾和钙的吸收。磷肥对豆科牧草的增产作用显著。研究表明，施磷能大幅度提高紫花苜蓿产量，增产 30.8%~70.2%。磷能刺激豆科植物吸收大气中的氮，同时也促进饲草生长，豆科植物因施磷肥产量可提高 3 倍，连续 5 年施用磷肥的土壤，产籽量可增加 6 倍。追施了磷肥的豆科牧草，如三叶草、苜蓿等的干物质产量，随着施磷肥量的增加而增加。苜蓿幼苗对磷的吸收非常迅速，所以磷在苜蓿幼苗期很重要，通常在播种时条施于种子之下作为种肥。施用磷肥对苜蓿有以下作用：可以增加叶片和茎枝的数目，从而提高苜蓿产量；促进根系发育，有助于提高土壤肥力。磷肥被牧草吸收利用率低，通常利用10%~30%。所以苜蓿要获得高产，磷肥的施用量应远高于苜蓿的吸收量。

（三）饲草地钾肥施用特征

钾是作物生长必需的大量元素之一，它在改善作物品质，提高产量和抗逆性中起着重要作用。由于钾素对作物外观形态的影响不及氮素明显，在人工草地建植后，人们常常重视氮肥施用而忽视钾肥的配施或施量不足，加上每年进行多次刈割牧草饲养牲畜，带走养分，加剧了土壤缺钾。豆科饲草植株内钾的含量较高，从而对钾的需要量很大。钾肥施用量取决于草地生产力，由于禾本科牧草从土壤中吸收钾的能力通常比豆科牧草强，所以禾豆混播草地更需增施钾肥。生产 1 吨苜蓿干草需要 10~15 千克钾。所以，为了苜蓿高产，施肥意义很大，因为钾可以提高苜蓿对强度刈割的抗性和耐寒性。增加根瘤的数量和质量，提高氮的固定率。增加钾肥的施用量。可以增加苜蓿干物质和粗蛋白质的产量。施用钾肥，不仅可以促进饲草的钾吸收，还可改善其钙、镁等营养，特别是对豆科牧草。过量施用钾肥则对饲草的出苗产生抑制作用，而分期施用则影响不大，并显著提高牧草产量。由于豆科牧草高产而且植株含钾量高，对钾的吸收量多。如果土壤中钾不足，草丛就会很快退化。如果苜蓿地土壤缺钾，苜蓿小叶叶缘出现白斑，吸收的氨在体内以可溶性非蛋白氮的形式积累，氨基酸不能迅速合成蛋白质。

（四）饲草地中微量元素的施用特征

肥料的投入不仅满足了饲草生长的需求，而且弥补了牧草从土壤中带走的养分，防止了土壤肥力的耗竭，科学合理地施肥还可以培肥和改良土壤。饲草从土壤中吸收的营养元素远不能满足其生长的需要，只有通过科学施肥才能满足营养需求。硫属中量元素，它在农业生产中的重要性仅次于氮、磷、钾。在缺硫的区域，施硫肥不仅能提高饲草的产量，提高牧草体内含硫量，而且能改善其品质。钙可促进豆科饲草根系的发育，对硝化细菌和自生固氮菌等微生物的活动有重要作用，可促进根瘤的形成和氮的固定。豆科牧草对钙的吸收量多，其干物质中钙的含量为 1.5%~2.0%。酸性土壤必须施用石灰，中和土壤。但在中国北方，土壤一般不缺钙。随着产量的大幅度提高，饲草从土壤中带走了更多的养分。饲草中镁含量低于 0.2%时，牲畜易发生抽搐症，且随牧草中钠和钾浓度提高而发病率增加。抽搐症是在放牧家畜处于应激状态下由于禾本科牧草中镁不足而引起的，是家畜健康的一个难题。

土壤和饲草中微量元素的分布状况对牧草和家畜的生长有着十分重要的影响。合理配施微量元素肥料，对饲草的生长及产量和品质都有明显的促进作用。锌能影响饲草的生长和牲畜的繁殖。施用铜、钼可显著提高一些饲草的产量，硼、锌肥也使其产量有所增加。对于禾本科和草豆科混播人工草地，喷施钼、锌、硼、铜等均有一定的增产效果。微肥可使饲草产量提高5%左右。适量施用钼对饲草植株的生长发育、产量和品质都有促进作用，还可以促进苜蓿的生长，降低粗纤维和粗灰分含量，从而提高苜蓿的饲用价值。钼肥还可以提高饲草植物体内的固氮酶、硝酸还原酶的活性，增强饲草的氮代谢能力。总体来说，微肥喷施浓度适量时，对饲草的生长有促进作用，而过量的微肥则对饲草有毒害作用，会降低饲草的产量。无机肥料投入可以及时供给饲草所需养分，满足饲草各个生育期的需要；有机肥料养分齐全、含量低、释放较为缓慢，含有大量有机物质。它的投入，既补充部分养分，又有利于改善土壤结构，增加土壤缓冲能力，提高土壤酶活性，从而提高土壤肥力。

二、饲草地营养调控依据

饲草草地的营养调控，是根据饲草生长发育规律，调配适宜的营养成分与含量，应用到饲草的生长过程，使其生长发育朝着人们的意愿方向发展。

饲草生长发育与土壤矿物质养分的供应有着十分密切的关系。一般来说，饲草生长率与养分供应量之间的效应曲线（即生长效应曲线）有 3 个明确区段：在第一个区段内，养分供应不足，生长率随养分供应的增加而上升，称之为养分缺乏区；在第二区段内，养分供应充足，生长率最大，再增加养分供应对植物生长量并无影响，称之为养分适宜区；在第三区段内，养分供应过剩，生长率随养分供应量的增加而明显下降，称此为养分中毒区。因此，饲草草地土壤养分供应不足或过多，都不利于饲草的生长。饲草草地的营养调控，就是在充分了解饲草每个生长阶段对养分需求的规律和土壤肥力供应能力的基础上，选择合理的肥料种类和施用适宜的肥料数量，改善栽培草地的营养环境，并配合其他农牧业技术措施（如水分管理等），实现饲草草地的高产、优质、高效产出，并对环境保护和土壤培肥作出应有的贡献。

饲草地营养调控的目的是为了满足饲草生长发育的需要，增加产量，提高效益。但要做到高产高效，就必须合理调控饲草地营养，在调控草地营养时必须依据以下 8 点。

（一）依据饲草的营养特点调控

饲草种类是考虑草地营养调控的根本依据。不同饲草、同一饲草的不同品种或不同生育时期，对养分的种类和数量有着不同的要求。例如禾本科饲草需氮较多，豆科饲草或豆科绿肥需磷较多，有些科的饲草则需钾较多等。不同饲草，在营养生长期必须依据种类特性供应足够的养分，以形成健壮的营养体。营养生长与生殖生长并进时期，是饲草一生中生长最旺、吸收养分最多的时期，必须及时满足饲草对养分的大量需求。饲草生殖生长期吸收力逐渐减弱，但仍需供应一定水平的养分，以充实籽粒。

（二）依据土壤条件调控

一般酸（碱）性土壤宜施碱（酸）性肥料。肥沃土壤要巧施氮肥，多施磷、钾肥。瘠薄、保肥力差的土壤应多施有机肥或种植绿肥，分期追施速效化肥，补充适量氮肥。

（三）依据肥料的种类和特性调控

施肥肥料的种类不同，性质也各异，施肥必须根据肥料的酸碱性、养分含量、溶解度、肥效快慢、利用率、移动性、后效、副作用等特性，选择合适的肥料种类，确定用量及使用方法。如在土壤中养分移动性很小的肥料，不宜作追肥。因为它将停留在土壤表面不能很好地接触已经下伸的根系，所以这些肥料如磷肥、钾肥等应该主要作基肥。只有在不得已的情况下才作追肥用。又如易于损失（如淋失）的肥料，对生长期长的作物应当分次施用，留一部分作追肥，在这种情况下，应该选择适宜于追肥的肥料品种，比如尽可能不要用碳铵作追肥，而最好用尿素等。

（四）依据气候条件调控

在高温多雨地区或季节，有机质分解快，淋溶作用强，施有机肥料不宜过早，腐熟度不宜过高，施化肥应掌握“少量多次”的原则，以减少淋失。干旱时要结合灌水或降水施肥，趁雨保墒、深施化肥，可收到较好的效果。

（五）与有机肥料配合调控

有机肥料的特点是肥效缓、稳、长、养分齐全，而化学肥料的特点是肥效快、猛、短、养分单一，二者相互配合使用，可以取长补短、缓急相济，既有前劲、又有后劲，平衡供应饲草养分。有机肥与化肥配合调控，可加强土壤微生物的活动，促进有机肥料进一步分解，释放出大量的二氧化碳和有机酸，又有助于土壤中难溶性养分的溶解，供给饲草吸收利用。研究结果表明，有机肥和无机肥配合施用增产效果最好，高于单纯施用化肥。

（六）氮磷钾合理配比调控

饲草对各种营养元素的吸收是按一定比例有规律吸收的，各种营养元素都有特定的作用，不能代替，但能互相促进。如氮肥能促进磷的吸收，钾肥能提高磷肥的肥效，同时又促进作物对氮的吸收利用。氮、磷、钾肥配合调控可以起到联应效果，大大提高肥料的使用率。

（七）因地制宜地调控

微量元素肥料虽然饲草吸收的微量元素量有限，但不能缺少。饲草缺少某一种微量元素，营养生长和生殖生长就会发生障碍，甚至僵苗死苗。微量元素的缺乏，与土壤供应状况和饲草吸收利用的情况有很大关系，不同土壤提供微量元素的量是不同的，不同饲草对微量元素的吸收也不同。由此，施用微量元素一定要有针对性地施用，有些微量元素使用不当，还会对饲草造成毒害。

（八）确定合理的施肥方式

化肥一般养分浓度高、水溶性大、易于流失，因此，在施肥上用量不宜过多。施肥过多不但不经济，还易造成倒伏减产。氮肥应注意深施，以减少氨的挥发损失。氮肥还应根据土壤的状况掌握分次施肥，不要直接接触种子、幼芽和叶片，以防烧种、烧苗。磷肥到了土壤中容易固定，移动性很小，而且后效长。磷肥施用一般做底肥，施用时尽量集中施于饲草根部，不要撒施。钾肥一般做底肥施用，也有少量的做追肥或叶面肥。微量元素肥料既可做基肥、种肥，也可做追肥。使用方法有喷、浸、拌、穴、撒、沾等多种方法。

三、饲草地营养调控技术现状

科学合理的饲草草地营养调控有助于提高饲草耐受不良环境的能力，维持土壤处于最佳肥力状况，保障饲草的产量、品质，从而增加多年生饲草利用年限，提高饲草草地生产经营者的经济收入。饲草草地的营养调控不是一成不变的。例如，不同栽培草地的施肥量和施肥位置常常受到土壤性质、气候条件、尤其是供水以及产量目标的影响，需要进行调整。此外，还必须考虑市场上的价格因素，当肥料价格上升，饲草价格降低时，则需要减少肥料的施用，从而获得更高的经济效益。

通过多年的研究，我国饲草草地营养调控技术发展取得了显著的成绩。尤其是产量和抗旱、抗寒、抗病虫害等方面的营养调控积累了一些经验，目前中国的牧草种植面积达到 1 600 万公顷，其中紫花苜蓿的种植面积近 360 万公顷，牧草产量达到 2 540 万吨，在促进中国畜牧业发展、农牧民增收以及环境保护等方面作出了巨大贡献。

（一）营养诊断技术

在饲草草地上，我国还没有形成完善的营养诊断技术，但各地在多年的肥效试验基础上建立了一些施肥方案，成为测土配方施肥的雏形。我国南方地区土壤很少集中连片，多呈阶梯状分布，不同地块由于种植制度以及管理上的差异，导致肥力差异较大，如果全部进行测土分析，测试分析费用很高，不便于推广应用。国家牧草产业技术体系土壤肥料与施肥团队利用多花黑麦草对氮肥非常敏感的特点，即氮肥不足时生长潜力发挥不出来，氮肥过量则造成土壤面源污染。针对这一情况，开展了利用光谱数据对多花黑麦草营养状态进行诊断的研究。通过对多花黑麦草群体的红外、近红外和红光波段的反射光谱数据的分析确定多花黑麦草群体氮素状态，利用多花黑麦草群体氮素实际含量与实现最大生长速度含量的差值确定在原有施肥量基础上补充追施氮肥的数量。该技术取得了很好的应用效果。

（二）施肥技术

我国在饲草草地上，已经开展了大量的氮肥、磷肥、钾肥、微量元素肥料和根瘤菌肥对饲草产量和品质影响的研究。这些研究对栽培草地的营养调控具有重要的指导意义。在氮肥方面，由于我国栽培草地主要建植于土壤贫瘠的地区，施用氮肥的增产效果非常明显。适宜的氮水平有利于同化产物的积累，过量的氮可增加光合产物在绿色器官中的分配，影响根系运输养分的能力。在新建苜蓿草地上，在未接根瘤菌的情况下需施氮肥，但对已接根瘤菌的新种苜蓿地和老苜蓿地是否需要施氮肥，施氮肥是否经济可行及需施多少氮肥的问题还有争议。肥效试验表明，紫花苜蓿草地施氮 51. 8 千克/公顷，平均干草产量比施氮 34. 5 千克/公顷和 69 千克/公顷处理分别增产 23. 3%和 25. 5%，处理间的差异达到显著性水平（$P<0.05$）。目前在集约化的大型农场中，紫花苜蓿生产过程中经常施用氮肥。目前中国对紫花苜蓿草地根瘤菌固氮能力研究不够深入，影响根瘤菌固氮能力的因素非常复杂，包括菌种的匹配性，土壤 pH 值，土壤温度，土壤微生物，土壤磷、钾水平以及田间管理措施等。此外，由于紫花苜蓿草地最初的主要功能是培肥地力，对生产潜力的重视不够，因此对营养调控提高产量和品质方面的研究不够深入。

禾本科牧草研究表明，黑麦草在施氮 0~170. 5 千克/公顷范围内，鲜草产量与施氮量呈正相关。青贮玉米生育期较长，中期追肥效果更好，其中，在一定地力基础上，前茬小黑麦纯氮用量150千克/公顷，后茬青贮玉米纯氮用量200千克/公顷处理青贮玉米产量和品质最优。施用氮肥还可改善牧草的品质，使其质嫩、叶片多、蛋白质含量高、适口性好，提高其饲用价值。已有研究表明，施用氮肥可以增加鸭茅类胡萝卜素、叶绿素、维生素、粗蛋白质及可消化能。追施氮肥能显著提高黑麦草茎叶中粗蛋白质含量，且随氮肥用量的增加而递增。

在豆科和禾本科混播草地营养管理方面，苜蓿与禾草混播中施用氮肥不能增产，只增加禾草的产量；施氮不当，可导致混播草地中苜蓿比例的下降。建植当年的苜蓿按150千克/公顷施尿素，促进生长的同时还可提高越冬率，建议苗期应施入少量氮肥，播种时施磷酸二铵作种肥。

在磷肥方面，适量施入磷肥，可显著提高鲜草产量和磷营养含量，也是调控草地缺磷的有效途径。磷素作为植物生长发育的必需营养元素之一，其对作物的增产效果已普遍证明。紫花苜蓿是一种需磷量大的多年生豆科牧草，其体内磷含量通常为0.2%~0.5%，临界水平为0.20%~0.25%。研究表明紫花苜蓿体内磷含量总体上随着生长年限的增加而降低，第2年紫花苜蓿全年磷输出量最高，第3年苜蓿次之；其根内磷的积累量以3年生最高，第1年最低。随着种植年限的增加，紫花苜蓿地土壤速效磷含量总体上呈先降后升，而土壤全磷含量则呈先升后降。不同种植年限苜蓿地在20~30厘米、30~40厘米土层内速效磷含量均下降明显，追施磷肥以适当深施为宜。施磷肥能提高苜蓿对氮和磷的吸收，促进根瘤菌固氮，对苜蓿产量和粗蛋白质含量有重要影响。也有学者认为，施磷量应根据土壤速效磷的含量不同而不同，速效磷含量低于15毫克/千克的划分为低磷土壤，秋季施肥量为18~26千克/公顷；含磷量在15~25毫克/千克时，施磷13~18千克/公顷；速效磷25毫克/千克以上时秋季则可不施磷肥。目前普遍的观点是在黏土的施磷效果好于沙壤土，条施比撒施更利于作物对磷的吸收。

在钾肥方面，由于钾素对作物外观形态的影响不及氮素明显，在饲草草地建植后，人们常常重视氮肥施用而忽视钾肥的配施或施量不足。钾也是苜蓿生长发育所需的大量元素之一，具有促进新陈代谢、增强保水吸水能力、提高光合作用与氮固定率等生理功能，对提高苜蓿抗旱、抗病、抗寒、抗盐碱和抗倒伏有重要的作用。在钾含量低的土壤中施钾肥能显著提高苜蓿产量，在钾含量较高、磷含量缺乏的土壤中磷、钾的施用量分别为120千克/公顷或60千克/公顷和90千克/公顷时增产效果最好，在磷含量较高、钾含量偏低的土壤中磷、钾的施用量分别为60~120千克/公顷和90~180千克/公顷时增产效果最好。

不同生长年限苜蓿体内的钾含量随着生育进程的推移均呈下降后略有升高的变化趋势。研究结果说明，施钾肥可显著提高苜蓿的干草产量和种子产量。在紫花苜蓿种子生产中，施用不同剂量的K_2O可提高干物质产量和种子产量，使种子产量提高9.3%~11.0%。苜蓿种子生产田施氮、磷、钾肥后，有效分枝数降低，施肥量为氮肥量47千克/公顷、磷肥120千克/公顷、钾肥30千克/公顷时，花序数/枝条、豆荚数/花序、籽粒数/豆荚和千粒重均最大，其种子产量最高达1 656.6千克/公顷。

中量元素包括钙、镁、硫元素，植物对中量元素的需要量低于对氮、磷、钾的需要量。我们国家中量元素相对丰富，但在南方酸性强，pH值<5的红壤上，种植牧草时常需要施入石灰（钙肥），以提高土壤pH值，减少铝、铁、锰等的毒害，增加钙、镁等阳离子交换量。但施石灰会影响微量元素的形态和有效性，使锌、硼的吸收量降低。因此石灰的施用量不能过大，一般以2~3吨/公顷为宜。由于石灰对牧草的生长作用与土壤养分状况密切相关，因此常需要和磷、镁等肥料配合施用。硫是某些氨基酸的主要组成成分，它对叶绿素的形成、酶的活化、作物的抗逆性都有重要的作用。在缺硫的牧区，施硫肥不仅能提高牧草的产量，而且能改善其品质。此外，中量元素缺乏还会影响家畜的健康，研究表明当饲草中镁含量低于0.2%时，牲畜易发生抽搐症，且随饲草中钠和钾浓度提高而发病率增加。

牧草生长除了需要氮、磷、钾、钙、镁、硫等大量和中量元素外，也需要微量元素。微量元素主要包括铁、锰、铜、锌、硼、钼、氯和镍元素，微量元素在饲草体内的含量虽然很低，但通过结构和调节性机制，参与酶、激素和微生物等活动性物质的构成和活化，发挥其生物学功能，产生明显的生物学效应。因此，虽然微量元素和中量元素的总需要量低，但同样影响着饲草的产量和品质。土壤和牧草中微量元素的分布状况对牧草和家畜的生长有着十分重要的影响。合理配施微量元素肥料，对牧草的生长及产量和品质都有明显的促进作用。微量元素一般不适宜单独施用，在紫花苜蓿种子生产田中，单独施用硫、硼和钼等元素肥料对紫花苜蓿产量和种子产量无显著影响，但将这几种微量元素按一定比例混合施用，效果显著。此外，对建植多年的黑麦草—白三叶栽培草地，喷施钼、锌、硼、铜等均有一定的增产效果。

复合施肥能显著提高紫花苜蓿产草量，其中将氮肥、磷肥、钾肥，有机肥，微肥三者配施效果显著优于氮肥、磷肥、钾肥和微肥。对苜蓿干草产量有显著影响的因子是锰肥和钼肥，有显著影响的交互项为锌肥与铜肥、锰肥与钼肥，通过模拟寻优得到微肥配施最佳方案为：锌为 10 千克/公顷，锰为 2 千克/公顷，铜为 2.5 千克/公顷，硼为 0.5 千克/公顷，钼为 75 千克/公顷。

在根瘤菌接种方面，国内外许多研究还表明，在没有种植过紫花苜蓿或 5 年内没有种植过紫花苜蓿的地方，接种根瘤菌可望获得较好的效果。接种根瘤菌后，苜蓿出苗率、越冬成活率、粗蛋白质含量及单位面积成苗数明显增加，干草产量比对照提高 27.0%~56.7%，平均为 37.8%。

（三）饲草地管理方面

我国主产区紫花苜蓿肥料施用的突出特点是，肥料施用没有得到足够重视，苜蓿田不施肥的情况非常普遍。调研的 49 个样点中有 18 个样点没有施任何肥料，在有施肥的样区，其施肥管理往往沿用禾谷类大田作物的施肥管理技术，注重化肥尤其是速效氮肥的施用，对有机肥重视不够。调查中只有 8 个样地施用有机肥，所有施用肥料的地点均不同程度施用了氮肥，而且相当多的样地施氮量很大。在磷肥、钾肥的施用中，对磷肥的重视程度高于钾肥，调研的 49 个样点中有 20 个样点施用磷肥，而施用钾肥的仅有 13 个样点。

在肥料用量上，大部分区域没有进行测土配方施肥，多参照农作物管理方式以及自身经验进行，尤其是氮素存在过量施用的情况。联合国粮食及农业组织对紫花苜蓿氮肥施用的推荐用量为：在瘠薄土壤上种植时每公顷施用 15~45 千克的启动氮素，以后不需要施氮。而中国紫花苜蓿施氮非常普遍，尤其是集约化程度高、产量高的区域。据测算，紫花苜蓿根瘤菌每年每公顷固定氮素数量为 75~375 千克，但很多生产者认为这个水平不能满足高产地块对氮素需求。例如，新疆地区，每公顷产草量可达 22.5 吨干草，按含氮量 3%计算，移出氮素达到 675 千克，因此需要补充一定的氮肥。然而，氮素施用会抑制根瘤菌的活性，降低生物固氮数量，因此要注重高产地块氮肥的科学使用。磷肥的施用量略显不足，虽然移出磷素较低，但是磷肥当季有效性只有 10%~20%，实地调研数据与文献数据中磷肥施用量多为 75~150 千克/公顷。调查的区域大多钾肥施用量不足。一般来说，每生产 1 吨干草移出近 18.1 千克的钾素，按照每公顷 12 吨干草产量计算，每公顷每年移出钾素近 217.2 千克，而实际调研数据中仅有 6 个样点施钾肥超过 75 千克。

在肥料施用方式上面，根瘤菌接种没有得到足够的重视。一方面由于使用的商品化种子多标注已经进行了根瘤菌包衣；另一方面使用者没有意识到接种的重要性以及对接种方法不熟悉。调查发现，各地区的苜蓿施肥管理措施有较大差异。东北地区一般不进行施肥管理，在进行施肥管理的区域，重视氮肥，磷肥、钾肥施用量不足。黄淮海地区施肥管理上一部分区域不施用肥料，另一部分则参考农作物生产大量施用肥料。在肥料种类上，注重化肥中氮肥和磷肥的施用，对钾肥施用量重视不够。在施用方式上，注重底肥的施用，以及返青期肥水管理以及每次刈割后的肥水管理。黄土高原地区大部分是缺磷、少氮、钾丰富的土壤，生产上注重氮肥、磷肥的施用，高寒区域注重有机肥和磷肥的施用，存在问题依然是氮肥施用量过高，磷肥用量不足。新疆地区生产上重视氮肥、磷肥的施用，尤其是氮肥用量较高，在现代化的大型农场里，底肥和追肥均以氮肥为主，不太注重有机肥和钾肥施用。内蒙古地区由于土壤肥力以及放牧文化的影响，生产上不重视肥料的施用，但在新建的现代化大型农场里，和新疆一样注重追肥，尤其是氮肥，钾肥施用量少，部分地块缺钾。

然而在提高牧草品质和降低环境风险方面的营养调控研究相对较少。最为关键的是由于研究基础较低，前期投入较少，还没有建立起自己一套行之有效的营养诊断、测土配方施肥以及施肥技术。实际生产中盲目性和随意性施肥、营养元素搭配不合理，不按照植物营养需要科学合理施肥的现象非常普遍，缺乏先进的施用技术，肥料在施用过程中损失很大。基础性研究不够，缺乏有效的诊断和推荐施肥技术，主要栽培牧草的营养学研究不深入，缺少对营养需求规律的掌握。对豆科牧草根瘤菌接种技术的研究不深入，豆科牧草的根瘤固氮效能不能够充分发挥。

（四）存在问题

1. 盲目性和随意性施肥

目前，饲草地营养调控存在的突出问题是对牧草科学施肥的重要性认识不足，生产上盲目性的经验施肥普遍。许多农民认为牧草也是草，不需要管理，这种看法是错误的。牧草与其他农作物一样，需要科学种植，精心管理。肥料是牧草生产中的物质基础，也是提高牧草产量的前提。在一定范围内，施肥越多，牧草产量越高。但施肥不当，也会引起牧草生长不良，产量降低以及污染环境。中国饲草地单产水平不高，与生产上的不施肥或盲目施肥不无关系。生产上栽培草地的施肥常以经验施肥为主，常参照农作物的施肥用量和方法，往往是有什么肥施什么肥，这样不仅不能满足牧草生长发育的需求，而且还增加了生产费用。例如，部分地区紫花苜蓿追施的肥料常常为小麦的专用肥，没有意识到紫花苜蓿与小麦的营养需要之间的巨大差异。

2. 营养不平衡或比例失调

不同类型的饲草地对土壤养分要求以及肥料存在明显的不同。例如，豆科牧草对磷肥、钾肥的要求较高，而禾本科牧草对氮肥非常敏感。不像大田作物主要以收获籽粒为目的，秸秆可以还田，实际从土壤中移出的营养元素相对有限，高产饲草地以收获营养体为目的，每年从土壤中移出的营养非常高，土壤年消耗养分非常大，因此必须注意补充足够的肥料，并注意养分比例的平衡，才能保证正常生长。然而生产中，往往偏施大量元素肥料，或者某一种元素的施用，忽略了其他元素肥料的补充，导致某种营养元素的过剩或缺乏，产生不同程度的毒害和缺素症，饲草生长受到抑制也给环境带来了危害。

3. 缺乏有效的诊断和推荐施肥技术

饲草地的营养调控应该贯穿饲草播种、生长、收获、再生长、再收获的整个周期，尤其是多年生饲草，在整地之前就需要制订营养管理计划。多年生饲草种植一次可以利用多年，在此期间没有施用底肥的条件，需要在整地的时候就充分考虑底肥的施用。目前，针对主要栽培草地，我国还没有形成非常完善、针对整个周期的推荐施肥技术。例如，对紫花苜蓿还存在不注重底肥施用，而重视追肥的现象。造成紫花苜蓿产量后劲不足，利用年限减少。

由于栽培草地生长周期较长，可以刈割多次。什么时间进行营养补充，有利于提高栽培草地的产量和品质，就需要进行有效的营养诊断技术。科学有效的营养诊断是科学施肥的前提。尤其是在进行产业化生产的时候，建立科学有效的土壤和植物组织营养诊断体系对保证草产品的产量、品质以及经济效益具有重要意义。

4. 缺乏先进的施肥方法和技术

将肥料适时足量施入到指定位置可以最大限度地提高肥料的利用效率，增加饲草产量和提高品质。由于对饲草的生长规律和营养需求的规律认识不够深入，加之专用施肥机械的问题，导致我国饲草地的肥料利用效率低。目前，多年生牧草在补充磷肥和钾肥的时候常常以地表撒施为主，有效养分容易被固定，不易到达植物根系部分，造成肥料利用效率低。

此外，不注重不同类型肥料间选择搭配，将矿质肥料与有机肥配合施用是国外牧草施肥发展的趋势，效果显著。研究表明，氮肥与有机肥混合施用，可以降解土壤中的碳化合物，缓解草地土壤中氮氧化物的损失。长期在草地上施用有机肥可以提高矿质肥料的利用率，显著提高牧草产量。

5. 基础研究和应用基础研究不足

关于主要栽培草地牧草的生长规律以及营养需求规律的研究滞后。虽然中国栽培草地的历史悠久，多作为生态保护、培肥地力之用，对牧草生长规律和营养需求规律研究得不够深入，营养调控技术主要参考中国农作物的施肥技术以及国外的营养调控技术，自己的研究不够系统和全面，在生产过程中容易出现肥料施用不当、降低肥料利用效率并造成环境污染。

对豆科牧草根瘤菌的研究以及提高根瘤菌固氮能力的技术缺乏。生产上，在大型集约化紫花苜蓿种植区大量施用氮肥，尤其是高产地块，氮肥肥效效益明显。由于缺少相关的研究，还不能从根瘤菌匹配、栽培技术等方面提高根瘤菌的固氮能力，从而减少高产紫花苜蓿草地对氮肥的需求。

总之，我国针对栽培草地的试验研究较少，不够系统。没有足够的统一规范化的营养调控系统，不可能建立起测土配方施肥体系。当前，中国牧草种植面积已经近 1 600 万公顷，苜蓿种植面积近 360 万公顷，不论从经济效益还是从环境保护的角度出发，都需要建立自己的施肥体系。

第三节　测土配方施肥技术

化肥在粮食增产中的贡献率高达 40%~50%。在我国人口众多、耕地等资源严重不足的条件下，通过施肥等技术实现饲草高产和水土资源替代战略，对我国农业的可持续发展具有重要意义。测土配方施肥有四大好处：一是提高产量，二是提高肥料利用率，三是节肥保护环境，四是增加农民收入。

一、我国测土配方施肥的现状

测土配方施肥是以土壤测试和肥料田间试验为基础，根据作物对土壤养分的需求规律、土襄养分的供应能力和肥料效应，在合理施用有机肥料的基础上，提出氮、磷、钾及中微量元素肥料的施用数量、施用时期和施用方法的一套施肥技术体系。配方施肥的方法可分为三大类，即测土施肥法、肥料效应函数法和作物营养诊断法。其中，测土施肥法重点强调以测定土壤有效养分含量为依据，在播前确定施用肥料的种类和与产量相适应的经济合理的施肥量的方法。我国测土施肥的研究与推广工作先后经历了几个不同的发展阶段。其中，20 世纪 70 年代末至 80 年代初期是快速发展时期，这一时期的测土施肥研究与推广在我国农业生产中发挥了重要作用；到了 20 世纪 90 年代后发展相对较慢。

我国测土配方施肥方法先后经历了由简到繁、由粗放到精确的发展过程。测土施肥在我国农业生产中发挥了重要作用，特别是养分丰缺指标法在我国进行了大范围的推广应用。测土施肥方法不是越精确越好，而是要考虑其推广应用的可行性。养分丰缺指标法能在我国进行大范围的推广应用就是因为有我国第二次土壤普查中土壤测试资料作基础。肥料效应方程法推广受到限制就是因为方法和计算太复杂、技术要求太高，在相应的计算机软件包出版后这个问题才能简化。从我国几十年的测土施肥的研究与发展中可以看出，一项测土施肥技术能否成功推广应用，首先要看它是否适合当时的农业生产需求，同时技术既要简单易行还要达到一定的要求，否则将难以大面积推广应用。

近些年，农业科技工作者对农业生产中的过量施肥问题环境污染问题等进行了探索并初步建立了一些适应新形势下农业生产特点的测土施肥模式。然而，全国目前尚未形成针对各个作物体系及充分考虑当地作物品种特性和区域土壤及环境因素的推荐施肥技术体系。

我国农民的知识水平不高，农田田块分散、面积小，进行逐一农户田块的测土配方施肥和专用肥设计是不现实和不经济的。如何将测土配方施肥的研究成果与肥料企业结合直接生产适合农民需要的肥料是新时期测土配方施肥需要考虑的重要课题。

二、配方施肥原理与技术

配方肥料是指利用测土配方技术，根据不同作物的营养需要、土壤养分含量及供肥特点，以各种单质化肥为原料，有针对性地添加适量中、微量元素或特定有机肥料，采用掺混或造粒工艺加工而成的，具有很强的针对性和地域性的专用肥料。

配方施肥的特点是“产前定肥”，即在制订肥料配方时，弄清所种作物的种类、计划产量、需要养分数量、种植该作物的土壤能够提供多少养分等情况，然后确定施用合适的肥料，规定每种肥料最适合的用量。根据这个配方，在正常的气候条件和正确的管理状况下，既能获得预定的产量，又不会造成肥料的不必要浪费。为达到这一目的，在制订配方时，必须进行土壤养分含量和供肥能力的测定，必要时还要进行作物营养诊断。计算施肥量时，先根据饲草的计划产量和土壤可供养分的数量，计算出饲草需要施用的养分量。然后根据所选肥料的养分含量和该肥料的利用率，换算出肥料的施用量。

实践证明，推广配方施肥技术，可以提高化肥利用率5%~10%，增产率一般为10%~15%，高的可达20%以上。实行配方施肥不但能提高化肥利用率，获得稳产高产，还能提高牧草及饲料作物质量，是一项增产、节肥、节支、增收的技术措施。

（一）配方施肥基本技术

配方施肥技术从定量施肥的不同依据来划分，可以归纳为以下3个类型。

1. 地力分区（级）配方法

地力分区（级）配方法的做法是，按土壤肥力高低分为若干等级，或划出一个肥力均等的田片，作为一个配方区，利用土壤普查资料和过去田间试验成果，结合群众的实践经验，估算出这一配方区内比较适宜的肥料种类及其施用量。

地力分区（级）配方法的优点是具有针对性强，提出的用量和措施接近当地经验，群众易于接受，推广的阻力比较小。但其缺点是，有地区局限性，依赖于经验较多。适用于生产水平差异小、基础较差的地区。在推行过程中，必须结合试验示范，逐步扩大科学测试手段和指导的比重。

2. 目标产量配方法

目标产量配方法是根据作物产量的构成，由土壤和肥料2个方面供给养分原理来计算施肥量。目标产量确定以后，计算出与需要吸收多少养分相对应的施肥量。目前有以下两种方法。

（1）养分平衡法。以土壤养分测定值来计算土壤供肥量。肥料需要量可按下列公式计算：

$$\text{肥料需要量}=\frac{\text{饲草单位产量养分吸收量}\times\text{目标产量}-\text{土壤测定量}\times\text{校正系数}}{\text{肥料养分含量}\times\text{肥料当季利用率}}$$

注：①式中饲草单位吸收量×目标产量=作物吸收量

②土壤测定值×0.3校正系数=土壤供肥量

③土壤养分测定值以毫克/千克表示，0.3为养分换算系数。

这一方法的优点是概念清楚，容易掌握。缺点是，由于土壤具有缓冲性能，土壤养分处于动态平衡，因此，测定值是一个相对量，不能直接计算出“土壤供肥量”，通常需要通过试验，取得“校正系数”加以调整。

（2）地力差减法。饲草在不施任何肥料的情况下所得的产量称空白田产量，它所吸收的养分，全部取自土壤。从目标产量中减去空白田产量，就应是施肥所得的产量。按下列公式计算肥料需要量：

$$肥料需要量=\frac{饲草单位产量养分吸收量\times（目标产量-空白田产量）}{肥料养分量\times肥料当季利用率}$$

这一方法的优点是，不需要进行土壤测试，避免了养分平衡法的缺点。但空白田产量不能预先获得，给推广带来了困难。同时，空白田产量是构成产量诸因素的综合反映，无法代表若干营养元素的丰缺情况，只能以饲草吸收量来计算需肥量。当土壤肥力愈高，饲草对土壤的依赖率愈大（即作物吸自土壤的养分越多）时，需要由肥料供应的养分就越少，可能出现剥削地力的情况而不能及时察觉，必须引起注意。

3. 肥料效应函数法

通过简单的对比，或应用正交、回归等试验设计，进行多点田间试验，从而选出最优的处理，确定肥料的施用量，主要有以下三种方法。

（1）多因子正交、回归设计法。此法一般采用单因素或二因素多水平试验设计为基础，将不同处理得到的产量进行数量统计，求得产量与施肥量之间的函数关系（即肥料效应方程式）。根据方程式，不仅可以直观地看出不同元素肥料的增产效应以及其配合施用的联应效果，而且还可以分别计算出经济施用量（最佳施肥量）、施肥上限和施肥下限，作为建议施肥量的依据。

此法的优点是，能客观地反映影响肥效诸因素的综合效果，精确度高，反馈性好。缺点是有地区局限性，需要在不同类型土壤上布置多点试验，积累不同年度的资料，费时较长。

（2）养分丰缺指标法。利用土壤养分测定值和饲草吸收土壤养分之间存在的相关性，对不同饲草通过田间试验，把土壤测定值以一定的级差分等，制成养分丰缺及施肥料数量检索表。取得土壤测定值，就可对照检索表按级确定肥料施用量。

此法的优点是，直感性强，定肥简捷方便。缺点是精确度较差，由于土壤理化性质的差异，土壤氮的测定值和产量之间的相关性很差，一般只用于磷、钾和微量元素肥料的定肥。

（3）氮、磷、钾比例法。通过一种养分的定量，然后按各种养分之间的比例关系来决定其他养分的肥料用量，例如，以氮定磷、定钾，以磷定氮等。此法的优点是减少了工作量，也容易为群众所理解；缺点是饲草对养分吸收的比例和应施肥料养分之间的比例是不同的，在实用上不一定能反映缺素的真实情况。由于土壤各养分的供应强度不同，因此，作为补充养分的肥料需要量只是弥补了土壤的不足。所以，推行这一定肥方法时，必须预先做好田间试验，对不同土壤条件和不同饲草相应地作出符合于客观要求的肥料氮、磷、钾比例。

配方施肥的3类方法可以互相补充，并不互相排斥。形成一个具体配方施肥方案时，可以一种方法为主，参考其他方法，配合起来运用。这样做的好处是：可以吸收各法的优点，消除或减少存在的缺点，在产前能确定更符合实际的肥料用量。

（二）配方施肥步骤

1. 采集土样

土样采集一般在秋收后进行。采样的主要要求是地点选择以及采集的土样都要有代表性。采样深度一般为30厘米，如果饲草的根系较深，可以适当增加采样深度。采样以50～100亩为一个采样单元。在采样单元中，按“S”形选择5～20个样点，去掉表土覆盖物，按标准深度挖成剖面，按土层均匀取土。然后，将采得的各点土样混匀后装入布袋内，布袋要挂标签，标明采样地点、日期、采样人及分析的有关内容等。

2. 土壤化验

主要以5项基础化验为主，即碱解氮、速效磷、速效钾、有机质和pH值。土壤化验要准确、及时，化验取得的数据要填入化验单，并登记造册，装入地力档案，输入微机，建立土壤数据库。

3. 确定配方

配方确定由农业科技人员完成。根据农户提供地块种植的农作物种类及其预期产量指标，农业科技人员根据预期产量指标的农作物需肥量、土壤的供肥量以及不同肥料的利用率，确定肥料配方，并将这个肥料配方按测试地块落实到农户，以便农户按方买肥。

4. 购肥配肥

农户根据配方选购优质肥料，并根据配方进行肥料配制。

5. 科学施肥

农户按照专家建议的施肥方法、施肥时期、施肥品种、施肥数量对饲草进行施肥。用作追肥的肥料，要看天、看地、看作物，掌握追肥时机。

6. 跟踪调查

调整配方时科技人员要做好田间调查，详细记载，建立档案，还要适当搞一些配方验证试验，并根据反馈的信息对施肥进行调整。

第四节 保水剂在饲草建植中的应用

一、保水剂简介

保水剂（Super Absorbent Polymer，SAP）又称土壤保水剂、保湿剂、高吸水性树脂、高分子吸水剂，是利用强吸水性树脂制成的一种超高吸水保水能力的高分子聚合物。它能迅速吸收和保持比自身质量高几百倍甚至上千倍的水分，而且具有反复吸水功能，吸水后膨胀为水凝胶，可缓慢释放水分供作物吸收利用，由于分子结构交联，能够将吸收的水分全部凝胶化，分子网络所吸水分不能用一般物理方法挤出，因而具有很强的保水性。保水剂是化学节水技术中重要的化学制剂，广泛应用于卫生产品、农业园艺、食品生产、市政工程建设等方面。保水剂具有较强的保水和提供植物水分的释水特性，同时具有改善土壤结构，增强土壤吸水、保水和保肥性能的特点，可在干旱和荒漠化治理、水土保持方面发挥独特优势。

二、保水剂主要功能

保水剂具有保水保肥、增强土壤保水性，改良土壤结构，减少水的深层渗漏和土壤养分流失，提高水分利用率并在植物根际形成微型库的特点。

1. 保水

保水剂不溶于水，但能吸收相当自身重量成百倍的水，保水剂可有效抑制水分蒸发，土壤中渗入保水剂后，在很大程度上抑制了水分蒸发，提高了土壤饱和含水量，降低了土壤的饱和导水率，从而减缓了土壤释放水的速度，减少了土壤水分的渗透和流失，达到保水的目的；还可以刺激作物根系生长和发育，使根的长度增加、条数增多，在干旱条件下保持较好长势。

2. 保肥

保水剂具有吸收和保蓄水分的作用，因此可将溶于水中的化肥、农药等农作物生长所需要的营养物质固定其中，在一定程度上减少了可溶性养分的淋溶损失，达到了节水节肥，提高水肥利用率的效果。

3. 保温

保水剂具有良好的保温性能，施用保水剂之后，可利用吸收的水分保持部分白天光照产生的热能调节温差，使得土壤昼夜温差减小。

4. 改善土壤结构

保水剂施入土壤中，随着吸水膨胀和失水收缩的规律性变化，可使周围土壤由紧实变为疏松，孔隙增大，从而在一定程度上改善土壤的通透状况，保水剂吸水性强，加入土壤后能提高土壤对灌水及降水的吸收能力。

5. 防止土面结皮

保水剂对土壤团粒结构的形成有促进作用，特别是对土壤中 0.5～5.0 毫米粒径的团粒结构形成最明显。同时，随着土壤中保水剂含量的增加，土壤胶结形成团聚体，多以大于 1 毫米的大团聚体状态出现，这些大团聚体对稳定土壤结构，改善土壤通透性，防止表土结皮，减少土面蒸发有较好的作用。

三、保水剂在牧草种植方面的应用

1. 促进牧草种子萌发，增强抗旱能力，提高干物质积累

适量保水剂对高羊茅种子萌发有明显促进作用，且当保水剂质量与种子质量之比为 2∶1 时发芽率最高，较对照平均提高 2.04%。经保水剂处理的高羊茅幼苗长得矮壮，抗旱能力增强，有利于后期生长发育。在反复干旱胁迫条件下，保水剂处理高羊茅成苗率提高 30%，部分鲜重及干物质积累量分别提高 20.41%和 39.1%。

2. 增加植物学性状，提高产量

植物学性状能够客观表达植物对外部环境的适应性，而某些植物性状的存在与否及其数量多少，也反映了植物种所在生态系统的功能特征。每平方米混施 60 克复合肥和 4.05 克保水剂能使老芒麦株高较对照增高 184.8%。每平方米土地混施 60 克复合肥、60 克微生物菌剂和 7.95 克保水剂能使老芒麦鲜草产量达到 124.78 吨/公顷，比对照组增加 99.47%。保水剂与复合肥或微生物菌剂混合配施均能有效促进植株生长，在一定程度上增加牧草的株高、分蘖数和单株鲜草质量等植物学性状，从而提高其鲜草产量。

3. 提高土壤储水能力和水分利用效率，促进土壤养分吸收

良好的土壤结构是牧草生长的基础，而水肥条件是影响牧草长势和产量的关键因素。土壤中施入保水剂既保留了降水和灌溉水，又降低了蒸发损失，使土壤的储水能力提高了 1.41%～9.23%，从而提高了水分利用效率。保水剂和微生物菌剂配施使土壤贮水量提高 2.0%～22.1%，土壤团聚体含量提高 5.9%～17.7%。保水剂和微生物菌剂同时施用可以将板结土壤中的难溶性养分溶解与释放，促使土壤中的营养元素、促生物质等被植物吸收，

作用于植物生产。保水剂单施或与氮、磷、钾肥配施均能促进多年生黑麦草的叶片长度、叶表面积、根系总长度和根表面积的增加，提高多年生黑麦草叶片相对含水量和叶绿素含量。

4. 促进植物光合作用，提高土壤养分，从而提高牧草品质

植物的生长离不开光合作用，光合作用为植物生长提供了所需的能量物质。叶绿素是植物光合作用的必要条件，其含量在一定程度上影响植物的光合速率。施用保水剂对紫花苜蓿叶绿素含量和光合特征有显著影响。当保水剂施用量为15千克/公顷时，能显著提高紫花苜蓿叶片的光合速率（Pn）、气孔导度（gs）、蒸腾速率（Tr）等生理指标。施用45千克/公顷保水剂能使土壤中的碱解氮、速效磷、速效钾含量显著高于对照，土壤配施30千克/公顷保水剂（SAP）与15千克/公顷土壤结构改良剂（Polyacrylamide，PAM）能使紫花苜蓿的综合品质较对照更好。

5. 促进牧草根系发育，提高根系活力

根系作为植物吸收水分和养分的主要器官，其生理状况直接影响着植物抗旱能力。白梭梭经0.1%浓度的保水剂处理后，对根系生长的促进作用最为明显，主根和侧根较对照均大幅提高，根干重是对照的2.2倍。施用适量保水剂可以明显降低作物的根系质膜透性和可溶性糖含量，对提高植物根系活力、根系生物量和抗旱性能有促进作用。

6. 缓解干旱引起的氧化胁迫和膜损伤

丙二醛（MDA）通常被认为是膜脂过氧化和抵抗应激强度的重要标志。保水剂降低了种子萌发过程中的相对电导率（REC）、脯氨酸、丙二醛（MDA）、H_2O_2 含量和过氧化物酶（POD）活性。这些结果表明，种子可以从保水剂涂层中吸收水分，以缓解干旱引起的氧化胁迫和膜损伤，从而表现出更好的活力和萌发性能。

四、保水剂使用技术

保水剂在农业上的施用方法有种子表面涂层（种子包衣、浸种）、与土壤混合、凝胶蘸根、飞播及制成包衣后流体播种以及作培养基质等。在国外，保水剂主要作为土壤改良剂施用。在日本，保水剂的施用主要以与土壤混合的方式施用，由于要将两者混合均匀十分困难，所以他们在保水剂中混入无机物质（黏土）制成了复合保水剂，如膨润土型保水剂。目前我国应用较多的方法有沟施、层施、穴施、翻施等。

（1）组培苗和种子繁育苗、灌种苗的苗圃地里施用保水剂。可根据繁

育种植方式的不同，保水剂可撒施、穴施、沟施混入表土层里。试验表明，幼苗根系生长会伸入保水剂水晶体，若一株植株根系能带上50~200粒保水剂水晶体，其移栽过程中能够大大降低干旱对移栽和生长的不利影响，能提高移栽存活困难的植物和幼苗的成活率。

（2）蘸根。植株挖取后，将根系浸保水剂和水混合的泥浆，保水泥浆的配制比例为细粒保水剂：黏泥：水=1：150：200。

（3）土壤混拌。将土壤表面均匀撒施一层保水剂干粉，和表面10厘米深土壤充分混拌均匀，然后进行播种或定植。

（4）浸种。将种子放入保水剂凝胶体中，浸种12小时，阴干后播种，播后浇透水，用量为凝胶体：种子=1：（5~10）（一般点播时用此方法）。

（5）种子包衣。种子包衣是以包衣剂为原料，选择优良种子做为载体，将微量元素、大量元素、杀虫剂、植物激素、成膜剂、杀菌剂等成分按一定比例混合，形成种衣剂。将种衣剂均匀包裹在种子外表面，以形成牢固光滑的带药种膜。

第五节　新技术在饲草营养诊断与施肥中的应用

饲草产业作为农业的一部分，是国民经济的基础，解决好饲草产业问题是关系到社会安定、粮食安全以及乡村振兴的大事。我国用占世界7%的耕地面积和13%的草地面积养活占世界22%的人口，这是我们的基本国情。在人均资源持续减少，而人民对畜牧肉蛋奶产品的物质需求日益增长的情况下，如何保证国民的肉蛋奶供给问题，这是中国农牧业在今后相当一段时间内面临的挑战。我国的农业科技贡献率仅为30%~40%，远远低于发达国家的60%~70%的水平。由于资源的进一步缩减，以及增产起点的进一步提升，仅靠常规的农业科学技术的提高已远远不能适应形势发展的需要。常规意义上的科技进步已显得力不从心，迫切需要在农业新技术在饲草产业方面进行一场巨大而深刻的突破性变革和广泛应用，以便节约大量的人力和物力，缩短实现草牧业现代化的时间。

饲草产业是国家农业生产实现良性循环的重要基础，发展饲草产业对于中国实现畜牧业转型升级、推进农业供给侧结构性改革、适应食品消费结构的时代转变等都具有重要意义。但因长期受农耕文化影响，经营主体对发展牧草产业的认识不到位。中国牧草产业还存在生产效益不高、饲草供给能力和质量在国际竞争力较弱等问题。当前，面临环境压力加大、生态系统退化的严峻形势，也为满足食物消费结构转型升级和农业结构战略调整的需求，国家在加强草原生态保护建设的同时积极推动牧草产业发展，出台针对性支持政策，使之成为未来农业发展新的增长点和乡村振兴战略的重要抓手。牧草产业尽管在国内起步较晚，但已成长为一个不断壮大的农业产业。近年来，中国牧草产业体量和素质均取得了长足进步。2020 年我国苜蓿商品草种植面积 950 万亩，比 2019 年增加了 18.7%，比 2018 年增加了 46.1%，共生产了 400 万吨的苜蓿商品草。2020 年全国燕麦草的种植面积约 200 万亩，共生产了 120 万吨的燕麦干草。截至 2020 年，我国青贮玉米种植面积已达 1 500 万亩，此外还通过“粮改饲”生产了各类牧草 150 万吨，到 2025 年国内草产品生产要基本满足国内 80%左右的需求。据粗略统计，整个草产业的经济产品价值约为每年 45 亿元，生态产品及其生态功能价值 69 亿元，文化服务功能价值约 8.1 亿元，有关草地放牧业的牧草间接生产价值还没有估算进去。当前草业的快速发展和专业生产的需求，对科学技术提出了更高、更深、更快的要求，依赖传统的小农经济的生产经验和技术体系已经不能满足当前草产业专业化、标准化、规模化、集约化生产特点的。

随着科技水平的提升和农牧业的发展，农业新技术层出不穷，并在实际应用中取得了不错的效果。以生物技术、信息技术为核心的高新技术正在促使世界农业发生巨大的变化，并成为支撑各国农业发展的基石和提高农业竞争力的关键。立足国情，用高新技术改造传统草牧业，提高农业的整体效益已成为共识，同时也已成为加速我国农业现代化进程的重要保障和必然趋势。农业高新技术包括生物技术、信息技术、新能源技术、新材料技术、空间技术、海洋技术、核技术、农业互联网技术、农业大数据技术及现代农业机械化技术等，其中生物技术、信息技术、农业互联网技术、农业大数据技术、人工智能技术和机器人及现代农业机械化技术均与植物营养及施肥有密切关系。随着国家对精准农业、智慧农业和“互联网+”农业的重视，各项农业高新技术日益成熟，在饲草营养诊断与施肥中的应用必将越来越广泛。

一、分子生物学技术在饲草营养遗传特性研究中的应用

肥料是饲草作物的“粮食”，化肥和平衡施肥技术的出现是第一次农业技术革命的产物和重要特征。但由于化肥施用不当和施用过量不但造成浪费，而且导致环境污染和农产品品质下降，严重影响人们的身体健康，如何提高化肥利用率和减少环境污染已成为当今重大课题，也是当今农业新技术革命应解决的难题。植物营养基因型差异和植物营养遗传特性的解析为进一

步提高化肥利用率，减少资源消耗，改善农业环境质量提供了新途径和新方法。

近年来，随着分子生物学技术的迅速发展，高通量测序技术的发展迅猛，植物基因信息不断丰富和完善，饲草方面相关基因的研究和改造等工作取得了长足的发展，也为基因编辑技术在饲草植物研究中的应用带来新的前景。宏基因组技术、基因编辑技术、RNA 干扰、同源转基因技术等生物育种新技术，已经被逐步开发并应用于饲草的育种研究，其中基因编辑技术由于其对特定位点的定向编辑功能，已经广泛应用于基因功能研究和作物育种，并开发出了作物新品种。

饲草营养遗传特性的一般性表现有逆境条件下耐性植物的自然分布、常见作物的需肥特点、同一饲草不同品种的需肥特点、某些饲草对营养物质的特殊需要等。饲草营养遗传特性在外部形态上的特征主要有：茎的粗细叶片的数量和大小、根的形态特征（根的形态类型——直根系和须根系、根重、根长、根表面积、根密度根尖数量根毛等）。饲草营养遗传特性的生理生化基础主要包括以下几方面：生长速率、对营养物质吸收的选择性、植物营养的阶段性、根系的阳离子交换量，有关酶的活性植物内源激素的水平以及植物毒素等。

DNA 双螺旋模型和中心法则的提出，明确了遗传信息传递的规律，从而使分子生物学有了迅猛的发展，逐渐成为生命科学中最具活力的学科。分子生物学与其他学科的结合及分子生物学技术的广泛应用，不仅拓宽了研究领域，而且使我们对分子水平上生命现象和生物学规律的认识更加深入。分子生物学技术包括分子克隆、细胞融合、杂交瘤技术、突变体筛选、基因编辑技术等。

1. DNA 限制性片段长度多态性技术

DNA 限制性片段长度多态性技术是不同物种、品种甚至个体间 DNA 经核酸限制性内切酶酶切后产生的片段长度差异，通过同源序列的探针检测到，实质上是 DNA 分子中核苷酸序列不同的反映。目前，已利用 RFLP 标记在多种高等植物构建了高密度遗传图谱。RFLP 标记技术也广泛应用于与植物营养性状有关的基因的研究，如在植物抗盐性研究中，应用此技术进行数量性状位点 QTL 定位，并测定其单个基因对抗盐性的贡献，从而为鉴定、了解、甚至操纵像高等植物抗盐性这样复杂性状的 QTL 奠定了基础。

2. 随机扩增多态性 DNA 技术

随机扩增多态性 DNA 技术是 1990 年由 Willams 和 welsh 几乎同时发展

起来的，它基于 PCR 技术，以一系列随机引物对目标基因进行扩增，电泳分离检测其产物多态性，进而得知基因组相应区段的多态性。此技术有反应灵敏、操作简单迅速、需 DNA 量少等优点，虽存在反应结果不易重复、多态性低等不足，但随着其不断改进和完善，此技术亦有较广阔的应用前景。

3. 扩增片段长度多态性技术

扩增片段长度多态性技术也是基于 PCR 技术的限制性片段长度多态分析。具体步骤是将基因组 DNA 用一组限制性内切酶消化，将所得片段连到带相应序列的接头上，再用一定的随机引物进行扩增，引物包含接头的特定序列及 1~3 个随机核苷酸组合成的选择性序列，最后用凝胶电泳观察产物多态性。此方法的特点是出现多态性的频率较高，可有效地应用于对野生种群复杂性状的研究。

二、饲草营养生物工程技术的应用

饲草营养生物工程技术主要有常规的选种和育种、细胞遗传学育种、植物组织培养和细胞工程、植物转基因工程技术等。常规的选种和育种包括引种、群体筛选、杂交与谱系选择、轮回选择等，这方面已获得不少成功的经验。例如通过谱系选择获得了铁高效燕麦品种、轮回选择获得了铁高效高粱品种等。细胞遗传学育种以人工构建多倍体为前提，再通过杂交的方法实现远缘杂交，突破了常规杂交育种只能在近缘亲本间进行的局限性。如既有小麦的优良性状，又有黑麦的高抗逆性和铜高效吸收基因的小黑麦的育成便是 1 个成功的例子。植物组织培养和细胞工程的基础是植物细胞的全能性，包括花药和小孢子培养、原生质体培养和细胞杂交、人工诱导突变等。离体培养不仅极大地提高细胞遗传变异的概率，还可以大大地提高选择和繁殖的效率。我国在离体组织培养和细胞工程方面居国际领先水平，一些单子叶植物的原生质体培养成株结果尤为突出。植物转基因工程技术是将特定的外源目的基因导入植物细胞，获得能使外源基因稳定表达的转基因植物的技术，同时使转基因植物既保留原有的各种优良农艺性状，又增加一个新的目的基因控制的优良性状，这不仅在理论上具有重要意义，而且在植物的品种改良上具有广阔的应用前景。

1. 基因分离技术

植物的营养性状归根结底都是由基因控制的，这就决定了目的基因的分离不仅是在分子水平进行植物营养研究的入手点，同时也是通过基因工程进行性状考察的关键。分离目的基因一般需要构建基因文库，即由大量不同外源 DNA 片段所构成的重组 DNA 群体。根据其重组体外源 DNA 片段来源不同，基因文库分为基因组文库和 cDNA 文库，前者来源于某一生物的基因组 DNA，后者由某一生物的特定器官或特定发育时期细胞内的 mRNA 经反转录成 cDNA 构成。

cDNA 文库可分表达型和非表达型 2 类，表达型 cDNA 文库采用表达型载体，插入的 eDNA 片段可表达产生融合蛋白，具抗原性或生物活性，适用于那些蛋白质的氨基酸序列尚不清楚、不能用核苷酸探针筛选的目的基因。非表达型 cDNA 库适用于那些可采用核苷酸探针进行杂交筛选的基因，即利用同种或同属的已知同源序列，或由部分蛋白质序列推知的人工合成的寡核苷酸序列，经放射性标记后做探针，通过菌落原位分子杂交法与 cDNA 库杂交，放射自显影判断与探针序列同源的目的基因所在菌落，从而分离目的基因。非表达型 cDNA 文库的构建在植物营养性状有关基因分离中得到了广泛的应用。如果尚不具备合适的探针，则常通过差别筛选（亦称差别杂交法）分离基因。利用植物重组 DNA 在酵母中的异源表达也是分离基因的有效方法，广泛用于养分转运蛋白基因的分离。目的基因的分离还可采用转座子或 T-DNA 标签法，即利用转座子或 T DNA 插入某些基因破坏其结构引起突变，再利用标签 DNA 做探针，对突变体基因组文库进行探测，可选出包含标签 DNA 在内的部分基因，再用此突变基因的部分序列做探针，从野生型基因文库中分离出完整的目的基因。

2. 植物营养性状改良的基因工程

化肥资源的紧缺与肥料利用率低是植物营养学长期以来要致力解决的问题。传统的植物营养学在研究土壤、植物、肥料、环境之间的关系的基础上，通过施用大量的肥料和土壤改良剂，使土壤环境适于植物生长，从而达到高产优质的目的。这当然是一种重要的农业经营策略，但受到能源资源、矿物资源短缺的限制，同时还有成本高或过量施肥导致环境恶化等问题。另外，虽然土壤改良在一定程度上可缓解养分逆境条件，但大面积的土壤改良尤其是亚耕层土壤的改良受制于成本、资源、技术及实际推广应用的可行性等。植物营养性状改良基因工程是采用转基因技术，通过遗传改良培育出适应特定土壤逆境的优良品种，从根本上解决上述问题。

组织、细胞和原生质体水平的植株再生技术的建立为导入外源基因提供了有效的受体系统。导入外源基因的方法主要有：土壤杆菌（根瘤土壤杆菌和发根土壤杆菌）介导法、PEG 介导法、电击和 PEG/电击法、基因枪法、花粉管通道法等。

3. 基因编辑技术培育营养价值高、抗逆性强的饲草品种

生命科学的迅速发展使得我们从生物遗传信息的“读取”阶段进入到后基因组时代，基因组的“改写”乃至“全新设计”正逐渐成为现实。基因编辑技术是对生物体 DNA 断裂的现象及其修复机制的应用。

植物基因编辑技术是指以植物的某一个或若干个有特定功能（与生长或抗病相关）的基因为对象，采用基因编辑手段对这些基因的编码序列进行特异编辑修改，达到改变或修饰这一基因功能的目的，从而最终影响植物的生理性状。经过基因组改造后的植物即称为基因编辑植物。

基因编辑是对基因组进行定点修饰的一项新技术。基因编辑包括 2 个关键部分：能特异靶向 DNA 序列的“可编程”核酸酶技术和运送基因编辑元件到细胞内的遗传转化技术，还有少数基因编辑需要基因编辑细胞再生的组织培养技术。其中，可编程核酸酶类似于计算机中的芯片，是基因组编辑技术的核心。依据所用可编程核酸酶的不同，目前主流的基因编辑技术主要有 4 种：归巢核酸酶技术（Meganucleases）、锌指核酸酶技术（ZFN）、转录激活样效应因子核酸酶技术（TALEN）和最新的 CRISPR/Cas9 技术。这 4 种技术均可通过引入位点特异性核酸酶，实现特异性改变目标基因序列以获得期望的生物性状。自 2012 年底 CRISPR/Cas9 技术问世以来，其在基因编辑领域显示出相对其他基因操作更加明显和突出的优势。实现该技术仅需设计特异性引导 RNA（sgRNA），制备相应的 sgRNA 和 Cas9 表达载体，或体外合成 sgRNA 和 Cas9 蛋白等，将其递送进动物细胞或植物的细胞、原生质体、愈伤组织中，即可快速实现基因的定点修饰，如敲除、敲入、单碱基编辑、激活或抑制基因表达等。上述基因编辑技术极大地推动了生命科学基础研究和应用研究的发展。

与转基因技术等传统遗传修饰技术不同，基因编辑可以在不导入外源遗传物质的条件下精确地修改生物遗传信息。基因编辑技术相比传统育种技术能快速定向改良农作物的目标性状，并且可大大缩短育种周期。因此，该技术在植物遗传育种领域都具有广阔的应用前景，可以对植物进行改造，提高生产性能和产品质量，可以培育营养价值高、抗逆性强的饲草新品种。迄今为止，通过基因组编辑技术已经开发了多个抗除草剂作物，可以很好地解决杂草问题和提高作物生产力。依照不同作物的性状，基因编辑不仅能准确地对目标基因进行诱变，而且可有效地同时针对多个目标基因或运用于多倍体基因组使序列产生变异。将基因编辑技术应用于饲草上可协助创造出更多耐逆境的品种，为解决饲草生产新品种问题提供新思路。

总之，随着分子生物学和植物生物工程技术的不断发展和学科间的相互渗透，生物技术在饲草营养中的应用将更趋广泛，并将极大地推动饲草营养和施肥科学的发展。

三、饲草营养诊断的无损测试技术

我国在农业种植的投入产出方面跟发达国家还有着不小的差距。比如在化肥当季利用率方面，氮肥利用率为30%~35%，磷肥利用率为10%~20%，钾肥利用率为35%~50%，普遍比发达国家低15%~20%，也就是说每年有400多万吨化肥被白白浪费掉；在农药利用率方面，我国为20%~30%，发达国家平均水平为50%，说明我国农药利用率也远低于发达国家。现代农业中，肥料利用率的提高对饲草营养诊断这一技术的要求越来越高，需要更精准、更快捷、更简洁的诊断技术。近年来随着各种数字图像技术、遥感技术大数据技术的日益成熟为饲草营养诊断、精准施肥提供了有力的技术支撑。

无损测试技术（non-destructive measurement）是指在不破坏植物组织结构的基础上，利用各种手段对饲草的生长、营养状况进行监测。这种方法可以迅速、准确地对大田饲草营养状况进行监测，并能及时提供施肥所需要的信息。目前，无损测试技术侧重于氮素无损测试及诊断。长期以来，作物的氮营养诊断和氮肥的推荐施肥都是以实验室常规测试为基础的，而传统的测试手段在取样、测定、数据分析等方面需要耗费大量的人力、物力，且时效性差，不利于推广应用。在这一背景下，无损测试技术近年来在作物氮营养诊断及氮肥推荐中得到了广泛的关注，被认为是极有发展前途的作物营养诊断技术，在研究和实际应用中都已取得了很大的进展。

传统的氮素营养诊断无损测试方法主要有肥料窗口法（Fertilizer Window）和叶色卡比色法（Color Card），这些方法均属于定性或半定量的方法。近年来，随着相关领域科技水平的不断提高，氮素营养诊断的无损测试技术正由定性或半定量向精确定量方向发展，由手工测试向智能化测试方向发展。其中，便携式叶绿素仪法和新型遥感测试法是饲草生产中最常用方法。

氮素是饲草生长发育和产量品质形成所必需的营养元素。快速、无损、准确地监测作物氮素状况，对于诊断饲草生长特征、提高氮肥运筹水平和利用效率、降低过量施氮带来的农田环境污染，深入开展精确饲草生产具有重要意义。

1. 便携式叶绿素仪（SPAD）

叶片的氮含量与作物的光能利用效率有关，最终影响产量，所以叶片的氮含量具有重要的生理学意义，同时也是诊断作物氮营养的一个重要指标。由于绝大部分的叶片氮存在于叶片的叶绿素分子中，饲草植株的含氮量与叶片的叶绿素含量呈正相关，可以用叶绿素含量估计叶片的含氮量。饲草植物在缺氮时一般会表现出一些明显的缺素症状，如叶片叶绿素含量降低导致的叶色变浅，而供氮过多时则相反，叶色变深。研究表明，植物的叶片叶绿素含量与叶片含氮量密切相关，因此通过观察叶片颜色的变化就可以了解作物的氮营养状况。据此原理，日本的 MI-NOLTA 公司在 20 世纪 80 年代末推出 SPAD-501 叶绿素仪，随后又推出 SPAD-502 叶绿素仪，这是一种手持式光谱仪，可在田间无损检测植物叶片叶绿素含量。

叶绿素测定仪是一种简便、非破坏性测量叶片绿色或相对叶绿素含量的仪器，自其问世以来，这种不损伤植物的测量方法已经代替了原有的浸提法，并取得了较成功的验证与应用。SPAD 的工作原理是采用 2 个不同波长的光源分别照射植物叶片表面，通过比较穿过叶片的透射光的光密度差异而得出 SPAD 值，因而 SPAD 值是一个无量纲的比值，与叶片中的叶绿素含量成正相关。

SPAD 测定的是作物叶片叶绿素的相对含量，而叶绿素含量与作物叶片含氮量又是紧密相关的。一般认为作物含氮量对叶绿素的影响有 3 种关系：①线性关系。叶绿素含量随叶片含氮量的增加而增加，这类作物有水稻、烟草等；②类二次型关系。随着含氨量升高，叶绿素含量上升，但达到一定阈值后，含氨量提高，叶绿素含量却不再增加，光速率也保持不变。这类作物有玉米、小麦、甜菜、大豆、棉花等；③对旱作植物来说，叶片全氮中有 10%的硝态氮存在，且这部分硝态氮在高氮营养状态下还会增加，而叶绿素仪是检测不到这些硝态氮的，这样叶绿素仪读数与叶片全氮间的关系对不同作物来说有线性关系和线性加平台关系。由此可见，叶绿素仪可以在一定程度上表征作物的氮营养状态。

目前在叶绿素仪应用的研究中，各研究者所采用的测定部位都大体相同，即作物生长前期取新展开的第一片完全展开叶作为测定部位，生长后期则取功能叶（如小麦取旗叶、玉米取穗位叶）作为测定部位。叶绿素仪在玉米株与株之间的测定值可能会相差 15%，在同一片叶上的不同位置的测定值也不同，一般认为距离叶基部 55%处的 SPAD 测定值较大且偏差较小，是合适的测试位点。目前，叶绿素仪已经成功地应用于许多作物氮肥推荐，在苜蓿、燕麦、小黑麦、多花黑麦草、红豆草、杂交狼尾草等饲草品种上也进行了广泛的应用和研究。

2. 遥感测试技术

近年来，遥感技术在精确农业管理中的变量施肥（尤其是氮肥）方面发挥了非常重要的作用。各种植物胁迫如缺氮、干旱等都会使作物叶片的光反射特性发生改变，通过检测植物冠层光学反射特性可以了解作物的营养状况，影响叶片中光吸收和光反射的主要物质是叶绿素、蛋白质、水分和含碳化合物，其中影响最大的是叶绿素含量。遥感技术就是通过检测作物冠层的光反射和光吸收性质来检测作物营养状况，特别是氨素营养状况。

目前在应用的一种田间便携式分光仪可以方便地检测饲草的冠层反射系数。用数学方法将几个波长下得到的反射系数进行合并就可以得到饲草的光谱系数或称之为探测值，经过优化的光谱系数在作物的拔节期和抽穗期与饲草的供氮状况密切相关。利用这种分光仪探测原理加以改进而研制的拖拉机载探测施肥系统已经很成熟，它通过探测系统将作物冠层信息输入计算机，经处理得出饲草的需肥情况，计算机通过协调拖拉机步进速度和 DGPS（差分 GPS）数据，在考虑探测器间距离和施肥区范围基础上控制施肥操作。

饲草冠层反射和土壤背景辐射在红外胶片上为不同的辐射显影，照片经计算机处理后，每个像素的色度变化都可以表示出饲草反射光线的情况，而饲草反射光线特性的变化正是饲草营养状况变化，特别是氮营养状况发生变化的结果。这样分析饲草冠层照片就可以准确地分析饲草的氮营养状况。

3. 其他无损测试技术

在我国，推荐施肥技术的应用研究较少，许多方法不能在生产中应用，因为方法复杂、费时费事。无损测试方法作为生产上可以接受的直观、简单、准确的测试方法，应用前最非常广阔。

叶绿素仪法与遥感测试方法是具有很大实用性的饲草营养诊断和推荐施肥手段。叶绿素仪可以无损监测饲草氮素营养状况，并提出推荐施肥建议。

遥感测试技术特别是近地面遥感技术结合变量施肥系统在近年来发展非常迅速。通过计算机图像识别技术、数据处理技术把遥感技术（RS）、地理信息系统（GIS）、土壤、植株分析和产量分析相结合的新一代推荐施肥技术将使未来饲草生产的推荐施肥更加准确、方便。

随着科技的发展，能拍摄数码照片的智能手机、手持光谱仪技术、数字图像技术（数码相机）、高光谱诊断技术（Hyperspectral Technology）、作物冠层叶片光谱监测仪和无人机遥感（Un-manned Aerial Platforms）等均应用于饲草氮素指标监测。近年来，基于手机相机获取植物叶片数字图像的氮素营养诊断也被研究应用，无人机等航拍技术也有应用，但由于手机相机的便携性、普遍性、易操作性等优势，将来应用到饲草营养诊断中的普及率和前景非常好，需要进一步研发相匹配的饲草氮素营养诊断与推荐施肥的软件，实现通过智能手机田间拍照实时进行饲草氮素营养诊断和精准推荐施肥。

近年来，通过卫星对农作物拍摄遥感图像进行诊断施肥工作已取得了较好的成绩，遥感图像可以反应饲草养分状况、土壤类型分布、田间长势、饲草分布，提供饲草施肥表征和土地的利用现状，为管理者统计饲草布局提供可靠的参考资料，达到饲草生产高产优质和精准施肥的目的。

总之，基于光谱信息的饲草氮素营养无损监测技术无论是在光谱学还是在生物物理学方面都具有很强的理论基础，它是现阶段饲草氮素营养精确诊断和动态调控所迫切需要解决的关键技术，也是数字农业和现代农业的重要研究前沿。

四、精确施肥技术

1. 精确施肥技术概况

（1）精确农业。20 世纪后半期，世界农业的高速发展除了依靠生物技术的进步和耕地面积、灌溉面积的扩大外，基本上是在化肥与农药等化学品和矿物能源的大量投入条件下获得的。但由此引起的水土流失、土壤生产力下降、农产品和地下水污染、水体富营养化等生态环境问题已经引起了国际社会的广泛关注，并推动了农业可持续发展和精确农业理论的产生和发展。精确农业是在现代信息技术（RS、GIS、GPS）、作物栽培管理技术、农业工程装备技术等一系列高新技术的基础上发展起来的一种重要的现代农业生产形式和管理模式，其核心思想是获取农田小区作物产量和影响作物生产的环境因素（如土壤结构、土壤肥力、地形、气候、病虫草害等）实际存在的空间和时间差异信息，分析影响小区产量差异的原因，采取技术上可行、经济上有效的调控措施，改变传统农业大面积、大样本平均投入的资源浪费做法，对作物栽培管理实施定位、按需变量投入，它包括精确播种、精确施肥、精确灌溉、精确收获这几个环节。而精确农业的兴起对合理施肥提出了新的理论和技术要求，从化肥的使用来看，化肥对粮食产量的贡献率占40%，然而即使化肥利用率高的国家，其氮的利用率也只有 50%左右，磷30%左右，钾 60%左右，肥料利用率低不仅使生产成本偏高，而且造成地下水和地表水污染、水果蔬菜硝酸盐含量过高等环境问题。总之施肥与农业产量、产品品质、食品和环境污染等问题密切相关。精确施肥的理论和技术将是解决这一问题的有效途径。

(2) 精确施肥（变量处方施肥）技术的发展。土壤、饲草、养分间的关系十分复杂，虽然我们已确定了饲草生长中必不可少的大量元素和微量元素，但饲草类型及品种非常多，需求养分的程度因饲草的种类不同而有差别。即使是同一种饲草，不同的生长期对各种养分的需求程度差别也很大。苗期是饲草的营养临界期，虽然在养分数量方面要求不多，但是要求养分必须齐全和速效，而且数量足够。很多饲草在营养最大效率期对某种养分需求数量最多，营养效果最好。同一饲草不同养分的最大效率期不同，不同饲草同一养分的最大效率期也不同。不同养分具有养分不可替代性即饲草的产量主要受最少养分含量那个养分所限制，而这个最少的养分不能被其他养分所代替。为消除最小养分率的限制，大量地使用化肥，而这又造成一系列的环境问题。所以，为取得良好的经济效益和环境效益，适应不同地区、不同作物、不同土壤和不同饲草生长环境的需要，变量处方施肥是未来施肥的发展方向，而且要考虑大部分饲草作为收获营养体为目标的最高产量的施肥量。

因此，精确施肥是将不同空间单元的产量数据与其他多层数据（土壤理化性质、病虫草害、气候等）的叠合分析为依据，以饲草生长规律模型、饲草营养专家系统为支持，以高产、优质、环保为目的的变量处方施肥理论和技术为支撑。结合信息技术（RS、GIS、GPS）、生物技术、机械技术和化工技术的优化组合，按饲草生长期可分为基肥精施和追肥精施，按施肥方式可分为耕施和撒施。按精施的时间性分为实时精施和时后精施。

2. 精确施肥的理论及技术体系

(1) 土壤数据和饲草营养实时数据的采集。对于长期相对稳定的土壤变量参数，像土壤质地、地形、地貌、微量元素含量等，可一次分析长期受益或多年后再对这些参数做抽样复测，在我国可引用原土壤普查数据做参考。对于中短期土壤变量参数，像氮、磷、钾、有机质、土壤水分等，这些参数时空变异性大，应以 GPS 定位或导航实时实地分析，也可通过遥感（RS）技术和地面分析结合获得生长期饲草养分丰缺情况，这是确定基肥、追肥施用量的基础。近年来，土壤实时采样分析的新技术、新仪器有了长足的发展进步。主要表现在：第一，基于土壤溶液光电比色法开发的土壤主要营养元素测定仪在我国已有若干实用化的产品推广；第二，基于近红外多光谱分析技术、半导体多离子选择效应晶体管的离子敏传感技术的研究已取得了初步的进展和研究成果；第三，基于近红外光谱技术和传输阻抗变换理论的土壤水分测量仪在我国已经研制成功；第四，基于光谱探测和遥感理论的植物营养监测技术研究也取得了一定的进展。

用植物光谱分析方法诊断植物营养水平具有快速、自动化、非破坏性等优点，但诊断专一性不够，解译精度也有待提高。在饲草氮营养与作物光谱特性方面，无论是多光谱被动遥感还是激光荧光雷达主动遥感的研究和应用都已较为成熟，在外观未发现缺氮症状时，已能区分植物的氮素营养水平。但植物中磷、钾和微量元素的营养水平与四川光谱特性的关系研究较少。国内外研究发现，基于现在的仪器设备条件下，在严重缺磷时，光谱分析才能用作作物磷营养诊断；钾只能区分 3~4 级营养水平。但随着近几年一系列地球观测卫星的发射，卫星影像空间分辨率和光谱分辨率的提高，遥感技术将在饲草营养监测中扮演重要的角色。

（2）差分全球定位系统。无论是田间实时土样分析，还是精确施肥机的运作，都是以大田空间定位为基础的。全球定位系统（GPS）为精确施肥提供了基本条件，GPS 接收机可以在地球表面的任何地方、任何时间、任何气象条件下获得至少 4 颗以上的 GPS 卫星发出的定位定时信号，而每一卫星的轨道信息由地面监测中心监测而精确知道，GPS 接受机根据时间和光速信号通过三角测量法确定自己的位置。但由于卫星信号受电离层和大气层的干扰，会产生定位误差，所以为满足精确施肥或精确农作需要，必须给 GPS 接受机提供差分信号即差分定位系统（DGPS）。DGPS 除了接收全球定位卫星信号外，还需接收信标台或卫星转发的差分校正信号，这样可使定位精度大大提高。我们在实验中用的美国 GARMIN 公司的 GPSI2XL 接受机，接收差分输入后可达到 1~5 米的定位精度。现在民用 DCGPS 已完全能满足精确施肥的需要，现在的研究正向着 GPS-GIS-RS 一体化、GPS-智能机械一体化方向发展。

（3）决策分析系统。决策分析系统是精确施肥的核心，直接影响精确施肥的技术实践成果，包括地理信息系统（GIS）和模型专家系统两部分。GIS 用于描述大田空间属性的差异性，饲草生长模型和饲草营养专家系统用于描述饲草的生长过程及养分需求。只有 GIS 和模型专家系统紧密结合，才能制定出切实可行的决策方案，这也是现在国内外 GIS 集成的研究热点。在精确施肥中，GIS 主要用于建立土壤数据、自然条件、饲草苗情等空间信息数据库和进行空间属性数据的地理统计、处理、分析、图形转换和模型集成等。我国近年来开发了一些饲草营养与施肥方面的专家系统，但均有各个方面的不足，应用也不广泛。以饲草生理机理和适应性为主的饲草决策系统有待于进一步研发和提高。

(4) 控制施肥。现在有 2 种形式，一是实时控制施肥。根据监测土壤的实时传感器信息，控制并调整肥料的投入数量，或根据实时监测的作物光谱信息分析调节施肥量。二是处方信息控制施肥。根据决策分析后的电子地图提供的处方施肥信息，对田块中肥料的撒施量进行定位调控。

3. 施肥机械化

施肥是提高饲草单位面积产量的有效举措，但传统的人工施肥存在作业效率低、劳动强度大、生产成本高、施肥均匀性差、肥料的利用率低、环境污染严重等问题。加快机械化施肥技术开发应用是解决上述问题的有效举措，也是建设资源节约型和环境友好型社会主义新农村的必然要求。欧美等发达国家由于工业起步早，对施肥机械的研究比较深入，已形成了一套完整的施肥机械体系，非常值得学习和借鉴。

目前，我国施肥机械发展也取得了显著成效，例如播种施肥机械化具有如下特点：为方便机械化，肥料向浓缩化、复合化、液体化、长效化以及专一化方向发展；施肥向着精准化发展，与精准农业技术相结合；逐渐采用自动化的监测控制技术，对工作部件和作业质量进行实时监测和控制；穴施肥技术及装备日益成熟，应用于播种施肥机上，可节本增效，保护环境，实现农业可持续发展。除播种施肥机外，撒肥机和肥料喷洒机都相继应用，以满足不同类型的肥料和不同施肥方式的需要。

国内常见的施肥机机型有内蒙古磴口县农机厂生产的 2BF 型系列种肥分层播种施肥机、甘肃省张掖收割机厂生产的 2BF-9 (11) 型分层播种施肥机、内蒙古商都牧机厂生产的 2BG-120A 谷物沟播机、内蒙古海拉尔牧机厂生产的 2BT-2 型大豆精播施肥机和南通市农机研究所研制出 2BF-3 型化肥深施机等。侧位深施肥播种机化肥施在种子行旁侧，常见机型有内蒙古通辽机械厂生产的 2BQ-3/6 型气吸式中耕播种施肥机、内蒙古农业大学机械厂生产的 2BP-2 型施肥覆膜播种机、西安市旋播机厂生产的 XBFL-4/8 型旋播施肥机、黑龙江省海伦农机修造厂生产的 LFBJ-6 型垄耕施肥精播机、山东省沂南播种机厂生产的 2BX-9 型小麦半精量播种机、山西运城农机所研制生产的 2BBJF8/4 型、石家庄农机厂生产的 2BLX-9 型和 2BJJ-2 型机具以及陕西永寿县农机修造厂生产的 2BFG-6 (s) 型施肥沟播机等。穴播施肥装备有黑龙江农业职业技术学院研发出 2BJ-2 型精密播种穴施肥机，黑龙江省农业机械维修研究所研制的 2BT-6X 型玉米催芽穴喷水穴施肥精播机，可以一次完成穴播种、穴施肥和穴喷水作业，做到了种、肥、水立体同步进行，达到了节肥、节水、节种和抗低温保全苗的良好效果。

最近几年我国农业施肥机械化发展较快，排肥器可实现变量作业，比较适合与精准农业技术中的变量施肥技术相结合。随着精准农业技术的快速发展，变量施肥技术也快速发展，相关核心部件的研究也越来越受到更多人的关注，精量排肥技术、变量控制技术和肥料输送技术等关键技术水平也在快速发展。相信在不久的将来，变量施肥技术会逐渐成熟，变量施肥机械会逐渐普及。机械化作为现代草牧业发展的产业化主攻方向，施肥机械的自动化程度和研发将会愈加向大型、高效化和智能化方向发展。

4. 水肥一体化

水肥一体化技术是新时期农业领域的新技术，它将灌溉与施肥有效融合，按照土壤养分含量及作物特点实现供水和供肥。与传统的施肥和灌溉方式相比，水肥一体化技术在节省水资源、省时省力、减少病虫灾害、控温调湿避免作物缺氧沤根、增加生产量、提升经济效益等方面有其独特的优势。需要指出的是，水肥一体化在应用时，首先要结合当地的地形、土壤质地和作物种植方式设计科学的滴灌系统，以提高灌溉效率。其次，要设计配备相应的混肥池、蓄水池、管道、阀门、水泵肥泵等，以形成完善的灌溉系统。最后，肥料种类的选择要适当。若采用固态肥料，应具备较好的水溶性，确保杂质少；若采用沼液等肥料，需提前过漏，以防杂质阻塞管道。饲草生产推行水肥一体化，不仅可以提高经济效益，还在减少污染等方面有一定的作用，具有广阔的应用前景。

5. 精确施肥存在问题

我国化肥投入的突出问题是结构不合理、利用率低。化肥投入尤其是磷肥的投入普遍偏高，造成养分投入比例失调，增加了肥料的投入成本。我国肥料平均利用率较发达国家低 10%以上，肥料利用率低不仅使生产成本偏高，而且是环境污染特别是水体富营养化的直接原因之一。随着人们环境意识的加强和农产品由数量型向质量型的转变，精确施肥将是提高土壤环境质量，减少水和土壤污染，提高饲草产量和质量的有效途径。

目前，我国精确施肥技术中还存在一些问题：土壤数据采集仪器价格昂贵，性能较差，不能分析些缓放态营养元素的含量，而遥感由于空间分辨率和光谱分辨率问题，使遥感信息和土壤性质、饲草营养胁迫的对应关系很不明确，不能满足实际应用的需要。随着高分辨率遥感卫星服务的提供，加强遥感光谱信息与土壤性质、饲草营养关系的研究和应用将是近几年精确施肥研究的热点和重点。DGPS 的定位精度已完全能满足精确施肥的技术需要。

虽然 DCPS 导航自动化施肥或耕作机械已有研究，但 DGPS 与 GIS 数据库结合进行自动化机械施肥还有待于进一步发展，同时 GPS-RS-GIS 也正趋向于一体化。饲草施肥专家系统方面，除进一步加强饲草营养机理和生长需肥机理研究外，专家系统的适用性和通用性方面应与精确施肥紧密结合，使用界面也需要进一步智能化和简单化。

总之，随着我国数字农业、智慧农业、信息技术、大数据技术的发展与广泛应用，饲草营养诊断与施肥将会逐步实现精准化管理和智能化运用。

第四章　饲草生产常用肥料及施用技术

第一节　大量元素肥料及施用技术

一、氮肥

（一）常见品种及性质

常见的氮肥有尿素、硫酸铵、氯化铵、碳酸氢铵、硝酸铵、硝酸钙等。

1. 尿素

（1）基本性质。含氮量46%左右，化学分子式是 $CO(NH_2)_2$。一般为白色圆球状，有吸湿性，易溶于水，是中性肥料。商品尿素表面一般包有疏水物质，如石蜡等，吸湿性会大大降低。

（2）适宜作物及注意事项。尿素可以作基肥，也能作追肥，一般不宜用作种肥。尿素浓度过高会破坏蛋白质结构，使蛋白质变性，转变成铵态氮，也可能由于浓度高而产生氨毒害，影响种子和幼苗发芽和生长。尿素易随水流失，因此水田施用尿素时应注意不要灌水过多，并应结合耘田以使尿素充分与土壤混合，减少尿素流失。由于尿素在土壤中的转化过程需要3~5天，所以尿素追肥应适当提前几天进行。

2. 硫酸铵

（1）基本性质。简称硫铵，又称肥田粉，含氮量为20%~21%，化学分子式是 $(NH_4)_2SO_4$。纯品白色，吸湿性小，但受潮容易结块，故应当在贮存和运输过程中注意保持干燥。易溶于水，肥效快。硫酸铵由于含有硫元素，而作物缺硫是近年来我国土壤的普遍现象，因此硫酸铵的施用效果非常明显。

（2）施肥方式及注意项。硫酸铵可以作基肥、追肥以及种肥。作基肥时，应当深施覆土，减少氮素损失。作追肥时，对于保水保肥性能差的土壤要分期追施，每次用量不宜过多；对保水保肥性能好的土壤，可适当减少次数、增加每次用量。在旱季施肥，施用硫酸铵最好结合浇水。水田施用时，要注意不要灌水过多，并应当结合耘田以使肥料充分与土壤混合，减少氮素流失；稻田施用硫酸铵还应在适当时期排水晒田，因为硫酸铵中的硫酸根在淹水条件下易形成硫化氢，硫化氢对稻根会有毒害作用。硫酸铵是生理酸性肥料，应当避免与其他碱性肥料或碱性物质接触或混合施用，以防氮素损失。

同一地块最好避免长期施用硫酸铵，否则可能由于硫酸铵的生理酸性使土壤质地变差。如果确实需要施用，可避开硫酸铵的施用季节，配合施用有机肥料和石灰。但切忌硫酸铵和石灰混合同时施用，石灰可以在硫酸铵使用后的 1 周左右施用。

3. 氯化铵

（1）基本性质。简称氯铵，含氮量为 24%~25%，化学分子式是 NH_4Cl 纯品白色或略带黄色，外观似食盐。氯化铵的吸湿性比硫酸铵略大，较不容易结块。易溶于水，肥效快。

（2）施肥方式及注意事项。氯化铵可以作基肥、追肥，不宜用作种肥。作基肥时，应当尽早施用，施后适当灌水，将较多的氯离子淋洗到土壤下层，减少氯离子对作物的不利影响。石灰性土壤上追肥，应掌握深施覆土的原则，减少氮的损失。氯化铵不宜作种肥，因为它容易在土壤中生成水溶性氯化物，土壤溶液浓度过高对于发芽和幼苗生长不利。氯化铵是生理酸性肥料，应避免与碱性肥料混用。一般用在中性土壤和碱性土壤上，酸性土壤应谨慎施用，酸性土壤上如果长期施用，和硫酸铵一样应当结合施用石灰或者有机肥。氯化铵中含有大量的氯离子，在北方石灰性土壤上，如果排水不好或长期干旱，氯离子和钙离子等结合后不容易流失，从而增加土壤溶液中的盐浓度，对作物生长不利。

4. 碳酸氢铵

（1）基本性质。简称碳铵，含氮量为 17% 左右，化学分子式是 NH_4HCO_3。纯品白色，易潮解，易结块。温度 20℃ 下性质较稳定，温度稍高或产品中水分超标，碳酸氢铵容易分解为氨气和二氧化碳。碳酸氢铵较易溶于水，肥效快。在早春低温时期比尿素供肥迅速，铵离子容易被土壤吸附、氮素淋失较少。另外，碳酸氢铵在土壤中没有其他有害物质残留，并且分解产生的二氧化碳对于作物的光合作用十分有利。

（2）施肥方式及注意事项。可以用作基肥，也可以用作追肥，但不能用作种肥和叶面施肥。碳酸氢铵无论作基肥还是追肥，都不要在刚下雨后进行，同时切忌表面撒施。用作基肥时，可沟施或穴施，如果能结合耕地深施，效果更好。碳酸氢铵用作追肥时，旱地要结合中耕，深施覆土（最好深6厘米以下），并及时浇水碳酸氢铵深施的方法可采用穴施、沟施和基肥深施。穴施时，可在作物植株旁10厘米左右挖穴，施肥后随即覆土；沟施时，一般在条播作物行间开沟（宽10厘米左右），追施碳酸氢铵后，立即覆土；基肥深施，是把碳酸氢铵撒在地表，边撒边耕翻入土。

碳酸氢铵养分含量较低，化学性质不稳定，温度稍高易分解为氨气和二氧化碳，造成养分损失。因为挥发出的氨气对种子的种皮和胚都有腐蚀作用，故碳酸氢铵不宜拌种；挥发出的氨气对叶面也有腐蚀作用，所以碳酸氢铵不宜用作叶面施肥。

5. 硝酸铵

（1）基本性质。简称硝铵，含氮量为34%～35%，化学分子式是NH_4NO_3。纯品白色，有颗粒和粉末状。粉末状硝酸铵吸湿性很强，容易结块，甚至在过于潮湿时吸水呈液态，所以贮存时应严格防潮。颗粒硝酸铵表面会涂有防潮湿剂，吸湿性小。硝酸铵易溶于水，肥效快。同时含有铵态氮和硝态氮，是优质水溶肥料。

（2）施肥方式及注意事项。硝酸铵特别适宜在北方旱地作追肥施用，含氮量高，用量可比硫酸铵减少，每亩可施10～15千克。没有浇水条件的旱地，应开沟或挖穴施用；水浇地施硝酸铵后，浇水量不能过大，以免硝态氮随水渗入土壤深层，不仅造成氮素损失，而且造成环境污染。雨季应采用少量多次的方式施肥。硝酸铵的养分浓度高、吸湿性强，一般也不宜用作种肥。

硝酸铵由于同时含有铵态氮和硝态氮，硝态氮极易随水流失，一般不提倡硝酸铵用作基肥。用作追肥较宜，同时应结合有机肥的施用。硝酸铵遇热不稳定，高温容易分解成气体，使体积突然增大，引起爆炸。对受潮结块的硝酸铵，可用木棍轻轻捣碎或用水溶解后施用，不要用铁器猛击以防爆炸。运输中，不要与易燃、易爆物品放在一起，以免出现危险严禁与有机肥混合放置。

6. 硝酸钙

（1）基本性质。含氮量为15%～18%，化学分子式是$Ca(NO_3)_2$，通常有结晶水而形成$Ca(NO_3)_2 \cdot 4H_2O$。外观一般为白色颗粒，吸湿性很强，容易结块。肥效快，一般宜作追肥。硝酸钙可以是石灰石和硝酸反应制成，但多数还是硝酸磷肥生产中的副产品。

虽然硝酸钙的含氮量偏低，但是硝酸钙由于含有超过20%的钙，加之水溶性极好，因此是植物良好的钙源和氮源，特别是在滴灌、喷灌等设施农业中被广泛应用。也是由于含有较多的钙离子，对于土壤的物理性状改善有促进作用。

（2）施肥方式及注意事项。既可以作追肥，也可以作基肥，同时是水溶性肥料的良好原料。作追肥时，应当用于旱地，但应分次少量施用；作基肥时最好与有机肥、磷肥和钾肥配合施用。硝酸钙是生理碱性肥料，因此很适合酸性土壤，在缺钙的酸性土壤上效果更好。

由于含有钙，不要与磷肥直接混拌施用；避免与未发酵完全的厩肥和堆肥混合施用，以免促进硝态氮的流失。

7. 硝酸钠

（1）基本性质。含氮量为15%~16%，化学分子式是$NaNO_3$，一般为白色或浅灰色、黄棕色结晶。含有26%左右的钠，吸湿性很强，易结块，极易溶于水。

（2）施肥方式及注意事项。硝酸钠比较适合作追肥，但宜少量多次。在干旱地区也可用作基肥，但要深施，一般结合腐熟的有机肥施用效果较好。长期施用硝酸钠容易造成土壤质地退化，与有机肥和钙质肥料配合施用能较好解决这一问题。

硝酸钠是生理碱性速效肥料，比较适用于中性和酸性土壤，一般不用于盐碱化土壤。

8. 石灰氮

（1）基本性质。含氮量为20%~22%，是氰氨化钙的俗称，化学分子式是$CaCN_2$。石灰氮由生石灰和焦炭制成碳化钙后，再与氮气相互作用而成。高温下的石灰氮易飞扬，对人体黏膜有刺激，一般加入一些矿物油制成细粒状。石灰氮不溶于水，吸湿性强，吸湿后易变质，因此要注意防潮防水。

（2）施肥方式及注意事项。石灰氮是碱性肥料，施入土壤后会生成氢氧化钙，故适合于酸性和中性土壤。石灰氮在土壤中的转化过程复杂，一般是先转化成酸性氯氨化钙，游离氰氨生成尿素，再转化为铵态氮。

石灰氮不宜作追肥和种肥，但可以用作基肥。用作基肥时，应提前在播种和移栽前施用，以免产生的中间产物毒害幼苗根系。近年来，我国线虫问题严重，有人发现石灰氮对于线虫有较好的杀灭作用。

9. 氨水

（1）基本性质。含氮量为12%~16%，是由合成氨溶入水中形成的液体。氨的水合物可以用$NH_3 \cdot H_2O$来表示。氨水是碱性肥料，性质不稳定，氨易挥发。常常为了保氮，在氨水中通入二氧化碳，制成碳化氨水，碳化氨水比普通氨水的氮损失率显著降低。

（2）施肥方式及注意事项。施用氨水的最基本原则是深施入土，可以结合施肥机械进行，非常适合于机械化程度高、播种面积大的农场使用。氨水用作基肥，可结合耕地施在犁沟内，边施边严密覆土。作追肥用时，一般稀释20~40倍，采用沟施或穴施，也可随水浇施，但浓度不宜过大，以免挥发和烧苗。氨水应避免在盐碱地上施用。

（二）有效施用

1. 氮肥与其他肥料配合

在缺乏有效磷和有效钾的土壤上，单施氮肥效果很差，增施氮肥还有可能减产。因为在缺磷、钾的情况下，蛋白质和许多重要含氮化合物很难形成，严重地影响了作物的生长。各地试验已经证明，氮肥与适量磷、钾肥以及中、微量元素肥料配合，增产效果显著。氮肥与有机肥配合施用，可取长补短，缓急相济，互相促进，既能及时满足作物营养关键时期对氮素的需要，同时有机肥还具有改土培肥的作用，做到用地养地相结合。

2. 氮肥深施

氮肥深施能减少氮素的挥发、淋失和反硝化损失，从而提高氮肥的利用率。据测定，与表面撒施相比，利用率可提高20%~30%，且延长肥料的作用时间。

3. 氮肥增效剂的应用

氮肥增效剂，又名硝化抑制剂，其作用在于抑制土壤中亚硝化细菌活动，从而抑制土壤中铵态氮的硝化作用，使施入土壤中的铵态氮肥能较长时间地以铵根离子的形式被胶体吸附，防止硝态氮的淋失和反硝化作用，减少氮素非生产性损失。

氮肥增效剂对人的皮肤有刺激作用，使用时避免与皮肤接触，并防止吸入口腔。

二、磷肥

（一）常见品种及性质

1. 过磷酸钙

（1）基本性质。含磷量为12%～20%，也称普通过磷酸钙，简称普钙，化学分子式是Ca（H_2PO_4）$_2$。过磷酸钙是世界上最早生产的一种磷肥，也是我国施用量最大的一种磷肥。普通过磷酸钙一般为深灰色或灰白色粉末，易吸潮、结块，含有游离酸、有腐蚀性。现在，也有将过磷酸钙造粒的产品，可以有效防止吸潮和结块，便于施用。

过磷酸钙虽然含磷量不高，但是其中含有较多的钙和硫以及部分微量元素，对于全面补充作物营养非常有利，是质优价廉的肥料品种。

（2）施用方式及注意事项。过磷酸钙的有效成分易溶于水，是速效磷肥。适用于各种作物及大多数土壤。可以用作基肥、追肥，也可以用作种肥和根外追肥。过磷酸钙不宜与碱性肥料混用，以免发生化学反应降低磷的有效性。

用作基肥时，对于速效磷含量较低的土壤，一般每亩施用量可以为50千克左右，耕作之前均匀撒上一半，结合耕地。播种前，再撒上另一半，结合整地浅施入土，达到分层施磷的效果。如果与有机肥混合用作基肥，过磷酸钙的每亩施用量可在20～25千克。也可采用沟施、穴施等方法集中使用。

作追肥时，一般每亩用量为20～30千克。注意要早施、深施，施到根系密集层为好。作种肥时，每亩用量保持在10千克左右即可。根外追肥时，一般用1%～3%溶液在开花前或抽穗前喷施。

2. 重过磷酸钙

（1）基本性质。含磷量42%～50%，也称三料磷肥，简称重钙。和普钙一样，磷以化学分子式Ca（H_2PO_4）$_2$的形式存在。一般为浅灰色颗粒或粉末，性质与普钙类似。粉末状重钙易吸潮、结块，有腐蚀性。颗粒状重钙商品性好、使用方便。

（2）施肥方式及注意事项。重过磷酸钙的有效成分易溶于水，是速效磷肥。适用土壤及作物类型、施用方法等和过磷酸钙非常相似，但是由于磷含量高，应当注意磷肥用量。

3. 钙镁磷肥

（1）基本性质。含磷量12%～20%。为灰白色、墨绿色或棕色玻璃状粉末，不溶于水，无毒，腐蚀性小，不易吸潮、结块，是化学碱性肥料。

钙镁磷肥除含磷外，还含有钙、镁、硅及微量元素成分，是一个非常好的多元素肥料品种。其中，含氧化钙量为25%~45%，含氧化镁量为10%~15%，含二氧化硅量为20%~40%。

(2) 施用方式及注意事项。钙镁磷肥广泛适用于各种作物和缺磷的酸性土壤，特别适合于南方钙镁淋溶较严重的酸性红壤。钙镁磷肥施入土壤后，磷需经酸溶解、转化，才能被作物利用，属于缓效肥料。

多用作基肥，施用时，一般应结合深施，将肥料均匀施入土壤，使其与土壤充分混合。一般用作基肥时，每亩用量15~20千克，也可以采用1年30~40千克、隔年施用的方法。南方水田也可以用来蘸秧根，每亩用量10千克左右。如果用来与优质有机肥混拌堆沤1个月以上，沤好的肥料可作基肥、种肥。

钙镁磷肥不能与酸性肥料混用。不要直接与普钙、氮肥等混合施用，但可以配合、分开施用，效果很好。

4. 磷矿粉

(1) 基本性质。磷矿粉是由磷矿石直接粉碎制成的，主要成分是氟磷灰石[$Ca_{10}(PO_4)_6F_2$]，其次还有氯磷灰石和羟基磷灰石。其含磷量因产地不同差异很大，高的可达30%以上，低的只有10%左右。一般呈灰褐色粉状，中性反应，属于难溶性迟效态磷肥。

(2) 施用方式及注意事项。磷矿粉的肥效主要取决于有效磷的含量，有效磷含量越高肥效就越好。我国磷矿粉大多数具有中等以上的枸溶率(10%~20%)。鸟粪磷矿制成的磷矿粉枸溶率较高，主要成分是磷酸三钙[$Ca_3(PO_4)_2$]。枸溶率较低的磷矿一般不宜作磷矿粉直接施用。

生产上施用的磷矿粉要求有一定的细度，一般90%过100目筛即可。磷矿粉施用时，一般采用撒施，使磷矿粉与土壤充分接触。在酸性土壤和有效磷低的土壤上施用磷矿粉，一般效果显著。磷矿粉的肥效还与作物种类有关，苕子、箭筈豌豆、紫云英等肥效显著；谷子、黑麦、燕麦等肥效不显著。

(二) 有效施用

1. 磷肥的合理分配

磷肥的利用率与氮肥、钾肥比较起来低得多。在我国，不论是大田试验或盆栽，其中包括用放射性同位素的试验结果都表明，磷肥的当季利用率在10%~25%。紫云英9%~34%，平均为20%。一般来说，禾本科牧草的利用率较低，而豆科牧草和其他绿肥的利用率较高。

磷肥施入土壤后，绝大部分水溶磷会转化为各种形态的难溶磷，难溶性磷肥进入土壤后会缓慢地在植物分泌物、土壤微生物、土壤溶液的作用下转变为植物可以吸收形态。因此，磷在土壤植物系统中的转化和利用十分复杂，这也决定了磷肥施用要注意许多因素。

2. 根据肥料性质合理分配

水溶性磷肥适于大多数作物和土壤，但以中性和石灰性土壤更为适宜。一般可作基肥、追肥和种肥集中施用。弱酸溶性磷肥和难溶性磷肥最好分配在酸性土壤上，作基肥施用，施在吸磷能力强的喜磷作物上效果更好。同时，弱酸溶性磷肥和难溶性磷肥的粉碎细度也与其肥效密切相关，磷矿粉细度以90%通过100目筛孔，即最大粒径以0.149毫米为宜。钙镁磷肥的粒径在40~100目范围内，其枸溶性磷的含量随粒径变细而增加，超过100目时其枸溶率变化不大，不同土壤对钙镁磷肥的溶解能力不同及不同种类的作物利用枸溶性磷的能力不同，所以对细度要求也不同。在种植旱作物的酸性土壤上施用，不宜小于40目；在中性缺磷土壤以及种植水稻时，不应小于60目；在缺磷的石灰性土壤上，以100目左右为宜。

3. 因土施用技术

在相同条件下，土壤速效磷含量越高，磷肥肥效越低。一般缺磷土壤的磷肥（P_2O_5）每亩用量以4~6千克为宜，严重缺磷土壤应增加磷肥用量，丰磷土壤则反之。如果有机肥较少、产量较高或施氮、钾肥较多，磷肥的用量应取上限，反之取下限。这种确定磷肥用量的方法较简单，便于应用，与需肥量也较接近。但还要根据具体地块和不同作物灵活掌握（表41）。如在东北等寒冷地区，有的地块速效磷达15~20毫克/千克，施用磷肥往往也有较好肥效。

表41　土壤速效磷含量与磷肥肥效用量

级别（土壤）	土壤速效磷（P，千克/亩）	每千克磷肥增产	磷肥合理用量（千克/亩）	氮磷适宜比例
严重缺磷	小于5	大于8千克	每季5~7	1：1
一般缺磷	5~10	4~8千克	每季4~6	1.0：0.5
含磷偏高	10~15	小于4千克	小于4	1.0：（0.2~0.3）
含磷丰富	大于15	一般不增产	可不施	—

数据来源：鲁剑巍 等，2010。

在相同的土壤肥力下，磷肥应尽量施在对磷敏感的作物上。对磷不大敏感的作物可以利用前茬作物的磷肥后效。在豆科牧草和豆科绿肥上施用磷肥经济效益大，它们不仅对难溶性磷吸收能力强，同时又能固定空气中的氮，起到以磷增氮的作用。施足磷肥不但能改善豆科牧草的磷素营养，还有利于其根瘤的生长发育，增强固氮能力，据试验，每亩豆科绿肥，施用普钙 20 千克，能增产鲜草约 1 000 千克，每千克普钙增产的绿肥含氮量大约等于 1 千克硫酸铵。

作物对难溶性磷吸收利用能力强的有苜蓿，利用能力较强的有苕子、豌豆、紫云英、猪屎豆、田菁、胡枝子等，利用能力弱的有谷子、黑麦、燕麦等；为了充分发挥磷肥肥效，难溶性磷肥应首先分配给对其吸收能力强和比较强的作物，生长期短的或对磷吸收能力弱的作物施用水溶性磷肥为好，也可以用枸溶性磷肥作基肥。试验表明，难溶性磷肥用在利用能力强的作物上，其肥效是利用能力弱的作物的 2~3 倍。

磷肥重点用在豆科牧草或豆类绿肥作物上，能促进根瘤菌的固氮作用，生产更多的绿肥翻压后还可增加氮素，因为秋后低温土壤供磷能力差，施磷肥能增强麦苗抗寒能力，促进早发。

4. 基肥的施用技术

磷肥作基肥施肥量应该大些，应占全生育期施磷量的 70%以上，在一般缺磷土壤上也可以全部作基肥。施足基肥不仅可以提供牧草苗期的磷素，还可以避免后期脱肥，保持牧草生长“旺而不衰”。

在一般缺磷的土壤，粮食等作物每亩用磷肥（P_2O_5）4~8 千克，即普钙 30~60 千克或重钙 8~16 千克，犁地前均匀撒施田面，与有机肥及其他化肥一起耕翻入土即可。磷肥基肥分层施用是提高磷肥效率的重要措施之一，在严重缺磷的土壤上，可以采取分层施用。

5. 种肥的施用技术

苗期是磷素营养的临界期，在土壤严重缺磷或种粒小且贮磷量少的作物，如苜蓿、草木樨、谷子等用水溶性磷肥作种肥，用量虽少，但效果显著，施用方法如下。

（1）拌种。每亩用普钙 3~5 千克，与 1~2 倍的细干腐熟有机肥或细土混匀，再与浸种阴干后的种子搅拌，随拌随播。普钙如果游离酸过多或含较多的有害物质，不宜作种肥。

（2）条施、点施、穴施。条播的燕麦、谷子用条施；点播的鹝草、高粱等用点施；磷肥施在种子下方或侧下方 2~3 厘米为宜。每亩用普钙 20 千克，然后顺着挖好的沟、穴均匀撒肥，再播种、覆土。磷肥也可与 5~10 倍腐熟的农家肥混匀施用。

三、钾肥

(一) 常见品种及性质

生产上常用的钾肥有硫酸钾、氯化钾和草木灰等。

1. 氯化钾

(1) 基本性质。含氧化钾60%左右，化学分子式是KCl。氯化钾肥料中还含有氯化钠约1.8%，氯化镁0.8%和少量的氯离子，水分含量少于2%。氯化钾一般呈白色或浅黄色结晶，有时含有少量铁盐而呈红色。氧化钾物理性状良好，吸湿性小，易溶于水，水溶液呈化学中性反应，属于生理酸性肥料。氯化钾是高浓度的速效钾肥。

(2) 施用方式及注意事项。氯化钾适宜作基肥或早期追肥，一般不宜作种肥，因为氯离子易影响附近种子的发芽。作基肥时，通常要在播种前10~15天，结合耕地将氯化钾施入土壤中，其目的是为了将氯离子尽量淋洗掉。作追肥施用时，一般要求在作物苗长大后再追。

2. 硫酸钾

(1) 基本性质。含氧化钾40%~50%，化学分子式是K_2SO_4。硫酸钾一般呈白色至淡黄色粉末，是化学中性、生理酸性的肥料，易溶于水，不易吸湿结块。

(2) 施用方式及注意事项。施用硫酸钾应首先考虑到它是生理酸性肥料，在酸性土壤上长期施用可能引起土壤酸化板结，所以在酸性土上施用硫酸钾时要配合石灰施用。硫酸钾中的硫易产生硫化氢毒害，注意配合施用石灰。

硫酸钾可以用作基肥、追肥、种肥及根外追肥。旱田用硫酸钾作基肥，应深施覆土，以减少钾的固定，并利于作物根系吸收。作追肥施，由于钾在土壤中移动性较小，应集中条施或穴施到根系较密集的土层。砂性土壤上，为避免钾的流失，一般宜作追肥。作种肥时，一般每亩用量1.5~2.5千克。叶面施用时，配成2%~3%的溶液喷施。

3. 钾镁肥

(1) 基本性质。一般为硫酸钾镁形态，含氧化钾22%以上，硫酸钾镁的化学分子式是$K_2SO_4 \cdot MgSO_4$。除了含钾外，多数钾镁肥还含有镁11%以上、硫22%以上，因此硫酸钾镁是一种优质的既含钾、又含镁和硫的多元素肥料。另外，这些肥料一般属于天然的矿物，是绿色食品和有机食品允许施用的肥料品种。

（2）使用方式及注意事项。硫酸钾镁肥既可以单独施用，也可以作为复合肥、BB肥的钾肥原料使用，适用于任何作物。“国安”硫酸钾镁肥是大、中量元素钾、镁、硫相结合的产品，可以很好地解决土壤养分不平衡问题，既可作基肥、追肥，也可作叶面喷肥。

硫酸钾镁适合各种土壤。近年来，我国高强度的耕作以及单一的氮、磷、钾肥施用，造成了土壤中量、微量元素持续耗竭，特别是镁的缺乏。钙、硫等可以通过过磷酸钙、硫酸钙等的施用予以补充，而镁除了钙镁磷肥外，补充途径十分有限。因此，在我国许多地区，缺镁已经是普遍现象，这种现象在南方部分地区尤为明显。因此，硫酸钾镁特别适合在南方红黄壤地区施用。

4. 草木灰

（1）基本性质。植物残体燃烧后剩余的灰，称为草木灰。草木灰含有多种灰分元素，如钾、钙、镁、硫、铁、硅等。其中，含钾、钙最多，磷次之。

长期以来，我国广大农村大多数以秸秆、落叶、枯枝等为燃料，所以草木灰在农业生产中是一项重要肥源。草木灰的成分极为复杂，含有植物体内的各种灰分元素，其中含钾、钙较多，磷次之，所以通常将它看作钾肥，实际上，它起着多种元素的营养作用。草木灰中钾的主要存在形态是碳酸钾，其次是硫酸钾。草木灰中的钾大约有90%可溶于水，有效性高，是速效性钾肥。由于草木灰中含有K_2CO_3，所以其水溶液呈碱性，它是一种碱性肥料。草木灰因燃烧温度不同，其颜色和钾的有效性也有差异，燃烧温度过高，钾与硅酸形成溶解度较低的K_2SiO_3，灰白色，肥效较差，低温燃烧的草木灰，一般呈黑灰色，肥效较高。

（2）施用方式及注意事项。草木灰适合于作基肥、追肥和盖种肥。作基肥时，可沟施或穴施，深度约10厘米，施后覆土。作追肥时，可叶面撒施，既能供给养分，也能在一定程度上减轻或防止病虫害的发生和危害。由于草木灰颜色深且含一定的碳素，吸热增温快，质地轻松，因此最适宜用作盖种肥，既供给养分，又有利于提高地温。

草木灰是一种碱性肥料，因此不能与氨态氮肥、腐熟的有机肥料混合施用，也不能倒在猪圈、厕所中贮存，以免造成氨的挥发损失。草木灰在各种土壤上对多种作物均有良好的反应，特别是酸性土壤上施于豆科牧草，增产效果十分明显。

（二）合理施用

1. 土壤条件与钾肥的有效施用

土壤钾素供应水平、土壤的机械组成和土壤通气性是影响钾肥肥效的主要土壤条件。

（1）土壤钾素供应水平。土壤速效钾水平是决定钾肥肥效的一个重要因素，速效钾的指标数值因各地土壤、气候和作物等条件的不同而略有差异。一般是通过多年多点试验，确定土壤钾水平的高低。速效钾含量小于90毫克/千克，施钾肥效果显著；速效钾含量在91~150毫克/千克时，施钾肥效果不稳定，视作物种类、土壤缓效钾含量、与其他肥料配合情况而定；速效钾含量大于150毫克/千克时，施钾肥无效。需要指出的是，对于速效钾低、而缓效钾数量很不相同的土壤，单从速效钾来判断钾的供应水平是不够的，必须同时考虑缓效钾的贮量，方能较准确地估计钾的供应水平。

（2）土壤的机械组成。土壤的机械组成与含钾量有关，一般机械组成越细，含钾量越高，反之则越低。土壤质地不同，也影响土壤的供钾能力，所以有人提出不同土壤质地的缺钾临界指标：砂土—砂壤土为85毫克/千克，砂壤土—壤土为100毫克/千克。所以，质地较粗的砂质土壤上施用钾肥的效果比黏土高，钾肥最好优先分配在缺钾的砂质土壤上。

（3）土壤的通气性。土壤通气性是土壤气体交换的性能。向土壤中过量施入钾肥时，钾肥中的钾离子置换性特别强，能将形成土壤团粒结构的多价阳离子置换出来，而一价的钾离子不具有键桥作用，土壤团粒结构的键桥被破坏了，也就破坏了团粒结构，致使土壤板结。土壤板结，通气性变差，致使土壤对钾肥吸收能力下降，因此，对于通气不良，氧化还原电位低的土壤，要注意少量施用钾肥。

2. 钾肥的合理施用技术及原则

（1）钾肥与氮、磷肥配合施用。作物对氮、磷、钾的需要有一定的比例，因而钾肥肥效与氮、磷供应水平有关。当土壤中氮、磷含量较低时，单施钾肥效果往往不明显，随着氮、磷用量的增加，施用钾肥才能获得增产，而氮、磷、钾的交互效应（作用）也能使氮、磷促进作物对钾的吸收，提高钾肥的利用率。

（2）钾肥施用技术要点。一是深施、集中施。钾在土壤中易于被黏土矿物特别是2∶1型黏土矿物所固定，将钾肥深施可减少因表层土壤干湿交替频繁所引起的这种晶格固定，提高钾肥的利用率。钾也是一种在土壤中移动性小的元素，因此将钾肥集中施用可减少钾与土壤的接触面积而减少固定，提高钾的扩散速率，有利于作物对钾的吸收。二是早施。通常钾肥作基肥、种肥的比例较大，若将钾肥用作追肥，应以早施为宜。因为多数作物的钾素营养临界期都在作物生育的早期，作物吸钾在中、前期猛烈，后期显著减少，甚至在成熟期部分钾从根部溢出。砂质土壤上，钾肥不宜一次施用量过大，应遵循少量多次的原则，以防钾的淋失。黏土上则可一次作基肥施用或每次的施用量大些。

第二节　中量元素肥料及施用技术

一、钙肥

（一）常见品种及性质

含钙肥料最常见的有石灰、石膏等难溶或非水溶性钙肥，水溶性钙肥主要有氯化钙，此外多种磷肥（如过磷酸钙、磷矿粉、沉淀磷酸钙、钙镁磷肥、钢渣磷肥等）中还含有较多的钙，硝酸钙也是非常好的水溶性钙源。常见含钙物料的成分见表42。

表42　常见钙肥品种成分含量

品种	氧化钙（%）	其他成分（%）
生石灰（石灰岩烧制）	90.0~96.0	—
生石灰（牡蛎、蚌壳烧制）	50.0~53.0	—
生石灰（白云石烧制）	26.0~58.0	氧化镁 10~14
熟石灰（消石灰）	64.0~75.0	—
石灰石粉（石灰石粉碎而成）	45.0~56.0	—
生石膏（普通石膏）	26.0~32.0	硫 15~18
熟石膏（雪花石膏）	35.0~38.0	硫 20~22
磷石膏	20.8	五氧化二磷 0.7~3.7，硫 10~13
普通过磷酸钙	16.5~28.0	五氧化二磷 12~20
重过磷酸钙	19.6~20.0	五氧化二磷 40~54
钙镁磷肥	25.0~30.0	五氧化二磷 14~20，氧化镁 15~18
钢渣磷肥	35.0~50.0	五氧化二磷 5~20
粉煤灰	2.5~46.0	氧化钾 1~2
草木灰	0.9~25.2	氧化钾 4.97，五氧化二磷 1.57，氮 0.93

（续表）

品种	氧化钙（%）	其他成分（%）
骨粉	26.0～27.0	五氧化二磷 20～35
氧化钙	47.3	—
硝酸钙	26.6～34.2	氮 12～17
石灰氮	54	氮 20～21

数据来源：鲁剑巍 等，2010。

1. *石灰*

石灰是最主要的钙肥，包括生石灰、熟石灰、碳酸石灰 3 种。石灰为强碱性，除能补充作物钙营养外，对酸性土壤能调节土壤酸碱程度，改善土壤结构，促进土壤有益微生物活动，加速有机质分解和养分释放。石灰能减轻土壤中铁、铝离子对磷的固定，提高磷的有效性。石灰还能杀死土壤中病菌和虫卵以及消灭杂草。

（1）生石灰。又称烧石灰，主要成分为氧化钙，化学分子式是 CaO。通常用石灰石烧制而成，含氧化钙 90%～96%。如果是用白云石烧制的，则称镁石灰，除含氧化钙 55%～85%外，尚有氧化镁 10%～40%，兼有镁肥的效果。贝壳类含有大量碳酸钙，也是制石灰的原料，沿海地区所称的壳灰，就是用贝壳类烧制而成的。其氧化钙的含量螺壳灰为 85%～95%，蚌壳灰为 47%左右。生石灰中和土壤酸度的能力很强，可以迅速矫正土壤酸度。此外，它还有杀虫、灭草和消毒的功效。

（2）熟石灰。又称消石灰，主要成分是氢氧化钙，化学分子式是 $Ca(OH)_2$。由生石吸湿或加水处理而成，此时会放出大量热能。熟石灰中和土壤酸度的能力也很强。其含量因原料种类而异，可按生石灰中氧化钙含量推算。

（3）碳酸石灰。主要成分是碳酸钙，化学分子式是 $CaCO_3$。由石灰石、白云石或贝壳类磨细而成。其溶解度小，中和土壤酸度的能力较缓和而持久。

2. *石膏*

农用石膏有生石膏、熟石膏、磷石膏 3 种。硫酸钙的溶解度很低，水溶液呈中性，属生理酸性肥料。主要用于碱性土壤，消除土壤碱性，起到改良土壤以及提供作物钙、硫营养的目的。

（1）生石膏。即普通石膏，俗称白石膏，主要成分为 $CaSO_4 \cdot 2H_2O$，含钙量约23%。它由石膏矿直接粉碎而成，呈粉末状，微溶于水，粒细有利于溶解，供硫能力和改土效果也较高，通常以60目筛孔为宜。除钙外，还含硫18.6%。

（2）熟石膏。又称雪花石膏，其主要成分为$CaSO_4 \cdot 2H_2O$，含钙约25.8%。它由生石膏加热脱水而成，吸湿性强，吸水后又变为生石膏，物理性质变差，施用不便，宜贮存在干燥处。除钙外，还含硫20.7%。

（3）磷石膏。主要成分为$CaSO_4 \cdot 2H_2O$，约占64%，其中含钙约14.9%。磷石膏是硫酸分解磷矿石制取磷酸后的残渣，是生产磷铵的副产品。其成分因产地而异，一般含硫11.9%、五氧化二磷2%左右。

3. *其他含钙肥料*

除上述石灰肥料外，硝酸钙、氯化钙可溶于水，多用作根外追肥施用，它们和硫酸钙（石膏）、磷酸氢钙等还常用作营养液的钙源。此外，多种磷肥（如过磷酸钙、磷矿粉、沉淀磷酸钙、钙镁磷肥、钢渣磷肥等）也是钙肥的重要来源。

硝酸钙、氧化钙、氢氧化钙可用于叶面喷施，浓度因肥料、作物而异，在果树、蔬菜上硝酸钙喷施浓度为0.5%~1.0%，氯化钙一般0.3%~0.5%（大白菜有时用0.7%）。

（二）合理施用

1. *石灰的施用*

石灰是酸性土壤上常用的含钙肥料，可以作基肥，也可以作追肥。在土壤pH值为5~6时，石灰每亩适宜用量为黏土地75~120千克，壤土地50~75千克，砂土地30~55千克；土壤酸性大可适当多施，酸性小可适当少施。

石灰基施，一般结合整地，将石灰与农家肥一起施入，也可以结合绿肥压青和稻草还田进行。追肥可以在作物生长期间依据需要进行。旱地基施每亩施25~50千克，用于改土一般每亩施150~250千克；追施以条施或穴施为佳，每亩施15千克较好。

石灰的施用不宜过量，否则会加速有机质大量分解，造成土壤肥力下降。施用时，应力求均匀施用，以防局部土壤碱性过大，影响作物生长。避免与种子及作物根系接触。石灰残效期2~3年，一次施用量较多时，不必年年施用。

2. *石膏的施用*

在改善土壤钙营养状况上，石膏被视为石灰的“姊妹肥”。碱性土壤中，钙与磷酸形成不溶性的磷酸钙盐，因此碱性土壤中的钙和磷的有效性一般都很低。我国的干旱、半干旱地区分布很多碱化土壤，土壤溶液中含较多的碳酸钠、重碳酸钠等盐类，土壤胶体被代换性钠离子饱和，钙离子较少，土壤胶体分散。这类土壤需要施用石膏来中和碱性，调节钠、钙比例。阳离子组成改变后，碱性土的物理结构性也随之改善。所以，石膏对碱性土壤不仅是提供作物钙、硫养分，对于改善土壤性状作用更为重要。作为改土施用时，一般在 pH 值为 9 以上时施用。含碳酸钠的碱性土壤中，每亩施 100~200 千克作基肥，结合灌水深翻入土，后效长，不必年年施用。如种植绿肥及与农家肥、磷肥配合施用，效果更好。

当作为钙、硫营养目的时，一般水田可结合耕作施用或栽秧后撒施、塞秧根，每亩用量 5~10 秧根每亩用量 2.5 千克；作基肥或追肥每亩用量 5~10 千克。旱地基施撒施于土表、再结合翻耕，也可以条施或穴施作基肥，一般用量基施为 15~25 千克，种肥每亩施 4~5 千克。

二、镁肥

（一）常见品种及性质

镁肥按溶解性的差异大致可分为水溶性镁肥、微溶性镁肥。也有人认为还有第三类镁肥，即液态镁肥。这种看法不是十分科学，因为所谓的液态镁肥实际上就是水溶性镁肥溶于水配制而成的水溶液。

常见的镁肥以及含镁物料见表 43。

表 43　常见的镁肥以及含镁物料

名称	主要成分	Mg（%）	其他成分（%）
氯化镁	$MgCl_2 \cdot 6H_2O$	12.0	—
硫酸镁（泻盐）	$MgSO_4 \cdot 7H_2O$	9.6	硫，12.8
硫酸镁（水镁矾）	$MgSO_4 \cdot H_2O$	17.4	硫，23，2
硫酸钾镁（钾泻盐）	$K_2SO_4 \cdot 2MgSO_4$	8.4	氧化钾，22；硫，22
石灰石粉	$CaCO_3 \cdot 9MgCO_3$	4.2	钙，37
生石灰（白云石烧制）	CaO，MgO	8.4	钙，30.7
菱镁矿	$MgCO_3$	27.0	—
光卤石	KCl，$MgCl_2 \cdot 6H_2O$	8.8	氧化钾，16.9
钙镁磷肥	Ca_3（PO4）2，$CaSiO_3$，$MgSiO_3$	8.7	五氧化二磷，14~20
钢渣磷肥（碱性炉渣）	$Ca_4P_2O_5$，$CaSiO_3$，$MgSiO_3$	2.3	五氧化二磷，5~20
钾镁肥	$MgCl_2$，$MgSO_4$，NaCl，KCl	16.2	氧化钾，8~33
硅镁钾肥	$CaSiO_3$，$MgSiO_3$，K_20，$A1_2O_3$	9.0	氧化钾，6~9

注：表中镁含量为平均含量。数据来源：鲁剑巍 等，2010。

1. 水溶性镁肥

水溶性镁肥的品种主要有硫镁矾、泻盐、无水硫酸镁、硫酸钾镁、钾盐镁矾以及氯化镁、硝酸镁等，其中以泻盐、硫镁矾应用最广泛。这些肥料（氯化镁、硝酸镁除外）的主要特点是，基本上都以硫酸镁为有效成分。

（1）硫酸镁的基本性质。农业上常用的泻盐，实际上是七水硫酸镁，化学分子式是 $MgSO_4 \cdot 7H_2O$，外观为白色结晶，含镁 9.86%，含硫 13%，易溶于水。稍有吸湿性，吸湿后会结块。水溶液为中性，属生理酸性肥料。它是无土栽培中最常用的镁源。目前，80%以上的硫酸镁产品用作农肥。硫酸镁是一种双养分优质肥料，硫、镁均为作物的中量元素，不仅可以增加作物产量，而且还可以改善果实的品质。

（2）硫酸镁的施用方式。硫酸镁作为肥料，可直接用作基肥、追肥和叶面肥使用，可单独施用，也可作为组分之一掺混使用，既可在传统农业领域，也可在高附加值精细农业、花卉和无土栽培领域中应用。其作基肥、追肥时应混施，与铵肥、钾肥、磷肥以及农家肥混施能得到较好的效果。硫酸镁作为基肥、追肥一般每亩施 10～15 千克；作为叶面肥喷施浓度为 1%～2%。根据土壤条件、作物种类的不同，增产幅度一般在 10%～40%。

2. 微溶性镁肥

微溶性镁肥品种主要有氧化镁、钙镁磷肥、菱镁矿、方镁石、水镁石、白云石、磷酸铵镁、蛇纹石等，其中以白云石应用最为广泛，而菱镁矿、轻烧氧化镁也有应用。这些物料主要适用于酸性土壤，既调整了酸度，也补充了镁源。

（二）合理施用

1. 镁肥的施用原则

镁肥的效应与土壤供镁水平密切相关。土壤的含氧化镁量为 1～40 克/千克，多数在 3～25 克/千克，主要受成土母质、气候、风化和淋失程度等影响。一般北方土壤含镁量都在 10 克/千克以上，西北的栗钙土和棕钙土可以高达 20 克/千克以上，南方除紫色土以外，含镁量都较少，如红壤氧化镁含量为 0.6～3 克/千克，交换性镁饱和度（交换性镁占阳离子交换量的百分数）仅有 4%左右。

（1）应优先施用在缺镁的土壤。在酸性土、高度淋溶的土壤、沼泽土、砂质土上，易发生缺镁，施用镁肥效果比较显著。土壤交换性镁的含量能较好地反映土壤供镁状况，对许多植物来说，60 毫克/千克为缺镁临界值。土壤交换性镁饱和度也是衡量土壤供镁能力的指标，其数值依作物对镁的需求而异。需镁较多的一些牧草，可能要求12%~15%及以上，对于大多数作物为6%~10%，豆科牧草不小于6%，一般作物不能低于4%。

另外，土壤供镁状况还受其他阳离子的影响，当交换性钙/镁比值大于20时，易发生缺镁现象；交换性钾/镁比值，一般要求在0.4~0.5；故钾肥与石灰施用量过大会诱发作物缺镁。我国红壤地区的土壤含镁量为0.06%~0.3%，交换性镁为60~120毫克/千克，往往不能满足作物的需要。

钙镁磷肥中含有约10%以上的氧化镁，因此以钙镁磷肥为主要磷源的地区，一般不必再施用镁肥。硫酸钾镁肥是近年来引起重视的肥种，以硫酸钾镁为钾源的土壤或者施用以硫酸钾镁为原料制成的复混肥料（掺混肥料）的土壤，也不必再单独施用镁肥。

（2）施于需镁较多的作物上。镁对多年生牧草有良好的反应。

（3）按镁肥的种类选择施用。各种镁肥的酸碱性不同，对土壤酸度的影响不一，故在红壤上表现的效果不一致，肥效顺序为：碳酸镁>硝酸镁>氧化镁>硫酸镁。水溶性镁肥宜作追肥，微水溶性则宜作基肥。每亩用镁量为1.0~1.5千克。

2. 镁肥的施用技术

镁肥可用作基肥或追肥。一般每亩施硫酸镁12~15千克，应用根外追肥纠正缺镁症状效果快，但肥效不持久，应连续喷施几次。

由于NH_4^+对Mg^{2+}有拮抗作用，而硝酸盐能促进作物对Mg^{2+}的吸收，因此施用的氮肥形态影响镁肥的效果，不良影响程度为：硫酸铵>尿素>硝酸铵>硝酸钙。配合有机肥料、磷肥或硝态氮肥施用，有利于发挥镁肥的效果。

三、硫肥

（一）常见品种及性质

除了硫黄外，其余所有的硫基本上都是以硫酸根形式与其他营养元素伴生。大量使用的肥料中，硫酸铵、硫酸钾、过磷酸钙、石膏等都含有较多的硫成分，这些肥料在施用过程中，同时也补充了大量的硫。另外，工业上能源的消耗大多会产生硫，并随降水回到土壤中，一定程度上也补充了硫营养。随着工业污染的治理和化肥品种的改变，硫肥需求逐步加大。

主要含硫物料的种类及成分见表44。

1. 石膏

石膏是最重要的硫肥之一，也可作为碱土的化学改良剂。包括生石膏、熟石膏、磷石膏。

（1）生石膏。即普通石膏，俗称白石膏。它由石膏矿直接粉碎而成，呈粉末状，主要成分为 $CaSO_4 \cdot 2H_2O$，微溶于水，一般过 60 目筛施用，有利于溶解，供硫能力和改土效果也较高。

表 44　主要含硫肥料（物料）的成分

名称	硫（%）	主要成分
石膏	18.6	$CaSO_4 \cdot 2H_2O$
硫酸铵	24.2	$(NH_4)_2SO_4$
硫酸钾	17.6	K_2SO_4
硫酸镁	13	$MgSO_4 \cdot 7H_2O$
硫硝酸铵	12.1	$(NH_4)_2SO_4 \cdot NH_4NO_3$
普通过磷酸钙	13.9	$Ca(H_2PO_4)_2 \cdot H_2O$，$CaSO_4$
青矾	11.5	$FeSO_4 \cdot 7H_2O$
硫黄	95~99	S

数据来源：鲁剑巍 等，2010。

（2）熟石膏。又称雪花石膏，主要成分为 $CaSO_4 \cdot 2H_2O$，含硫 20.7%。它由生石膏加热脱水而成，其主要成分吸湿性强，吸水后又变为生石膏，注意干燥贮存。

（3）磷石膏。是硫酸分解磷矿石制取磷酸后的残渣，是生产磷铵的副产品。主要成分为 $CaSO_4 \cdot 2H_2O$，其成分因产地而异，一般含硫 11.9%。

2. 硫黄

（1）基本性质。硫黄为单质硫，是一种产酸的肥料。多为粉状，难溶于水，刺激皮肤，容易着火。

过去在我国使用不多，近年来，硫黄被作为硫营养添加到各种复合肥、复混肥料中。常见的有包硫尿素、含硫磷铵、含硫氮肥等。包膜尿素是以硫黄作包膜材料，使氮具有缓释效果，同时补充硫营养；一些氮肥、复合肥中添加硫黄熔融再造粒，制成含硫氮肥、含硫复合肥等，如含硫尿素、含硫磷镂。

（2）硫黄的施用。硫黄可作基肥、追肥，一般每亩用量为 5 千克左右。施用时应尽量与土壤混匀。作基肥撒施，施用时期应比石膏早，每亩用量为 1~2 千克。用于改良碱土，其施用方法与石膏相同，但用量应相应减少。

3. 其他含硫肥料

硫酸铵、过磷酸钙、硫酸钾等化学肥料，都含有硫酸根。如用于缺硫土壤，可以补偿硫的消耗，提高施肥的经济效益。多数硫酸盐肥料为水溶性，但硫酸钙微溶于水。

（二）合理施用

1. *施肥时期*

硫肥要早施，可以拌和碎土后撒施，随耕地翻入土壤，也可以用于拌种或施入种沟（穴）旁作种肥，还可以拌和土杂肥用作蘸秧根肥料。

饲草在临近生殖生长期时是需硫高峰，随饲草衰老，吸收硫能力下降，因此硫肥应该在生殖生长期之前施用，作为基肥施用较好，可以和氮、磷、钾等肥料混合，结合耕地施入土壤。如在饲草生长过程中发现缺硫，可以用硫酸铵等速效性硫肥作追肥或喷施。

2. *施肥量*

应该根据饲草需要硫多少和土壤缺硫程度来决定，一般而言，缺硫土壤每亩施 1.5~3.0 千克硫可以满足当季作物硫的需要。例如，每亩施过磷酸钙 20 千克或硫酸铵 10 千克，也可以每亩施石膏粉 10 千克或硫黄粉 2 千克。喜硫饲草，如十字花科、豆科等，可适当多施，硫肥每亩用量石膏为 10~20 千克，硫黄为 2 千克。

第三节　微量元素肥料及施用技术

一、硼肥

（一）主要种类和性质

硼是应用最广泛的微量养分之一。目前，生产上常用的硼肥种类有硼砂、硼酸、含硼过磷酸钙、硼镁肥等，其中最常用的是硼酸和硼砂，它们的主要成分和性质见表 45。

表 45　主要硼肥及其分子式和含硼量

名称	分子式	硼含量（%）	主要特性	适宜施肥方式
硼砂	$Na_2B_4O_7 \cdot 10H_2O$	11.3	较易溶，热水速溶	基施、追施
硼酸	H_3BO_3	17.5	较易溶，热水速溶	基施、追施
硬硼钙石	$Ca_2B_6O_{11} \cdot 5H_2O$	10~16	难溶	基施
五硼酸钠	$Na_2B_{10}O_{16} \cdot 10H_2O$	18~21	速溶	种肥、追肥
硼钠钙石	$NaCaB_5O_9 \cdot 8H_2O$	9~10	难溶	基施

数据来源：鲁剑巍 等，2010。

1. 硼酸

化学分子式为 H_3BO_3。外观为白色结晶，分子量为 61.83，含硼 17.5%，冷水中的溶解度较低，20℃时 100 克水中溶解 5 克硼酸，热水中较易溶解，水溶液呈微酸性。一般采用硼镁矿石与磷酸反应，经过滤、浓缩、结晶、烘干而制成。

2. 硼砂

化学分子式为 $Na_2B_4O_7 \cdot 10H_2O$。外观为白色或无色结晶，分子量为 381.37，含硼 11.3%，微溶于冷水较易溶于热水。在干燥的条件下硼砂失去结晶水而变成白色粉末状，易溶于水，这种硼砂又称为速溶硼砂。

四硼酸钠是常用的硼肥。四硼酸盐的不同水化程度使硼浓度为 11%~20%。一般由硼镁石经熔烧、粉碎、碱解、过滤、结晶、烘干等工序而制成。

3. 聚硼酸盐

聚硼酸盐可以是钠盐，也可以是钾盐和铵盐。聚硼酸盐是一种高浓度、完全可溶的硼肥，能直接叶面喷施和喷粉于果树、蔬菜和其他饲草上。聚硼酸盐含硼量高，可以达到 21%以上，溶解性好，化学性质稳定，是叶面施硼的最佳品种。

4. 硼硅酸盐玻璃肥

硼的各种盐类以及其他微量元素能够与玻璃熔合，粉碎施入土壤后，便可随玻璃的溶解缓慢释出，这些物质称为玻璃料，已被成功地用来延长高溶性硼和活性微量元素盐对植物的有效性。硼硅酸盐玻璃肥是其中一例。

各种玻璃肥含硼量不同，通常为 2%~11%。这类低水溶性物质的共同点是有效性受成品粒径分布的影响。与较易溶的硼砂相比，使用硼硅酸盐玻璃肥的优点在于延长硼的有效性。在砂质土和降水充沛的条件下，这些优点最为明显。

（二）施用技术

1. 施肥时期

硼肥可用作基肥、追肥和种肥。做基肥时可与氮、磷肥配合施用，也可单独施用。一般每亩施用 0.25~0.50 千克硼酸或硼砂，一定要施得均匀，防止浓度过高而中毒。

追肥通常采用根外追肥的方法，喷施 0.1%~0.2%硼砂或硼酸溶液，用量每亩为 50~75 千克水溶液，在饲草苗期和由营养生长转入生殖生长时各喷 1 次。

种肥常采用浸种和拌种的方法，浸种用 0.01%～0.10% 硼酸或硼砂溶液，浸泡 6～12 小时，阴干后播种。

2. 施肥方式

撒施、条施或叶面喷施是最普遍采用的施肥方法。前 2 种方法通常把硼肥混入其他肥料产品施入土壤。对土壤施硼肥必须均匀，因从缺硼到致毒间的范围较窄。必须避免干燥的掺混肥料中硼肥颗粒的分离现象，与液肥一起施硼可消除这种分离问题。

3. 施肥量

硼肥施用量取决于植物种类、土壤、栽培措施、雨量、石灰施用、土壤有机质含量和其他一些因素。推荐施硼（硼砂）量一般为 40～220 克/亩。

4. 注意事项

（1）注意利用其后效。据报道，硼肥当季利用率为 2%～20%。土壤施用，用量偏大时，往往后效能保持 3～5 年，故轮作中，硼肥尽量用于需硼多的饲草，而需硼少的饲草可利用后效。

（2）防止高硼毒害。因土壤有效硼水平从不足到毒害之间范围较窄，所以要留心饲草对过量硼的敏感性。硼过量会阻碍植物生长，有毒害作用。好在大多数耕作土壤含硼一般达不到毒害含量，除非向土壤施入过量商品硼肥。然而，在干旱地区，可能会自然产生硼毒害浓度，或者因使用高含硼灌溉水而引起硼毒害。条施或撒施不均、喷施浓度过大都有可能产生毒害，应慎重对待。

二、锌肥

（一）主要种类和性质

目前生产上常用的锌肥为硫酸锌、氯化锌、碳酸锌、整合态锌、氧化锌等，主要成分及性质见表 46。

表 46　常见的含锌肥料成分及主要性质

名称	主要成分	含 Zn 量（%）	主要特性	适宜施肥方式
硫酸锌	$ZnSO_4 \cdot 7H_2O$	20～23	无色结晶，易溶于水	基肥、种肥、追肥
	$ZnSO_4 \cdot H_2O$	35	白色粉末，易溶于水	基肥、种肥、追肥
氧化锌	ZnO	78～80	白色粉末，不溶于水	基肥、种肥、追肥
氯化锌	$ZnCl_2$	46～48	白色粉末，易溶于水	基肥、种肥、追肥
硝酸锌	$Zn(NO_3)_2$	21.5	无色结晶，易溶于水	基肥、种肥、追肥

（续表）

名称	主要成分	含 Zn 量（%）	主要特性	适宜施肥方式
锌氮肥	Zn，N	13	—	基肥、种肥
螯合锌	EDTA-Zn，HEDHA-Zn	6~14	易溶于水	追肥

数据来源：鲁剑巍 等，2010。

1. 硫酸锌

一般指七水硫酸锌，俗称皓矾，化学分子式是 $ZnSO_4 \cdot 7H_2O$。为无色斜方晶体，易溶于水。在干燥的环境下会失去结晶水而变成白色粉末。农用硫酸锌产品是目前最常用的锌肥品种。

2. 氧化锌

俗名锌氧粉或锌白，化学分子式是 ZnO。白色六角晶体或粉末，是一种两性氧化物。可溶于酸、氢氧化钠和氯化铵溶液，不溶于水或乙醇。高温时呈黄色，冷后恢复白色。氧化锌虽然不溶于水，但氧化锌可以加工成超细颗粒，从而可以制成悬浮剂等，通过叶面喷施来补充锌。

（二）施用技术

锌肥可用作基肥、追肥和种肥。作基肥时每亩施用 1~2 千克硫酸锌，可与生理酸性肥料混合施用。轻度缺锌地块隔 1~2 年再行施用，中度缺锌地块隔年或于翌年减量施用。

作追肥时常用作根外追肥，一般饲草喷施浓度为 0.02%~0.10%的硫酸锌溶液。种肥常采用浸种或拌种的方法，浸种用浓度为 0.02%~0.10%，浸种 12 小时，阴干后播种。拌种每千克种子用 2~6 克硫酸锌。氧化锌还可用作植株蘸根，每亩用量 200 克，配成 1%的悬浊液，浸蘸 30 秒。氧化锌也可以制成悬浮剂直接喷施。

（三）注意事项

作基肥时每亩施用量不要超过 2 千克硫酸锌，喷施浓度不要过高，否则会引起毒害。锌肥在土壤中移动性差，且容易被土壤固定。因此，一定要撒均匀，喷施也要均匀喷在叶片上，否则效果欠佳。锌肥不要和碱性肥料、碱性农药混合，否则会降低肥效。锌肥有后效，不需要连年施用，一般隔年施用效果好。

三、铁肥

（一）主要种类和性质

目前，我国市场上销售的铁肥仍以价格低廉的无机铁肥为主，其中以硫酸亚铁盐为主。有机铁肥主要制成含铁制剂销售，如 EDDHA 类等螯合铁、柠檬酸铁、葡萄糖酸铁等，这类铁肥主要用于含铁叶面肥。常见的铁肥主要特性见表 47。

表 47　常见的铁肥及主要特性

名称	主要成分	含 Fe 量（%）	主要特性	适宜施肥方式
硫酸亚铁	$FeSO_4 \cdot 7II_2O$	19	易溶于水	基肥、种肥、叶面追肥
三氯化铁铵	$FeCl_3 \cdot 6H_2O$	20.6	易溶于水	叶面追肥
硫酸亚铁铵	$FeSO_4 \cdot (NH_4)_2SO_4 \cdot 6H_2O$	14	易溶于水	基肥、种肥、叶面追肥
尿素铁	$Fe[(NH_2)_2CO]_6(NO_3)_3$	9.3	易溶于水	种肥、叶面追肥
螯合铁	EDTA-Fe，HEDHA-F，DTPA-Fe，EDDHA-Fe	5~12	易溶于水	叶面追肥

数据来源：鲁剑巍 等，2010。

1. 硫酸亚铁

硫酸亚铁，又称黑矾、绿矾，化学分子式是 $FeSO_4 \cdot 7H_2O$，外观为浅绿色或蓝绿色结晶，含铁 19%~20%，含硫 11.5%，易溶于水，有一定的吸湿性。硫酸亚铁的性质不稳定，极易被空气中的氧氧化为棕红色的硫酸铁，特别是在高温和光照强烈的条件下更易被氧化，因此，需将硫酸亚铁放置于不透光的密闭容器中，并置于阴凉处存放。

2. 三氯化铁

化学分子式是 $FeCl_3 \cdot 6H_2O$。外观为深黄色结晶，含铁 20.6%，含氯 9.3%，易溶于水，吸湿性强，易结块。饲草对 Fe^{3+} 的利用率较低，而且营养液的 pH 值较高时，三氯化铁易产生沉淀而降低其有效性。现较少单独使用三氯化铁作为营养液的铁源。

3. 螯合铁肥

乙二胺四乙酸铁（EDTA-Fe）、二乙烯三胺五乙酸铁（DTPA-Fe）、羟乙基乙二胺三乙酸铁（HEDTA-Fe）、乙二胺邻羟基苯乙酸铁（EDDHA-Fe）等，这类铁肥可适用的 pH 值、土壤类型范围广，肥效高，可混性强。

4. 羟基羟酸盐铁肥

柠檬酸铁、葡萄糖酸铁十分有效。柠檬酸土施可提高土壤铁的溶解吸收，可促进土壤钙、磷、铁、铵、锌的释放，提高铁的有效性。柠檬酸铁成本低于EDTA铁类，可与许多农药混用，对饲草安全。

（二）施用技术

铁肥根据肥料种类和性质的不同，可以采用基施、根外追施、注射施用等多种方法。基施一般施用硫酸亚铁，施硫酸亚铁量一般为1.5~3.0千克/亩，铁肥在土壤中易转化为无效铁，其后效弱，因此每年都应向缺铁土壤施用铁肥；土施铁肥与生理酸性肥料混合施用能起到较好的效果，如硫酸亚铁和硫酸钾造粒合施的肥效明显高于各自单独施用的肥效之和。根外施铁肥，以有机铁肥为主，其用量小，效果好；对于易缺铁饲草种子或缺铁土壤上播种，用铁肥浸种或包衣可矫正缺铁症，一般硫酸亚铁浸种溶液浓度为1克/千克铁肥，包衣剂铁含量为100克/千克铁肥。

叶面喷施铁肥的浓度一般为5~30克/千克，可与酸性农药混合喷施。单喷铁肥时，可在肥液中加入尿素或表面活性剂（非离子型洗衣粉），以促进肥液在叶面的附着及铁素的吸收。由于叶面喷施肥料持效期短。

四、锰肥

（一）主要种类和性质

目前，常用的锰肥主要是硫酸锰，其次为氯化锰、氧化锰和碳酸锰等，硝酸锰等也逐渐被一些水溶肥料生产企业所采用。氧化锰和碳酸锰的溶解性较差，可以作基肥施用，但是通过加工成超细颗粒制成可悬浮制剂使用也是较好的方法。一些锰肥的成分及性质见表48 。

1. 硫酸锰

化学分子式是$MnSO_4 \cdot 4H_2O$或$MnSO_4 \cdot H_2O$。外观上为粉红色结晶，四水磷酸锰分子量为223.06，含锰24.63%；一水硫酸锰分子量为169.01，含锰32.51%。是目前常用的锰肥，易溶于水，速效，使用最广泛，适于喷施、浸种和拌种。

表48　常见锰肥的成分与性质

名称	分子式	含量（%）	水溶性	适宜施肥方式
硫酸锰	$MnSO_4 \cdot H_2O$	31	易溶	基肥、追肥、种肥

（续表）

名称	分子式	含量（%）	水溶性	适宜施肥方式
氧化锰	MnO	62	难溶	基肥
碳酸锰	$MnCO_3$	43	难溶	基肥
氯化锰	$MnCl_2 \cdot 4H_2O$	27	易溶	基肥、追肥
硫酸铵锰	$3MnSO_4 \cdot (NH_4)_2SO_4$	26	易溶	基肥、追肥、种肥
硝酸锰	$Mn(NO_3)_2 \cdot 4H_2O$	21	易溶	追肥
锰矿泥	—	9	难溶	基肥
含锰炉渣	—	1~2	难溶	基肥

数据来源：鲁剑巍 等，2010。

2. 氯化锰

化学分子式是 $MnCl_2 \cdot 4H_2O$。为粉红色晶体，易溶于水，含量为 27%。施用方法同硫酸锰，但不宜在忌氯饲草上施用。

（二）施用技术

锰肥可以采用基施、喷施、种子处理等多种方式。基施一般每亩用量为硫酸锰 2~4 千克。喷施用 0.1%~0.3%硫酸锰溶液在饲草不同生长阶段 1 次或多次进行。种子处理一般采用浸种，用 0.1%左右的硫酸锰溶液浸种 12~48 小时也可采用拌种，用少量水将硫酸锰溶解后喷洒到种子上，边喷洒边搅拌，每千克种子用硫酸锰 2~6 克，使种子上均匀地布满肥料溶液，待阴干后播种。

锰肥应在施足基肥和氮、磷、钾等肥料的基础上施用。1 年生旱土饲草，可作种肥施用；多年生饲草可在 6 月底、7 月初穴施。作基肥一般每亩施 1~2 千克的硫酸锰（混入一定量的干细土或有机肥效果好），作追肥时喷施 0.2%左右的硫酸锰水溶液，用水量每亩为 30~50 升。

五、铜肥

（一）主要种类和性质

目前最常用的铜肥是硫酸铜，其化学式为 $CuSO_4$，不含结晶水的硫酸铜为白色粉末。硫酸铜易溶于水，水溶液呈蓝色，是强酸弱碱盐。水解溶液呈弱酸性。将硫酸铜溶液浓缩结晶，可得到五水硫酸铜蓝色晶体，俗称胆矾、铜矾或蓝矾。硫酸铜是较重要的铜盐之一。无机农药波尔多液也是硫酸铜和石灰乳混合液，是一种良好的杀菌剂。

胆矾在常温常压下很稳定，不潮解，在干燥空气中会逐渐风化，加热至45℃时失去二分子结晶水，110℃时失去四分子结晶水，150℃时失去全部结晶水而成无水物。无水物也易吸水转变为胆矾。主要的含铜肥料见表49。

表49　主要含铜肥料的成分及性质

品种	分子式	含铜量（%） 溶解性	适宜施肥方式	
硫酸铜	$CuSO_4 \cdot 5H_2O$	25~35	易溶	基肥、种肥、叶面施肥
碱式硫酸铜	$CuSO_4 \cdot 3Cu(OH)_2$	15~53	难溶	基肥、追肥
氧化亚铜	Cu_2O	89	难溶	基施
氧化铜	CuO	75	难溶	基施
含铜矿渣	—	0.3~1.0	难溶	基施

数据来源：褚天铎 等，2002。

(二) 施用技术

常用的铜肥是硫酸铜。可以采用基肥、种肥、种子处理、追肥或根外追肥。硫酸铜作基肥，每亩用0.2~1.0千克即可，最好与其他生理酸性肥料配合施用，可与细土混合均匀后撒施、条施或穴施。拌种时，每千克种子用0.3~1.0克硫酸铜，将肥料先用少量水溶解，再均匀地喷于种子上，阴干播种。浸种浓度为0.01%~0.05%，浸泡24小时后捞出阴干即可播种。蘸根可采用0.1%硫酸铜溶液。

叶面喷施硫酸铜或螯合铜肥，用量少，纠正缺铜症见效快，尤其在干旱条件下更好。推荐喷铜量为15克/亩，浓度可用0.02%~0.10%。也有人建议苗期见缺铜症状时即喷，2周后再喷1次，每次喷铜20克/亩气喷施螯合铜剂用量可减少至1/3左右。

除土壤本身供铜状况外，是否需施铜肥还要考虑施肥水平，如氮肥施用量过高，则要求相应增加铜的供应。

土壤施铜有明显的长期后效，其后效可维持6~8年甚至12年，依施用量与土壤性质而定，一般为每4~5年施用1次。

六、钼肥

(一) 主要种类和性质

最常用的钼肥是钼酸铵，易溶于水，可用作基肥、种肥和追肥，喷施效果也很好。有时也使用钼酸钠，钼酸钠也是可溶性肥料。三氧化钼为难溶性肥料，一般不太使用。

常用的含钼肥料见表 50。

表 50 钼肥种类和性质

钼肥名称	主要成分	含钼量（%）	主要性状	应用
钼酸铵	$(NH_4)\ Mo_4 \cdot 4H_2O$	50~54	黄白色结晶，溶于水	基肥、根外追肥
钼酸钠	$Na_2MoO_4 \cdot 2H_2O$	35~30	青白色结晶，溶于水	基肥、根外追肥
三氧化钼	MoO_3	66	难溶	基肥
含钼玻璃肥料	—	2~3	难溶，粉末状	基肥
含钼废渣	—	10	—	基肥

数据来源：鲁剑巍 等，2010。

（二）施用技术

钼肥可作基肥、种肥、追肥，以钼酸盐应用得比较广泛。钼酸铵、钼酸钠常用于种子处理和根外追肥。浸种时用 0.05%~0.10%钼酸铵溶液，浸种 12 小时；拌种为 1 千克种子 2~6 克钼酸铵，先用热水溶解，后用冷水稀释至所需体积；根外追肥时常用 0.01%~0.10%溶液，一般是在苗期和开始现蕾时喷 1~2 次，每亩用肥料溶液 60~75 千克。豆科牧草配合根瘤菌施用效果更好。钼和磷有相互促进作用，可将钼肥与磷肥配合施用，同时也可配合氮肥。

七、氯肥

（一）主要种类

常用的含氯肥料有氯化铵（含氯离子 66.3%）和氯化钾（含氯离子 47.5%），氯元素少则有益，多则有害，所以正确施用含氯化肥，对于提高化肥施用效果有重要意义。

（二）合理施用

1. 因饲草施用含氯化肥

根据全国对主要饲草的耐氯临界值试验，综合产量和产品品质因素，将饲草耐氯程度分为强耐氯饲草、中等耐氯饲草和弱耐氯饲草 3 类。强耐氯饲草施用含氯化肥不影响饲草的产量和品质。

（1）强耐氯饲草。土壤氯浓度达到 600~800 毫克/千克，相当于每亩每季施氯量 90~120 千克时，不影响产量和品质。

（2）中等耐氯饲草。土壤氯浓度 300~600 毫克/千克，相当于每亩每季施氯量 45~90 千克时，不影响产量和品质。

（3）弱耐氯饲草。土壤氯浓度<300 毫克/千克，相当于每亩每季施氯量 45 千克时，不影响产量和品质。

2. 因地区施用含氯化肥

应重点用在降水量较多的地区或季节以及灌溉条件好的地方。在多雨地区或季节，施用含氯化肥后氯离子可随水淋失，因而随肥料带到土壤中的氯离子不会因积累而引起“氯害”。在盐渍化土壤中，因氯离子含量较高应少用或不用含氯化肥。

氯离子的积累与年降水量、土壤质地和种植制度关系密切，在干旱少雨地区施用含氯化肥，氯离子在土壤中积累较多，残留量高达 30%~80%；在南方多雨地区，每亩每季施氯量 20~100 千克，5 年中土壤中的氯离子也无明显增加。

3. 含氯化肥应早施深施

氯离子能抑制种子萌芽，降低发芽率和出苗率。含氯化肥应早施、深施，以便土壤吸附，氯离子被淋失，降低饲草根层受氯害。饲草根系大多集中分布在 10~25 厘米土层内，因此含氯化肥作基肥层施、条施、穴施应在 8~12 厘米以下。

4. 含氯化肥制成复混肥施用

含氯化肥与尿素、磷铵、重钙或过磷酸钙、钙镁磷肥、硫酸钾、硝酸钾等肥料加工制成复混肥，不仅可减少氯离子的危害，而且氮、磷、钾配合施用，可起到相得益彰的效果。

八、镍肥

（一）主要种类

镍肥能够起到促进饲草生长的作用，对禾本科饲草生长和代谢方面有作用，可以促进豆科植物根瘤的重量。镍肥施用方式灵活多样，目前，常见的镍肥有氯化镍、硫酸镍、硝酸镍。氯化镍是绿色结晶性粉末，在潮湿环境下容易潮解，受热脱水，溶于酒精、水和氢氧化铵，其 pH 值约为 4；硫酸镍是蓝绿色结晶，溶于水，其水溶液 pH 值大约为 4. 5；硝酸镍是碧绿色单斜板状晶体，潮湿空气里易潮解，易溶于水、酒精、液氨，水溶液 pH 值约为 4，在潮湿空气中很容易潮解。

（二）合理施用

1. 土壤施肥

镍肥是微量元素肥料，可以进行土壤施肥，具有用量少、专用性强等诸多优点；也可以与大量元素肥料混合或者配合均匀施用于土壤表面，然后耕地入土，作为基肥，供应饲草整个生育期需要。

2. 植物施肥

镍肥还可以直接喷施饲草。譬如叶片施肥，可以把镍肥配稀溶液，一般浓度在0.1%，喷洒在饲草叶片和茎上，也可与农药混用，更加方便。

3. 根部处理

镍肥能用作饲草根部处理，将镍肥调成稀泥浆，根部蘸上镍肥泥，或者用营养钵时添加镍肥，有利于饲草苗期生长。

4. 种子处理

镍肥还用作种子处理，在播种前将镍肥附着在种子，采取镍肥拌种、浸种和包衣等方法。

镍肥在国外研究比较成熟，目前镍对植物的作用机理比较明确，可以预见，镍肥的发展前景广阔。

第四节　有益元素肥料硅肥及施用技术

（一）主要种类

目前最常用的硅肥是硅酸钙，溶解性较差，应施匀、早施、深施。硅酸钾、硅酸钠等高效硅肥水溶性较好。熔渣硅肥除含硅外，还含铁、锰、铜、锌、硼等多种微量元素，其碱性强，施用多会加速土壤氮矿化损失；而且长期使用时其所含重金属积累，会影响饲草正常生长。主要含硅物料的种类与性质见表51。

表51　主要含硅物料的种类与性质

种类	SiO_2（%）	性质
硅酸钠	55~60	白色粉末微碱性
硅镁钾肥	35~46	白色粉末至碱性
钙镁磷肥	40	灰棕色粉末不吸潮
钢渣磷肥	24~27	深棕色粉末不结块
粉煤灰	50~60	黑色粉末不流失

数据来源：鲁剑巍 等，2010。

根据硅肥生产所用原材料和生产工艺的不同，目前我国生产的硅肥可分成3种。

1. 熔渣硅肥

主要利用炼钢铁的副产品熔渣作为原料，通过物理或化学方法制成。其中物理方法主要利用机械磨细的方式，其产品质量与机械磨细程度有关，产品越细，有效硅含量越高，产品质量越好；另一种是经过化学方法处理形成的一种硅肥。以上两种方法制造的硅肥，产品中一般含有效硅 20%以上、有效钙 20%以上、有效镁 5%以上，还含有磷、硫、钾和其他有效态的微量元素，养分齐全。

2. 水溶性硅肥

以泡花碱（水玻璃）为原料经过喷雾干燥法制成。该种硅肥为全溶性白色粉末状，为硅酸钠和偏硅酸钠的混合物，不含其他副成分，水溶性二氧化硅含量 50%~60%，有效硅含量高，但成本较高。

3. 硅复合肥

由氯磷钾复合肥添加硅肥经造粒而成，优点是含有氮、磷、钾营养元素，施用方便，农民易接受；缺点是有效硅含量较低。

（二）合理施用

1. 我国土壤缺硅状况

长期以来，人们一直认为南方的酸性、微酸性土壤由于强烈的脱硅富铝化的成土作用，土壤有效硅含量较低。因此，酸性、微酸性土壤与砖红壤、红壤、红黄壤等土壤有效硅缺乏，而北方的石灰性土壤不缺硅。但是，近 10 年来的研究表明，北方的石灰性土壤也存在缺硅现象。

土壤有效硅含量在 100~130 毫克/千克，施用硅肥可能有效。北方石灰性土壤有效硅含量<300 毫克/千克，施用硅肥仍然有显著效果。

2. 硅肥施用技术

（1）施用量。硅肥的当季利用率为 10%~30%，其后效可维持数年，无须年年施用。在缺硅地区，可施用高效硅肥（含水溶性 SiO_2 为 50%~60%）10 千克/亩或者施用普通硅肥（含枸溶性 SiO_2 为 19%~20%）100 千克/亩。

应根据不同地块土壤有效硅的含量与硅肥水溶态硅的含量确定硅肥施用量。严重缺硅的土壤可适量多施，而轻度缺硅的土壤应少施。有效硅含量达到 50%~60%的水溶态硅肥，每亩可施用 6~10 千克；有效硅含量为 30%~40%的钢渣硅肥，每亩可施用 30~50 千克；有效硅含量低于 30%的，每亩可施用 50~100 千克。

（2）施用方法。一般宜作基肥。禾本科牧草在分蘖至拔节前施用；结合饲草种类和栽培方式，可以撒施，条施或穴施，但不能和种子直接接触，以免影响发芽。

水溶性的高效硅肥也可作根外追肥，如水稻在分蘖期至孕穗期可用3%~4%溶液喷施；为充分发挥这类肥料的作用，宜配合有机肥料施用。

（3）注意事项。①施用范围。土壤供硅能力是确定是否施用硅肥的重要依据。土壤缺硅程度越大，施肥增产的效果越好。因此，硅肥应优先分配到缺硅地区和缺硅土壤上。不同饲草对硅需求程度不同，喜硅饲草施用硅肥效果明显。由于硅肥具有改良土壤的作用，硅肥应施用在受污染的农田以及种植多年的保护地上。②施用方法。硅肥不易结块、不易变质、稳定性好，也不会有下渗、挥发等损失，具有肥效期长的特点。因此，硅肥不必年年施，可隔年施用。其施用方法可以与有机肥、氮、磷、钾肥一起作基肥施用；养分含量高的水溶态的硅肥既可以作基肥也可作追肥，但追肥时期应尽量提前些。

第五节　复合肥料及施用技术

一、磷酸铵

（一）主要种类和性质

1. 主要种类

磷酸铵包括磷酸一铵（$NH_4H_2PO_4$）、磷酸二铵［（$(NH_4)_2HPO_4$］和聚磷酸铵，是氮、磷二元复合肥料。

磷酸铵的原料是无水液氨和磷酸。由于氨中和的程度不同，可分别制成磷酸一铵和磷酸二铵。如用浓缩磷酸与氨反应，可制成聚磷酸铵。

2. 基本性质

磷酸一铵的化学分子式是$NH_4H_2PO_4$，外观为灰白色或淡黄颗粒或粉末，不易吸潮、结块，易溶于水，其水溶液的pH值为4.0~4.4，性质稳定，氨不易挥发。

磷酸二铵，简称二铵，化学分子式是［$(NH_4)_2HPO_4$］，纯品白色，一般商品外观为灰白色或淡黄颗粒或粉末，颗粒状二铵不易吸潮、结块，易溶于水。其水溶液的pH值为7.8~8.0，相对于磷酸一铵而言，性质不是十分稳定，在湿热条件下，氨易挥发。

目前，用作肥料的磷酸铵产品，实际上为磷酸一铵和磷酸二铵的混合物，总养分为60%~68%，其中氮12%~18%，五氧化二磷47%~53%，是当前生产量最大的一类复合肥料。通常制成颗粒状，性质稳定，并加有防湿剂以防吸湿分解。易溶于水，水溶液pH值为7.0~7.2。

（二）施用方法及注意事项

基本适合所有的土壤和饲草。可以用作基肥、种肥，也可以叶面施用。作基肥时，一般每亩用量15~25千克，通常在整地前结合耕地将肥料施入土壤；也可在播种后，开沟施入。作种肥时，通常将种子和磷酸铵分别播入土壤，每亩用量2.5~5.0千克。

磷酸铵不能和碱性肥料直接混合施用，否则铵容易损失、磷容易被固定。当季如果已经施用足够的磷酸铵，后期一般不需再施磷肥，后期多以补充氮素为主。由于磷含量高，多数饲草需要补充施用氮、钾，同时在施用时应优先用在需磷较多的饲草和缺磷土壤。

用作种肥时要避免与种子直接接触，以免发生氨毒，影响发芽。

二、硝酸钾

1. 基本性质

硝酸钾是一种含钾为主的氮钾二元复合肥料，含氮13%左右，氧化钾约46%，副成分极少。硝酸钾溶于水，微吸湿。市场上的硝酸钾多是由硝酸钠和氯化钾一起溶解并重新结晶而成，也有少量硝酸钾来源于天然矿物直接开采。

因属易燃、易爆品，且生产成本较高，在复合肥料生产中所占比重不大，我国主要依赖进口。

2. 施用方法及注意事项

硝酸钾含钾高，含氮低，最适合于不宜使用氯化钾的喜钾忌氯饲草。用作基肥、追肥或根外追肥都有较好肥效。由于肥料含有硝态氮，一般用于旱地的效果较好。

三、磷酸二氢钾

1. 基本性质

磷酸二氢钾是磷、钾二元复合肥料，含五氧化二磷和氧化钾分别为52%和35%。纯净的磷酸二氢钾为灰白色粉末，吸湿性小，物理性状好，易溶于水。

农业用磷酸二氢钾含磷约52%，含钾约34%，化学分子式是KH_2PO_4。

是一种以磷为主的高浓度磷、钾二元复合肥料。吸湿性小，易溶于水。为白色结晶或粉末，农业用磷酸二氢钾允许带微色。

2. 施用方法及注意事项

由于磷酸二氢钾价格昂贵，目前多用于根外追肥或浸种。一般喷施浓度为0.1%~0.2%，连续喷2~3次，可取得良好的增产效果。此外，用浓度0.2%的磷酸二氢钾溶液浸种20分钟，晾干后播种，也有较好的增产效果。

第六节　有机肥料等肥料及施用技术

一、人粪尿

（一）基本性质

人粪尿是一项重要有机肥源。表52列出了一个成年人平均每年的排泄物及其养分含量。据估计，人粪尿提供的养分占有机肥总量的13%~20%。人粪尿的特点是氮素含量高、腐熟快、肥效显著，在有机肥料中素有“细肥”之称。人粪尿中磷、钾含量相对较低，但大多为无机态的，容易为作物吸收，有较好的肥效。

人粪组成中，主要是纤维素、半纤维素、未消化的蛋白质、氨基酸以及有恶臭的粪胆质色素、吲哚、硫化氢、丁酸等，这些物质相当于5%的灰分；还含有相当多的病菌虫卵。这些需要通过无害化处理后方可使用。人尿中，95%是水，5%为可溶性物质和无机盐（其中2%是尿素，1%是氯化钠）。

表52　人粪尿的主要养分含1名成年人年排泄量

项别	年排泄量（千克）	有机物（%）	N（%）	P_2O_5（%）	K_2O（%）	相当于（千克）		
						N	P_2O_5	K_2O
人粪	90	20	1.0	0.5	0.37	0.90	0.45	0.33
人尿	700	3	0.5	0.13	0.19	3.50	0.91	1.33
人粪尿	790	50~10	0.5~0.8	0.2~0.4	0.2~0.3	4.40	1.36	1.66

数据来源：鲁剑巍 等，2010。

（二）施用方法及注意事项

人粪尿是一种偏氮的完全肥料，成分中含氮0.5%~0.8%，含五氧化二磷0.2%~0.4%，含氧化钾0.2%~0.3%，还含有机质和钙、硫、铁等元素。

氮素中70%~80%呈尿素态氮，容易发酵腐熟转化成碳酸铵，也容易被植物所吸收。发酵腐熟后可直接施用，也可与土掺混制成大粪土作追肥。

人粪必须经过发酵腐熟后方可施用，一般需要10~15天的贮存才能腐熟。这样既提高肥效，也起到消灭传染病菌和寄生虫卵的作用。贮藏人粪尿的粪池应选择在较荫蔽的地方，粪池不可漏水，为了减少氨的挥发及卫生起见，开口处要加盖。如果能在人粪尿中加入2%~3%的过磷酸钙，不仅能使碳酸铵变成比较稳定的化合物，起到固氮保肥作用，还补充了磷素，从而提高了人粪尿的肥料质量。经发酵腐熟的人粪尿可用作追肥，在施用时应添加适量的清水。施肥前应停止浇水，让土壤稍干再施，效果较好。

二、家畜粪尿

（一）基本性质

家畜粪尿是指猪、牛、羊、马等饲养动物的排泄物，含有丰富的有机质和各种营养元素，是良好的有机肥料。家畜粪尿与各种垫圈物料混合堆沤后的肥料称之为厩肥（或圈肥），厩肥是我国农村的主要有机肥源之一。厩肥的垫料最常用的是饲草秸秆，也有用泥炭或土作垫料的。家畜粪尿的成分随家畜的种类、年龄、饲料和收集方法而有很大变化。表53是几种家畜尿及厩肥的一般养分含量。

表53　几种家畜粪尿和厩肥的一般养分含量

畜禽粪便和厩肥	N（%）	P_5O_2（%）	K_2O（%）
猪粪	0.56	0.40	0.44
猪尿	0.30	0.12	0.95
猪厩肥	0.45	0.19	0.60
牛粪	0.32	0.25	0.15
牛尿	0.50	0.03	0.65
牛厩肥	0.34	0.16	0.40
羊粪	0.65	0.50	0.25
羊尿	1.40	0.03	2.10
羊厩肥	0.83	0.23	0.67
马粪	0.55	0.30	0.24
马尿	1.20	0.01	1.50
马厩肥	0.58	0.28	0.53

数据来源：鲁剑巍 等，2010。

（二）施用方法及注意事项

厩肥施用可根据腐熟程度决定施肥时期，由于粪肥腐熟程度不同，它的性质和养分含量也不同，可根据粪肥腐熟程度，分别作基肥、种肥和追肥。

新鲜粪肥，有机质还没有发生深刻变化，仅是畜尿中的尿素和尿酸中的氮素转化为（$(NH_4)_2CO_3$），这样的粪肥是迟效性的，可作基肥而不能用作种肥和追肥。因为没有腐熟好的粪肥施到土壤以后，经微生物分解，放出大量二氧化碳，可能造成种子窒息，产生缺苗现象；又由于产生发酵热，消耗土壤水分，集中施用对种子和幼苗均不利；此外，生粪施用，不仅不能供给饲草速效养分，还会使土壤有限速效养分被微生物消耗，发生所谓“生粪咬苗”现象。

半腐熟的粪肥，有机质也有不同程度的改变，有的得到彻底破坏，变为二氧化碳、水；有的分解成一些较简单的化合物，有的则合成腐殖质，这样的肥料肥效较快，可用作一些饲草的播前基肥。

腐熟的粪肥，基本上是速效性肥料，可用作种肥、追肥。施用时注意盖土，并结合浇水。

三、家禽粪

家禽粪也是一种优质有机肥料，但产量远低于家畜粪尿，一般多作为厩肥的辅助材料，这里不再详细叙述。与家畜粪尿类似，近来大型养鸡场中的鸡粪及冲洗废水数量急剧增加，但一般可以经过加工，制成精制有机肥或者有机—无机复混肥的原料。

四、堆肥

（一）基本性质

堆肥中一般含有15%～25%的有机质，新鲜的堆肥大致含水分60%～65%，含氮0.4%～0.5%，五氧化二磷0.18%～0.26%，氧化钾0.45%～0.67%，碳氮比16～（20：1）高温堆肥的养分含量、有机质都比普通堆肥高。腐熟的堆肥颜色为黑褐色，汁液棕色或无色，有臭味。

高温堆肥在积制时混入的泥土少，以纤维质多的原料（如秸秆、杂草、泥炭等）为主，加入的马粪和人粪尿较多。与普通堆肥比，发酵温度高，腐熟快，可杀死病菌、虫卵和杂草种子。高温堆肥的有机质、氮磷含量均比普通堆肥高，碳氮比则比普通堆肥低。

堆肥的成分因原料、堆积方法及腐熟程度的不同而有区别，一般如表

54 所示。

表 54　堆肥的成分

堆肥种类	水分（%）	有机质（%）	N（%）	P_2O_5（%）	K_2O（%）	C/N
一般堆肥	60~75	15~25	0.4~0.5	0.18~0.26	0.45~0.70	16~20
高温堆肥	—	24.1~41.8	1.05~2.00	0.30~0.82	0.47~2.53	9.67~10.67

数据来源：鲁剑巍 等，2010。

（二）合理施用

堆肥是一种含有机质和各种营养物质的完全肥料，长期施用堆肥可以起到培肥改土的作用，适合于各种土壤和饲草。堆肥属于热性肥料，腐熟的堆肥可以作追肥，半腐熟的堆肥作基肥施用。堆肥用量 1~2 吨/亩。熟菜作物由于生长期短，需肥快，应施用腐熟堆肥。施用堆肥的主要目的是提供有机质，因此一般不能完全代替其他肥料，特别是在丰产田里，农作物需氮、磷、钾较多，堆肥中氮、磷、钾往往供应不足，因此必须追施氮、磷、钾肥以补不足。在不同土壤上施用堆肥的方法也不相同，黏重土壤应施用腐熟的堆肥，砂质土壤则施用中等腐熟的堆肥。

五、秸秆

（一）种类和性质

作物从土壤中吸收养分后，组成植物体，因此秸秆中一般会含有植物所必需的各种元素。作物秸秆种类不同，所含各种元素的多少也不一样。目前用来还田的秸秆主要是麦秸、稻草、玉米秸、豆秸、油菜秸等。一般来说，豆科作物秸秆和油菜秸秆含氮素较多，小麦、水稻等禾本科秸秆含钾较多(表 55)

表 55　主要作物秸秆中几种营养元素含量（占干物重，%）

秸秆种类	N	P_2O_5	K_2O	Ca	S
麦秸	0.50~0.67	0.20~0.34	0.53~0.60	0.16~0.38	0.123
稻草	0.63	0.11	0.85	0.16~0.44	0.112~0.189
玉米秸	0.48~0.50	0.38~0.40	1.67	0.39~0.8	0.263
豆秸	1.30	0.30	0.50	0.79~1.50	0.227
油菜秸	0.56	0.25	1.13	—	0.348

数据来源：鲁剑巍 等，2010。

（二）还田方式或注意事项

由于我国人均占有耕地少，复种指数高，倒茬间隔时间短，加之秸秆碳氮比高，不易腐烂。秸秆盲目还田常会因翻压量过大、土壤水分不适、施氮肥不够、翻压质量不好等原因，出现妨碍耕作、影响出苗、烧苗以及病虫害增加等现象，有的甚至造成减产。为了克服秸秆还田的盲目性，提高效益，推动秸秆还田发展，我国不少科研单位开展了不同农区秸秆还田的适宜条件研究，使秸秆还田各项技术具体化、数量化。

1. 还田方式

秸秆直接还田目前主要有 3 种方式，即机械粉碎翻压还田、覆盖还田和高留茬还田。从生产实际出发，一般采取本田秸秆还田。水热条件好、土地平坦、机械化程度高的地区比较适宜。西南地区和长江中游地区，水田宜于翻压，旱作地宜于覆盖。

2. 还田量及还田周期

还田的秸秆量应当能够维持和逐步提高土壤有机质含量，同时不能或较少妨碍耕作，尽可能不影响作物出苗及生长。

六、绿肥

（一）种类和性质

1. 绿肥的种类

（1）按来源划分。绿肥有栽培绿肥和野生绿肥 2 种。栽培绿肥又称绿肥作物，是在农田中专门栽培作绿肥用的。野生绿肥是收集、刈割天然生长的野生草本植物以及树木的青枝嫩叶，翻压或堆沮后用作肥料。

（2）按栽培季节划分。①冬季绿肥，简称冬绿肥。为秋季或初冬播种，翌年春季或初夏利用。其主要生长季节在冬季。最典型的冬绿肥是我国广泛利用的紫云英。②夏季绿肥，简称夏绿肥。为春季或夏季播种，夏末或初秋利用。其主要生长季节在夏季。③春季绿肥，简称春绿肥。为早春播种，在仲夏前利用。④秋季绿肥，简称秋绿肥。在夏季或早秋播种，冬前翻压利用。其主要生长季节在秋季。⑤多年生绿肥，为栽培利用年限在 1 年以上的绿肥，可多次刈割利用。这类绿肥因需要长时间占用土地，故常利用空隙地或林木行间种植。

春、夏、秋绿肥大多是利用主要作物接茬之间的空余时间以复种的形式加以利用，生长季节较短，所以又称为短期绿肥。与此对应，多年生绿肥常又称为长期绿肥。

（3）按利用方式划分。用作防风固沙、环境绿化、果园覆盖等方面的覆盖绿肥是生态农业建设中不可忽视的一类绿肥。此外，具有2种或2种以上功能的绿肥称为兼用绿肥，如既作肥料又作饲料的为肥饲兼用绿肥，既作肥料又作蔬菜的为肥菜兼用绿肥，既作肥料又可收获其种子等加工成粮食的为肥粮兼用绿肥等。在现代农业生产中，覆盖绿肥和兼用绿肥由于其明显的环境效益和经济效益，越来越受到人们的重视，是今后绿肥发展的重要趋势。

（4）按植物学特性划分。一般可分为豆科、非豆科绿肥2类。传统的绿肥多以豆科绿肥为主，豆科绿肥由于具有固氮作用，一直是主要的绿肥种类，非豆科绿肥主要包括解磷作用强的十字花科绿肥，富钾作用强的菊科、苋科以及一些水生绿肥，常用来与豆科绿肥混播的禾本科作物等。

2. 成分

绿肥由于可以富集或固定土壤中的氮、磷、钾及其他养分资源，因此它首先具有一定的肥料养分含量；而且作为绿色植物，许多绿肥又具有相当的食用养分含量，有很高的饲用或食用价值。

绿肥的肥料成分因其种类、翻压或刈割时期的不同而有很大的差异。一般情况下，豆科绿肥的含氮量比非豆科绿肥高，菊科、苋科植物的含钾量较高；叶的养分含量高于茎，地上部高于根部；高肥力中生长的养分含量相对高于低肥力中的绿肥；在花期，虽然养分含量低于苗期，但由于此时绿肥的鲜草产量高于苗期，总养分积累也显著大于其他时期，所以一般翻压绿肥多选择在盛花期。为便于比较和参考，表56列出了全国绿肥试验网对一些常用的绿肥进行统一标准采样和集中分析的养分。

表56　主要绿肥作物的养分含量

绿肥作物	采样地点	土壤肥力	植物含水量（%）	养分含量（占干物质,%）			
				N	P	K	C
紫云英	湖南长沙	中	90.5	3.80	0.32	3.13	38.06
兰花苕子	四川温江	中	84.1	2.17	0.54	1.40	35.52
毛叶苕子	北京	高	83.2	3.58	0.38	1.75	42.55
光叶苕子	北京	高	82.2	3.44	0.38	2.06	43.92
香豆子	北京	高	86.3	2.84	0.28	1.81	40.23
箭筈豌豆	北京	高	81.8	3.07	0.34	1.93	43.26
金花菜	浙江桐乡	高	85.6	3.50	0.39	1.10	34.83
蚕豆（残体）	广东广州	高	74.4	1.09	0.21	0.38	34.60

（续表）

绿肥作物	采样地点	土壤肥力	植物含水量（%）	养分含量（占干物质,%）			
				N	P	K	C
田菁	河北南皮	低	73.1	2.27	0.26	1.90	37.38
柽麻	河北南皮	低	78.3	1.24	0.19	1.50	38.49
白花草木樨	辽宁阜新	低	75.9	2.30	0.36	1.45	41.08
黄花草木樨	辽宁阜新	低	74.8	2.23	0.22	1.45	35.87
沙打旺（2年生）	北京	高	82.8	3.32	0.32	1.99	45.00
红三叶（2年生）	北京	高	84.5	2.32	0.30	2.03	46.77
小冠花（2年生）	北京	高	94.2	3.22	0.37	2.97	44.49
百脉根（2年生）	北京	高	85.2	3.37	0.30	3.30	45.08
苜蓿	新疆和田	低	79.0	2.32	0.25	2.80	36.13
油菜	黑龙江哈尔滨	中	83.0	2.34	0.31	1.75	39.09
黑麦草	江苏盐城	中	85.7	1.76	0.32	3.15	34.86
小葵子	四川温江	中	85.0	1.96	0.33	2.50	31.7

数据来源：鲁剑巍 等，2010。

（二）合理利用方式

1. 合理安排翻压时间

绿肥翻压到土壤中以后，在土壤微生物的作用下，腐解矿化，释放出养分，供作物吸收利用。掌握绿肥养分转化规律，控制和调节绿肥养分释放、供应和积累，对充分发挥绿肥肥效十分重要。按照不同绿肥的腐解特点，并根据不同作物的需肥特性，确定合适的翻压时期和翻压量。翻压过早，养分释放高峰期提前，作物不能及时吸收利用，不仅起不到绿肥应有的效果，还会造成养分损失。翻压太晚，则往往影响后作的播种和生长以及作物前期养分供应不足、后期养分偏高而造成贪青晚熟和倒伏。适时翻压，首先应考虑下茬作物的播种期，翻压绿肥后，要有足够的整理土地的时间，使后作物能进行适时播种。稻田翻压紫云英后 2 周左右，铵态氮开始释放，1 个月左右达到高峰。

2. 合理安排翻压量

绿肥的翻压量对提高绿肥的肥效同样有重要影响。在一定范围内，随着绿肥翻压量的增加，其效果也随之增加。但是翻压量也不是越多越好，压量过大往往会产生不良的效果。紫云英的施用量应根据水稻品种的耐肥能力、土壤肥力和耕作水平而不同。中等肥力的田块大约以施 1 500 千克/亩为宜，肥力低的可略增加。北方旱地，由于通气条件较好，此方面的问题不是很多，但也不能压量过大，以免造成浪费，同时影响整地和出苗。

3. 绿肥与无机肥料的配合施用

绿肥的肥劲稳、肥效长，但单一施用的情况下，往往不能及时满足后作全生育期对养分的需求。绿肥所提供的养分虽然比较全面，但要满足作物的全部需求，仅仅依靠绿肥的养分是不够的。同时，大多数绿肥作物提供的养分以氮为主，因此与化肥配合施用是必需的。绿肥与无机肥料的配合施用，首先应考虑到绿肥的腐解特点。

大多数绿肥作物提供的养分以氮为主，所以补充磷、钾肥十分重要。但补充磷、钾肥最好是在绿肥播种时基施，这样既可以保证绿肥生长对磷、钾的需要，从而提高绿肥的鲜草产量和品质，又由于绿肥对磷、钾肥的吸收和富集而提高磷、钾肥对后作的有效性，达到“一箭双雕”的目的。

七、饼肥

（一）种类和性质

我国的饼肥主要有大豆饼、菜籽饼、花生饼、茶籽饼、粕籽饼等，饼中含有75%~85%的有机质，氮1.11%~7.00%，五氧化二磷0.37%~3.00%，氧化钾0.97%~2.13%，还含有蛋白质及氨基酸等。菜籽饼和大豆饼中，还含有粗纤维6%~10.7%，钙0.8%~11%及0.27%~0.70%的胆碱。此外，还有一定数量的烟酸及其他维生素类物质等。主要饼肥的养分含量见表57。

表57　我国常见饼肥的养分含量

种类	氮（%）	五氧化二磷（%）	氧化钾（%）
大豆饼	7.00	1.32	2.13
芝麻饼	5.80	3.00	1.30
花生饼	6.32	1.17	1.34
棉籽饼	3.14	1.63	0.97
菜籽饼	4.50	2.48	1.40
蓖麻籽饼	5.00	2.00	1.90
粕籽饼	5.16	1.89	1.19
茶籽饼	1.11	0.37	1.23
桐籽饼	3.60	1.30	1.30
椰籽饼	3.74	1.30	1.96

数据来源：鲁剑巍 等，2010。

饼肥中的氮以蛋白质形态存在，磷以植酸及其衍生物和卵磷脂等形态存在，均属迟效性养分。

油饼含氮较多，碳氮比较低，易于矿质化。由于含有一定量的油脂，影响油饼的分解速度。不同油饼在嫌气条件下的分解速度不同，如芝麻饼分解较快，茶籽饼分解较慢。

土壤质地影响到饼肥的分解及氮素的保存。砂土有利于分解，但保氮较差；黏土前期分解较慢，但有利于氮素保存。

（二）合理利用

1. 使用中的问题

饼肥是一种很好的有机肥源，生产上应用较多，但由于农民对饼肥的特性了解不够，在饼肥使用上还存在着一些问题。

一是习惯将饼肥腐熟后施用。饼肥虽属有机肥料，但其碳氮比较小，施入土壤后分解速度较快，是速效性的有机肥料，因此可直接施用。如果用河水、人粪尿等浸泡腐熟后施用，虽然肥效快，但会造成10%左右的氮素损失和20%左右的有机质损失。

二是常常当作种肥施用。有些人喜欢把饼肥用作种肥，施在种子的周边。这是比较冒险的做法，饼肥是热性肥，在发酵分解过程中产生高温，如与作物紧密接触，往往会引起烧根，影响种子发芽出苗。

2. 使用方法及注意事项

饼肥可与堆肥、厩肥混合后作基肥，也可单独作追肥。作追肥可将饼肥充分粉碎后直接开沟施用，并注意与作物幼苗保持适当距离，以防饼肥分解发酵时产生的热量灼伤幼苗。根据试验证明，用饼肥作追肥，肥效平稳而持久，效果好于同等养分的化肥，且持续后效较长。

饼肥直接施用时，因其自身的香味易招引地下害虫，最好拌入适量杀虫剂进行预防。

八、商品有机肥

（一）种类

商品有机肥根据其加工情况和养分状况，分为精制有机肥、有机—无机复混肥和生物有机肥。有机—无机复混肥和生物有机肥已经不是纯粹的有机肥料，商品有机肥生产的主要物料包括畜禽粪便、城市污泥、生活垃圾、糠壳饼麸、作物秸秆、制糖和造纸滤泥、食品和发酵工业下脚料以及其他城乡有机固体废物，尤其以畜禽粪便、糖渣、油饼、味精发酵废液为原料制成的有机肥料品质较好。实际上前面提及的各种有机肥料都可以作为商品有机肥的原料。

由于这些物料来源广泛、成分复杂，为了保障有机肥的质量和农用安全性，生产中要执行《GB 8172—87 城镇垃圾农用控制标准》。

商品有机肥的生产工艺主要包括 2 部分：一是有机物料的堆沤发酵和腐熟过程，其作用是杀灭病原微生物和寄生虫卵，进行无害化处理；二是腐熟物料的造粒生产过程，其作用是使有机肥具有良好的商品性状、稳定的养分含量和肥效，便于运输、贮存、销售和施用。

（二）合理利用

合理施用有机肥包括 2 个基本原则：一是有机肥的用量和施用条件的确定，二是有机肥和化肥的配合施用。

有机肥料一般施用量较大，除秸秆还田用量不宜过高外，多施 1 000~2 000 千克/亩，且主要用作基肥，一次施入土壤。部分有机肥料（如人粪尿、沼气肥等）因速效养分含量相对较高而释放较快，亦可作追肥施用，但多用在蔬菜和经济作物上。绿肥和秸秆还田一般应注意耕翻的适宜时期和分解条件。

有机肥和化肥配合施用，既是从农业生产中使用化肥以来就已存在的客观事实，也是提高有机肥和化肥肥效的重要途径和关键所在。有机、无机肥料配合施用中应注意二者的比例以及搭配方式。许多研究表明，以等氮量比较，以有机肥和氮肥 1∶1 左右增产效果最好。除了与氮素化肥配合外，有机肥料还应注意与磷、钾及中、微量元素肥料的配合施用。

第七节　微生物肥料及施用技术

微生物肥料（microbial fertilizer）俗称细菌肥料，简称菌肥。它是用从土壤中分离的有益微生物，经过人工选育与繁殖后制成的菌剂，是一种辅助性肥料。施用后通过菌肥中微生物的生命活动，借助其代谢过程或代谢产物，以改善植物生长条件，尤其是营养环境。如固定空气中的游离氮，参与土壤中养分的转化，增加有效养分，分泌激素刺激植物根系发育，抑制有害微生物活动等。制品中活微生物起关键作用，在我国，微生物肥料又被称为接种剂、菌肥、生物肥料。

一、根瘤菌肥料

（一）影响根瘤菌肥料效果的主要因素

1. 互接种族关系

一种根瘤菌只在某一种或某几种豆科植物上结瘤，反过来，一种豆科植物只允许一种或几种根瘤菌在其根部结瘤。在应用时一定要注意互接种族的关系，要选好根瘤菌肥及其侵染的豆科植物寄主，用错了则难以发挥其结瘤和固氮作用。如紫云英要用华癸根瘤菌，沙打旺要用沙打旺根瘤菌接种才能结瘤。

2. 与其他肥料和杀菌剂的搭配

避免与速效氮肥和杀菌剂同时使用。选好适用地区，增施磷、钾肥。与微量元素（铝、锌、钴等）肥料配合使用。

（二）施用方法

一般用作拌种，每亩用 30~40 克，加适量的水调匀粘附于种子。要求随拌随播，忌干燥和阳光直晒，超过 48 小时则应重新拌种。作物出苗后，发现结瘤效果差时，可在幼苗附近浇泼兑水的根瘤菌肥。如用经农药消毒的种子应在根瘤菌拌前 2~3 周消毒。

（三）种植豆科植物必须接种的情况

1. 初次种植豆科作物

土壤中从未种植过某种豆科植物，或该种豆科植物是新引入的，新垦地和复垦地上也要注意人工接种。

2. 豆科作物自然结瘤不良

豆科牧草在本地区生长时自然结瘤情况不良，常常延迟结瘤，不着生在主根上或结瘤数量很少，如种植在砂壤上的花生，土壤肥力下降时，也会影响结瘤，此时要考虑接种。

3. 轮作或前茬种非豆科植物

此时，土壤中根瘤菌一般较少，会影响豆科作物结瘤，需要接种。

二、固氮菌肥料

（一）影响固氮菌肥效果的主要因素

1. 土壤条件

固氮菌对土壤酸碱度反应敏感，因此固氮菌肥适宜在中性偏碱条件下使用，其最适宜 pH 值为 7. 4~7. 6。酸性土壤上施用固氮菌肥时，应配合施用石灰以提高固氮效率。过酸、过碱的肥料或有杀菌作用的农药，都不宜与固氮菌肥混施，以免发生强烈的抑制。

固氮菌只有在碳水化合物丰富而又缺少化合态氮的环境中，才能充分发挥固氮作用。土壤中碳氮比低于（40~70）：1 时，固氮作用迅速停止。土壤中适宜的碳氮比是固氮菌发展成优势菌群、固定氮素最重要的条件。因此，固氮菌最好施在富含有机质的土壤中，或与有机肥料配合施用。联合固氮菌肥适宜在松软透气的土壤中配合磷、钾等无机营养元素使用。含硫高的土壤和锈水田、翻浆水田不宜施用。

2. 温湿度条件

固氮菌对土壤湿度要求较高，当土壤湿度为田间最大持水量的 25%~40%时才开始生长，60%~70%时生长最好。因此，施用固氮菌肥时要注意土壤水分条件。固氮菌是中温性细菌，最适宜的生长温度为 25℃~30℃，低于 10℃或高于 40℃时，生长就会受到抑制。因此，固氮菌肥要保存于阴凉处，并要保持一定的湿度，严防暴晒。

（二）固氮菌肥施用方法

1. 混用与配合使用

不能与杀虫剂、杀菌剂、除草剂混用，也不要和硫酸钾等含硫化肥、草木灰混用，施用固氮菌肥 48 小时后方可使用除草剂。若需要在同一时段防治病虫害，必须间隔 72 小时以上。固氮菌肥与有机肥配合使用效果往往好于单独使用。肥效由大到小的顺序为：有机肥和固氮菌肥配合使用>氮肥、磷肥与固氮菌肥配合使用>固氮菌肥单独作基肥>固氮菌肥拌种。

2. 与化肥合理配施

固氮菌不能完全代替氮肥。一般作物对于氮素需求较大，不能过早或过大地减少化肥施用量。土壤中施用大量氮肥后，应隔 10 天左右再施固氮菌肥，否则会降低固氮菌的固氮能力。但固氮菌剂与磷、钾及微量元素肥料配合施用，则能促进固氮菌的活性，特别是在贫瘠的土壤上。

固氮菌肥一般用作拌种，随拌随播，随即覆土，以避免阳光直射。可蘸秧根或作基肥施在蔬菜苗床上，或与棉花盖种肥混施。也可追施于作物根部，或结合灌溉追施。追肥时用水调成稀浆状，施后立即覆土。使用剂量液体菌剂每亩 100 毫升，固体菌剂每亩 250~500 克，冻干菌剂每亩含 500 亿~1 000 亿个活菌。

固氮菌肥有效期为 1~3 个月；须存阴凉处，严防暴晒。不宜与过酸、过碱的肥料或有杀菌性能的农药混施。

三、磷细菌肥料

（一）影响磷细菌肥料效果的主要因素

1. 土壤的养分状况

在缺磷而有机质丰富的土壤上施用效果好。磷细菌的适宜温度为30~37℃，适宜的pH值为7.0~7.5。

2. 与其他肥料的配合

磷细菌肥料与磷矿粉合用效果较好，结合堆肥使用也能充分发挥磷细菌肥料的效果；与不同类型的解磷菌（互不拮抗时）复合使用，也能促进磷细菌肥料的效果。

（二）磷细菌肥料施用方法

磷细菌肥料可以作基肥、追肥和种肥（浸种、拌种）。

基肥：可与农家肥料混合均匀后沟施或穴施，施后立即覆土。

追肥：将肥液于作物开花前期追肥施于作物根部。

拌种：在磷细菌肥料内加入适量清水调成糊状，加入种子混拌后，将种子捞出风干即可播种。拌种时一般应该随用随拌，暂时不用的，应放置阴凉处覆盖保存。

不能与农药及生理酸性肥料同时施用，也不能与石灰氮、过磷酸钙及碳酸铵混合施用，可与厩肥、堆肥等有机肥配合施用。

四、抗生菌肥料

（一）影响抗生菌肥料效果的主要因素

1. 通气性

抗生菌是好气性放线菌，良好的通气条件有利于其大量繁殖。因此，使用该菌肥时，土壤中的水分既不能缺少，又不可过多，控制水分是发挥抗生菌肥效的重要条件。

2. 土壤酸碱度

抗生菌适宜的土壤pH值为6.5~8.5，酸性土壤上施用时应配合施用钙镁磷肥或石灰，以调节土壤酸度。

3. 肥料的配合

抗生菌肥施用时，一般要配合施用有机肥料、磷肥，忌与硫酸铵、硝酸铵、碳酸氢铵等化学氮肥混施。此外，抗生菌肥还可以与根瘤菌、固氮菌、磷细菌、钾细菌等菌肥混施，一肥多菌，可以互相促进，提高肥效。

（二）抗生菌肥料的使用方法

一般用作浸种或拌种，也可用作追肥。浸种或拌种剂量每亩 0.5 千克。种肥用 7.5 千克，加入饼粉 2.5~5.0 千克，碎土 500~1 000 千克，过磷酸钙 5 千克，在地头拌匀，覆盖在种子上。施用时，应掌握集中施、浅施的原则。不能与杀菌剂混合拌种，可与杀虫剂混用。

五、钾细菌肥料

（一）影响钾细菌肥料效果的主要因素

1. 土壤条件

在速效钾严重缺乏的土壤上，以及早春或冬前低温时节，钾细菌活动受到抑制（钾细菌的适宜温度在 25~27℃），单施生物钾肥不能解决缺钾问题，因此应考虑配施适量的化学钾肥。但应注意生物钾肥不能与化学钾肥直接混用，施用方法是在化学钾肥施用 10 天后再施用生物钾肥。

2. 混合物质的影响

钾细菌最适宜的 pH 值为 5~8，所以生物钾肥一般不能与过酸或过碱物质混用。生物钾肥可与杀虫、杀真菌病害农药（如多菌灵、百菌清、种衣剂、粉锈宁等）同时配合施用（先拌农药，阴干后拌菌剂，然后播种），但不能与杀细菌农药配合施用。苗期细菌病害严重的作物（如棉花），菌剂最好基施，以免误了药剂拌种。

（二）钾细菌肥料施用方法

可用来拌种，蘸根，也可施在土壤中。大田作物播种前，可用生物钾肥拌种。对于需要移栽的牧草，可在移栽前将生物钾肥施在移栽的坑穴里，与穴中土壤混匀即可。另外，生物钾肥还可作种肥、追肥施用，效果也很好。

1. 基施

按亩用 1~2 千克菌剂与有机肥（或潮细土）15 千克左右搅拌均匀撒于地面后整地或耘田覆盖。

2. 拌种

菌剂用量按亩用种量施 0.5~0.8 千克。具体方法是：0.5 千克菌剂兑 250~300 毫升水化开，加入种子拌匀（在室内或棚内）阴干后即可播种。

3. 穴施、蘸根

按亩用 1~2 千克菌剂与细肥土 14~20 千克混合，施于穴内与土壤混匀后移栽幼苗。

4. 沟施

一般在秋末（10 月下旬至 11 月上旬）或早春（2 月下旬至 3 月上旬），根据牧草地上生物量，在距植株 10~15 米处挖沟（深、宽各 15 厘米），每亩用菌剂 1.5~2.0 千克混细肥土 20 千克，施于沟内后覆土即可。

5. 追肥

按每亩用菌剂 1~2 千克兑水 50~100 千克混匀后进行灌根。

（三）钾细菌肥料施用注意事项

紫外线对菌剂有杀灭作用，因此在贮、运、用过程中应避免阳光直射，拌种时应在室内或棚内等避光处进行，拌好晾干后应当天播完并及时覆土。应采取各项农业技术措施，确保土壤有足够的水分并能保持一定的透气性，为硅酸盐细菌繁殖、增强细菌活力创造条件。对有机质贫乏的土壤应及时补充氮、磷元素，最好采用菌剂与有机肥混合施用。

六、复合微生物肥料

在饲草生产中，“菌+菌”复合微生物肥料适合几乎所有的牧草种类，可以用作基肥、追肥、种肥等。

在饲草生产中，“菌+菌”复合微生物肥料作基肥时，每亩用 1~2 千克与农家肥、化肥或细土混匀后沟施，穴施撒施均可；蘸根时，每亩用 1~2 千克，兑水 3~4 倍。拌苗床土，1 平方米苗床土用复合微生物肥料 200~300 克与土混匀后播种。冲施，根据不同饲草用复合微生物肥料按亩用 1~2 千克与化肥混合，再用适量水稀释后灌溉时随水冲施。

七、酵素菌肥

酵素菌堆肥通常用作基肥。酵素菌肥如果和化肥混合制成相应的复混肥料，施用方法除了要注意复混肥料的性质外，还要考虑酵素菌的性质。用作基肥可全层撒施，最好条（沟）施；用作追肥时条（沟）施或穴施。作基肥施入土壤后应深翻，不要让种子或苗根直接接触到肥料以免烧根。还应立即耕作，使肥料翻入土壤，以防日光长时间照射。

酵素菌叶面喷施肥施用，一般连续喷施 2~3 次，每间隔 5 天喷施 1 次。喷施时间选择在上午 10 时之前，下午 4 时之后；喷施饲草应均匀，全面喷施。饲草在生长旺期需要充足养分供给时，喷施为最佳时机。

八、微生物肥料应用中应注意的问题

（一）避免盲目施用微生物肥料

目前，人们对微生物肥料认识还有许多误区，如微生物肥料完全可以代替化肥，微生物肥料对任何土壤、任何饲草都有效等。还有一些微生物肥料厂家不负责任地夸大宣传，致使饲草种植户蒙受损失。出现这种情况是人们对微生物肥料的特点和施用应注意的问题还没有完全掌握造成的。微生物肥料主要是提供有益的微生物群落，而不是提供矿质营养养分，微生物肥料不可能完全代替化肥。任何一种类型的微生物肥料，都有其适用的土壤条件、饲草种类、耕作方式、施用方法、施用量及相应的化肥施用状况等，只有掌握了这些技术，才能取得最好的增产效果。

（二）注意微生物肥料效果的影响因素

微生物肥料肥效的发挥既受其自身因素的影响，如肥料中所含有效菌数、活性大小等质量因素；又受到外界其他因子的制约，如土壤水分、有机质、pH 值等影响，因此微生物肥料的选择和应用都应注意合理性。

（三）微生物肥料的施用原则

1. 施用及时

及时施用，一次用完。微生物肥料购买后，要尽快施到地里，并且开袋后要一次用完。

2. 搭配合理

微生物肥料可以单独施入土壤中，但最好是和有机肥料或渣土混合使用，和化学肥料混合使用时应特别注意其混配性；施用过程中应避免与强杀菌剂、种衣剂、化肥或复合肥混合后长期存放，以免降低施用效果；种子需要消毒时应选择对菌肥无害的消毒剂，同时做到种子先消毒后拌菌剂。

3. 方法正确

微生物肥料要施入饲草根正下方，不要离根太远，同时盖土，不要让阳光直射到菌肥上；微生物肥料主要用作基肥使用，除酵素叶面肥外，一般不宜叶面喷施。

第五章　主要饲草与施肥

第一节　豆科饲草与施肥

一、紫花苜蓿 *Medicago sativa* L.

1. 形态特征

多年生草本。秆高 60~120 厘米，主根发达，入土深度达 2~6 米，多数品种侧根不发达，有些品种或植株侧根发达。着生根瘤较多，多分布在地下 20~30 厘米的根间。根颈粗大，居于地下 3~8 厘米处，随着年龄的增长逐渐深入土中。茎直立或有斜升，绿色或带紫色，粗 0.2~0.5 厘米，多分枝，生长 2 年以上的植株可分枝 10 多个，每个主枝具 10~17 个节。羽状三出复叶或多出复叶，小叶长圆状倒卵形、倒卵形或倒披针形，长 7~30 毫米，宽 3.5~15.0 毫米，先端钝，具小尖刺，基部楔形，叶缘上部 1/3 处有锯齿，两面无毛或疏被柔毛；托叶狭披针形。短总状花序腋生，具花 5~20 朵，紫色或蓝紫色；花萼筒状针形；花冠蝶形。荚果螺旋形，通常卷曲 1~3 圈，黑褐色，密生伏毛，内含种子 2~8 粒；种子肾形，黄褐色，陈旧种子变为深褐色。

2. 饲用价值

紫花苜蓿为各种牲畜最喜食的牧草。紫花苜蓿叶比茎含粗蛋白质高 1.0~1.5 倍，粗纤维含量叶比茎少 50%。因此，越是幼嫩，叶的比重越大，营养价值越高（表 58）。开花初期可刈割调制干草。从经济利用考虑，播种后 2~4 年内生产力高，不宜作为放牧利用，以青刈或调制干草为宜，5 年以后，可作为放牧地，应有计划地做到分区轮割或轮牧。建立大面积人工放牧场，最好采用禾草与紫花苜蓿混播较为适宜。苜蓿的营养价值与收获时期关系很大，幼嫩苜蓿含水量较高，随生长阶段的延长，蛋白质含量逐渐减少，粗纤维显著增加。初花期刈割的苜蓿消化率高，适口性好。

表 58　紫花苜蓿营养成分

生长阶段	水分含量（%）	占干物质（%）				
		粗蛋白质	粗脂肪	粗纤维	无氮浸出物	粗灰分
营养期	—	26.10	4.58	17.20	42.20	10.00
现蕾期	—	22.10	3.50	23.60	41.20	9.60
初花期	—	20.50	3.10	25.80	41.30	9.30
盛花期	—	18.20	3.60	28.50	41.50	8.20
结荚期	—	12.30	2.40	40.60	37.20	7.50
二茬再生	6.70	19.07	3.21	28.83	42.44	6.45

数据来源：陈默君，贾慎修，2002；王建光 等，2018。

3. *施肥*

增施肥料和合理施肥是紫花苜蓿高产、稳产、优质的关键。大量施肥能促进紫花苜蓿迅速再生，使多次刈割成为可能。紫花苜蓿吸取的植物营养物质比谷物（如玉米和小麦）多，特别是氮、钾、钙。与小麦相比，紫花苜蓿从土壤中吸收的氮和磷均多 1 倍，钾多 2 倍，钙多 10 倍。每生产紫花苜蓿干草 1 000 千克，需磷 2.0~2.6 千克、钾 10~15 千克、钙 15~20 千克。

紫花苜蓿根部有大量根瘤菌，能固定空气中游离氮素，固氮能力很强。据测定，紫花苜蓿年固氮量达 100~300 千克/公顷。紫花苜蓿中 40%~80% 的氮来自空气中固定的氮，这取决于植株的年龄和土壤的含氮状况。因此一般情况下不施氮肥，只是在含氮量低的土壤中播种紫花苜蓿时需要施少量氮肥（如磷酸二铵 15~30 千克/公顷）做种肥，与种子一起播种，目的是保证紫花苜蓿幼苗能迅速生长。在有机质含量低的土壤播种紫花苜蓿时，少量氮肥有利于幼苗萌发，同时对保证紫花苜蓿幼苗的迅速生长有利。通常情况下，施用氮肥会降低草产量和植株密度，并增加杂草。但若每年刈割 4 次或 4 次以上，施用高的氮肥量仍是有利的。

在紫花苜蓿中，磷的含量比钾少，但磷对紫花苜蓿生产至关重要。紫花苜蓿幼苗对磷的吸收非常迅速，所以磷在紫花苜蓿幼苗期很重要，通常在播种时条施于种子之下作为种肥。施用磷肥可以增加紫花苜蓿叶片和茎枝数目，从而提高紫花苜蓿产量；促进根系发育，有助于提高土壤肥力。最为常见的磷肥有过磷酸钙和重过磷酸钙。过磷酸钙含量为 16%~20%，重过磷酸钙含量为 40%~50%。紫花苜蓿磷的临界含量约为 0.25%，如果 10%紫花苜蓿植株含磷量低于 0.23%表明缺磷，而健壮植株的含磷量为 0.30%。

紫花苜蓿植株内钾的含量较高，从而对钾的需要量很大，生产 1 吨紫花苜蓿干草需要钾10~15千克。所以，为了紫花苜蓿高产，施钾肥意义很大，因为钾肥可以提高紫花苜蓿对强度刈割的抗性和耐寒性，增加根瘤数量和质量，提高氮的固定率。增加钾肥施用量，可以增加紫花苜蓿干物质和蛋白质产量，但不影响粗蛋白质含量。紫花苜蓿每年推荐钾肥量为112.5~187.5千克/公顷。早期研究表明，含量为1%~2%的钾用量是适宜的，而近来的一些研究则表明，为了获得最高产量和延长寿命，钾的含量应达到2%或以上。如果土壤中钾不足，紫花苜蓿草丛就会很快退化，变成只有禾本科牧草和杂草了。因此，当紫花苜蓿与禾本科牧草混播时需要较高的钾肥施用量，紫花苜蓿中钾的临界值为1.7%，紫花苜蓿小叶边缘上出现白斑即为缺钾的早期症状。氯化钾为紫花苜蓿施用的主要钾肥，其他钾肥包括硫酸钾、硫酸钾镁、磷酸钾和硝酸钾等。

紫花苜蓿对钙的吸收量通常比禾本科牧草多，紫花苜蓿干物质中钙的含量为1.5%~2.0%。钙可促进紫花苜蓿根的发育，形成根瘤和固定氮均需要钙。施用石灰可提高酸性土壤的pH值，同时可增加钙的含量。此外，施用石灰可降低土壤镁、铅的溶解度，提高钼与磷的有效性。种植紫花苜蓿时可条施少量石灰或将石灰作种衣施入，有利于紫花苜蓿的成功建植。

锌可以提高紫花苜蓿种子的千粒重。对于缺锌的土壤，一般可施锌5.6~16.8千克/公顷，以施可溶性锌盐为宜。对整个紫花苜蓿植株，缺锌的含量水平约为15毫克/千克。

钼和硼是影响紫花苜蓿种子形成的重要微量元素，据报道，初花前喷洒硼（0.02%）和钼（0.03%），4年内种子平均增产42.4%~76.1%。缺钼大多发生在酸性土壤中，也发生在有些中性土壤。紫花苜蓿初花期含钼少于0.5毫克/千克即为缺钼。酸性土壤中缺钼时可施石灰，钼肥（钼酸钠与钼酸）通常与磷或混合肥料一起施用。

二、黄花苜蓿 *Medicago falcata* L.

1. 形态特征

多年生草本。根粗壮，茎斜升或平卧，长30~60（100）厘米，多分枝。三出复叶，小叶倒披针形、倒卵形或长圆状倒卵形，边缘上部有锯齿。总状花序密集成头状，腋生，花黄色，蝶形。荚果稍扁，镰刀形，稀近于直立，长1.0~1.5毫米，被伏毛，含种子2~4粒。

2. 饲用价值

优良饲用植物。青鲜状态羊、牛、马最喜食。对产乳畜有增加产乳量、对幼畜有促进发育的功效，是一种具有催肥作用的牧草。种子成熟后的植株，家畜仍喜食。冬季叶多脱落，但残株保存尚好，适口性并未见显著降低。制成干草时，也为家畜所喜食。利用时间较长，产量也较高，野生的每公顷产鲜草2.25~3.75吨、栽培的4.5吨。营养较丰富（表59），含有较高的粗蛋白质，结实之后，粗蛋白质含量下降。黄花苜蓿用作放牧或割草均可，但其茎多为斜升或平卧，对刈割调制干草很不方便，可选择直立型的进行驯化栽培。近年来，我国一些研究部门和生产单位，已经注意采收种子，进行栽培试验，驯化培育，取得一定效果。尚需进行探索有效的改良方法，以适应生产的需要。

表59　黄花苜蓿营养成分

生育时期	水分含量（%）	占干物质（%）					钙（%）	磷（%）
		粗蛋白质	粗脂肪	粗纤维	无氮浸出物	粗灰分		
现蕾期	6.90	28.03	5.15	15.89	41.38	9.55	—	—
盛花期	14.00	20.11	1.63	46.74	22.45	9.07	0.51	0.15

数据来源：陈默君，贾慎修，2002；王建光 等，2018。

3. 施肥

在瘠薄地上，为使黄花苜蓿在初期有较好的生长发育，可施入氮45~60千克/公顷，磷90~120千克/公顷，钾60千克/公顷。出苗到分枝期需及时除草，有灌溉条件应适当灌溉。

三、红豆草 *Onobrychis viciaefolia* Scop.

1. 形态特征

多年生草本。高30~120厘米，主根粗长，侧根发达，主要分布在50厘米的土层内，最深可达10米。茎直立，多分枝，粗壮，中空，具纵条棱，疏生短柔毛。叶为奇数羽状复叶，具小叶13~27枚，呈长圆形、长椭圆形或披针形，长10~25毫米，宽3~10毫米，先端钝圆或尖，基部楔形，全缘，上面无毛，下面被长柔毛；托叶尖三角形，膜质，褐色。总状花序腋生。花冠蝶形，粉红色至深红色。荚果半圆形，压扁，果皮粗糙，有明显网纹，内含种子1粒；种子肾形，光滑、暗褐色。

2. 饲用价值

富含营养物质，粗蛋白质含量较高，为13.58%~24.75%，矿物质元素含量也很丰富，饲用价值较高（表 60），各类家畜和家禽均喜食。秸秆也是马、牛、羊的良好粗饲料。无论单播还是与禾本科牧草混播，其干草和种子产量均较高，饲草中含有畜禽所必要的多种氨基酸。有机物质消化率低于紫花苜蓿和沙打旺，反刍家畜饲用红豆草时，不论数量多少，都不会引起臌胀病。调制干草过程中叶片损失少，容易晾干。病虫害少，抗病力强。返青早，是提供早期青饲料的牧草之一，在早春缺乏青饲料的地区栽培尤为重要。开花早，花期长达 2~3 个月，是优良的蜜源植物。其根上有很多根瘤，固氮能力强，对改善土壤理化性质，增加土壤养分，促进土壤团粒结构的形成，都具有重要的意义。

表 60　红豆草营养成分

生育时期	测定期	有机质（%）	占干物质（%）					氮（%）	磷（%）	钙（%）
			粗脂肪	粗纤维	粗蛋白质	粗灰分	无氮浸出物			
分枝期	鲜草	91. 32	3. 066	15. 57	22. 49	8. 677	50. 19	3. 598	0. 299 8	1. 472
	干草	89. 73	2. 202	25. 73	22. 44	10. 27	39. 36	3. 591	0. 322 5	1. 305
盛花期	鲜草	91. 47	2. 643	33. 47	14. 43	8. 533	40. 92	2. 309	0. 169 9	1. 168
	干草	92. 92	2. 025	33. 82	14. 92	7. 082	42. 15	3. 387	0. 181 9	1. 033
成熟期	秸秆	94. 27	0. 853	52. 21	5. 847	5. 732	35. 36	0. 935	0. 073 3	0. 655
	麸皮	86. 03	2. 091	21. 67	15. 5	13. 97	46. 78	2. 479	0. 173 4	3. 332
二茬草（盛花期）	鲜草	92. 08	2. 982	20. 54	19. 16	7. 92	49. 40	3. 066	0. 197 3	1. 580
	干草	93. 33	1. 460	29. 59	14. 24	6. 67	47. 38	2. 278	0. 130 7	1. 727

数据来源：陈宝书，2001；王建光 等，2018。

3. *施肥*

红豆草播前施有机肥作基肥，苗期适当施用氮肥，可以提高产草量和品质。红豆草产量对单独施用氮、磷肥效果不明显。而氮、磷配合施用对红豆草产量有明显影响。在混播草地中，施用磷、钾肥可显著提高红豆草的比例。红豆草需钙量大，在酸性土壤上应增施石灰。在瘠薄地上，为使红豆草在生长初期有较好的生长发育，可施入氮 60 千克/公顷，磷 90 千克/公顷，钾 60 千克/公顷。一半在播种时施入，另一半在草地生活第 2 年施入。苗期管理是红豆草栽培成功的关键之一，出苗到分枝期需严格管理，此时植株细弱根浅，极易受侵害，应当适时灌溉以保证红豆草高产。

另外，在红豆草开花期进行根外追肥，除提高种子产量外，也能加速种子成熟进程，减少落粒。用浓度 150~200 毫克/千克的锰、硼、铁根外追肥，不但使种子产量提高，而且种子千粒重和发芽率都有明显提高。

四、白花草木樨 *Melilotus alba* Desr.

1. 形态特征

二年生草本。高1~3米。直根伸长2米以上，侧根发达，茎直立，圆柱形，中空，全株有香味。叶为羽状三出复叶，小叶椭圆形或长圆形，长15~30毫米，宽6~11毫米，先端钝，基部楔形，边缘有疏锯齿；托叶较小，锥形或条状披针形。总状花序腋生，具花40~80朵，花小，白色，长3~6毫米；花萼钟状；花冠蝶形，旗瓣较长于翼瓣。荚果小，椭圆形，下垂，表面有网纹，含1~2粒种子；种子肾形，黄色或褐黄色。

2. 饲用价值

牛、羊等家畜的优良饲草（表61）。可以放牧、青刈，制成干草或青贮。含有香豆素（*Cumarin*），开花、结实时含量最多，幼嫩及晒干后气味减轻。因此，应尽量在幼嫩或晒干后喂食，提高适口性和利用率。发霉或腐败，香豆素转变为抗凝血素，家畜食后，易引起内出血而死亡，尤以小牛较为突出，马和羊少见，因此要特别注意。最好刈割后与其他青饲料混饲，或调制成青干草利用，提高适口性。白花草木樨茎枝较粗，并稍有苦味，但早霜以后，苦味渐减，各种家畜习惯后都喜采食，特别是牛、羊能显著增膘。粉碎或打浆后喂猪效果更佳。同紫花苜蓿、三叶草相比，白花草木樨在放牧乳牛时很少引起臌胀病，但也不宜多食。饲喂大家畜时，与谷草对半混喂最好。青饲最好早上刈割，晾晒4~5小时后，茎叶萎蔫铡细饲喂；喂猪时，将切碎的草木樨煮熟，捞出放到清水里浸泡，消除香豆素的苦味，猪更爱吃；或掺上糠麸、粉浆、泔水和精料等，提高利用率。白花草木樨除作家畜的饲草外，还是优良的蜜源植物。

表61　白花草木樨营养成分

样品	水分（%）	占干物质（%）				
		粗蛋白质	粗脂肪	粗纤维	无氮浸出物	灰分
叶	12.0	28.5	4.4	9.6	36.5	9.0
茎	3.7	8.8	2.2	48.8	31.0	5.5
全株	7.37	12.51	3.12	30.35	34.55	7.05

数据来源：王建光 等，2018。

3. 施肥

白花草木樨播前施基肥，生长时期要及时追肥，特别是在分枝期、开花期及每次刈割后要及时追肥，肥料以磷钾肥为主。施磷肥对草木樨有显著增产作用，草木樨的体鲜重和根鲜重的增加都与施磷量呈显著对数相关，草木樨的产量随着施磷肥量的增加而增加，但增幅逐渐减小，草木樨粗蛋白质的含量随施磷量的增加呈抛物线形状。此外，施磷肥后，草木樨的根量增加，根瘤的固氮作用增强，从而提高了草木樨植株体内的粗蛋白质含量，使草木樨的品质优于对照。有研究发现，初花期前施过磷酸钙 270 千克/公顷，草木樨地上和地下生物量积累的增幅最大，分别提高 133. 3%和 277. 7%；施过磷酸钙 360 千克/公顷，种子产量增幅可达到 64. 97%。

五、黄花草木樨 *Melilotus officinalis* Lam.

1. 形态特征

一或二年生草本。高 1~2 米，全草有香味。主根发达，呈分枝状胡萝卜形，根瘤较多。茎直立，多分枝。叶为羽状三出复叶，小叶椭圆形至披针形，先端钝圆，基部楔形，边缘具细锯齿；托叶三角形。总状花序腋生，含花 30~60 朵，花萼钟状；花冠黄色，蝶形、旗瓣与翼瓣近等长。荚果卵圆形，有网纹，被短柔毛，含种子 1 粒；种子长圆形，黄色或黄褐色。

2. 饲用价值

分枝繁茂，营养丰富（表 62）。在东北地区栽培，产干草 4 627~7 500 千克/公顷。在调制青干草时，注意落叶性。生长后期秆易木质化，影响营养价值。

表 62　黄花草木樨营养成分

样品	水分（%）	占干物质（%）				
		粗蛋白质	粗脂肪	粗纤维	无氮浸出物	灰分
叶	13. 2	29. 1	11. 3	3. 7	34. 1	8. 6
茎	2. 6	8. 8	42. 5	1. 7	33. 7	3. 7
全株	7. 32	17. 84	31. 38	2. 59	33. 88	6. 99

数据来源：王建光 等，2018。

3. 施肥

磷肥对提高黄花草木樨产量效果显著，对越年生黄花草木樨，可施过磷酸钙 300~450 千克/公顷做底肥。据辽宁省农业科学院测定，施过磷酸钙，二年平均每千克过磷酸钙可增产鲜草 59. 8 千克。另外，施用钼酸铵效果亦佳。黑龙江省农业科学院试验结果表明，每克钼酸铵可增产鲜草46.0千克。遇干旱时，如能灌溉定可提高产量。

六、印度草木樨 *Melilotus indicus*（L.）All.

1. 形态特征

一年生草本。茎高10~50厘米，直立，中空，光滑，无毛；多分枝，羽状三出复叶，小叶倒披针状、矩圆形至宽倒卵形，长1~3厘米，宽约1厘米，先端截形或微凹，中脉突出，边缘中部以上有疏锯齿。总状花序腋生，长5~10厘米；花萼钟状，萼齿披针形，与萼筒等长或稍长；花冠蝶形，黄色，旗瓣与翼瓣近等长或稍长。荚果卵圆形，长2~3毫米，表面网脉凸出，有种子1粒，千粒重2克。

2. 饲用价值

茎叶柔软，鲜嫩多汁，茎叶和种子都是很好的青绿饲草和精饲料。制成干草或草粉饲用价值也很高。整个青草期各种畜禽均可采食，尤其猪、牛、羊特别喜食。从鲜草中还可分离出香豆素和含有营养丰富的多种糖类，如葡萄糖、果糖、山梨糖、棉子糖和纤维二糖等。籽实中含有大量的维生素和微量元素。营养期粗蛋白质含量17.70%，粗脂肪2.36%，粗纤维34.14%，无氮浸出物35.30%，粗灰分10.50%，钙0.82%，磷0.29%；开花期缬氨酸、苏氨酸、蛋氨酸、异亮氨酸、赖氨酸、精氨酸及组氨酸含量分别占干物质的1.29%、1.06%、0.40%、1.29%、1.82%、2.61%、0.92%。印度草木樨含有香豆素，少食毒性不大，马、羊等家畜如采食此草过多，可发生麻痹。因此，放牧或饲喂时，切忌不可过量。除具有饲用价值外，尚可作为蜜源植物、地被植物和绿肥植物用。

3. 施肥

施用磷肥可促进印度草木樨根系发育，提高抗旱能力，增加根瘤量及提高鲜草产量。磷肥宜早施，多用基肥，每公顷施过磷酸钙225~375千克或磷矿粉375~750千克。用0.1%的钼酸铵浸种，可提高印度草木樨固氮量并促进根系生长。

七、箭筈豌豆 *Vicia sativa* L.

1. 形态特征

一年生草本。茎细软，斜升或攀缘，有条棱，多分枝，长60~200厘米。羽状复叶，具小叶8~16枚，叶轴顶端具分枝的卷须；小叶椭圆形、长圆形至倒卵形，长 8~20 毫米，宽 3~7 毫米，先端截形凹入，基部楔形，全缘，两面疏生短柔毛；托叶半边箭头形，花 1~3 朵生于叶腋，花梗短；花萼筒状，萼齿 5，披针形；花冠蝶形，紫色或红色。荚果条形，稍扁，长 4~6 厘米，内含种子 5~8 粒；种子球形或微扁，颜色因品种而不同，有乳白、黑色、灰色和灰褐色，具有大理石花纹。

2. 饲用价值

茎叶柔嫩，营养丰富，适口性强，马、牛、羊、猪、兔等家畜均喜食。青草的粗蛋白质含量较紫苜蓿高，粗纤维含量少，氨基酸含量丰富。籽实中粗蛋白质含量占全干重的 30%左右，是优良的精饲料。茎秆可作青饲料、调制干草，也可用作放牧。用干草粉混于配合饲料喂猪，效果良好。箭筈豌豆含有一定量的氰氢酸，其含量多少与品种特性有关，受栽培条件的影响不大。含量超过规定标准（每千克不超过 5 毫克），作去毒处理，浸泡或蒸煮，使之遇热挥发、遇水溶解，降低含量。在饲喂中注意不要单一化和喂量过多，可保证安全。箭筈豌豆不仅是一种高产优质饲料，而且在复种、套种、间作等栽培利用上有较宽广的前景，既可达到用地养地、增产饲料、增产粮食、农牧互相促进的目的，又解决了种植饲料与粮争地、争水、争肥和争劳力的矛盾。甘肃部分地区复种箭筈豌豆茬地小麦，较对照增产 13.3%，用以压青较对照增产 66%。由此可见，充分利用短期休闲地种植箭筈豌豆，既可达到经济要求，又可达到农业技术要求，是农、牧两利，一举两得。

表 63　箭筈豌豆营养成分

品种	测定时期	粗蛋白质（%）	粗脂肪（%）	有机物消化率（%）	消化（兆焦/千克）	代谢（兆焦/千克）
西牧 324 箭筈豌豆	盛花期	25.44	1.47	69.11	12.17	9.21

数据来源：王建光 等，2018。

3. 施肥

箭筈豌豆播前整地应精细，并施入厩肥，一般施厩肥 15~22 吨/公顷。同时还应施入少量磷肥和钾肥。经试验，施过磷酸钙 375 千克/公顷时鲜草产量较对照增产 60%，种子产量增加 57%，根量增加 61%；在施磷肥的基础上，苗期追施碳酸氢铵 75 千克/公顷，鲜草产量比对照增加 80%，根量增加 120%。

八、333/A 春箭筈豌豆 *Vicia angustifolia* L. var. *japonica* A. *Gray* cv. 333/A

1. 形态特征

一年生草本植物。茎斜升或攀缘，羽状复叶，具小叶 8~18 枚，主根明显，着生根瘤多而大，茎柔嫩，略带红紫色，有条棱，半攀缘状，茎顶有卷须。株高 80~105 厘米。羽状真叶，第一对真叶色暗灰绿色，略带红色，真叶上的小叶片细窄呈条形。当第二对真叶出现后，叶色转绿，真叶上的小叶片也随之变宽。花对生，深红色。分枝 2.5~5.3 个，长荚果 4~6 厘米，圆筒形，每荚 4~6 粒，种子圆筒形，色淡褐绿，属大粒品种，千粒重 56~75 克。

2. 饲用价值

适口性强，马、牛、羊、猪、兔等家畜均喜食。开花后马、牛亦乐食，绵羊采食；晒制成青干草，马、牛、羊均采食，切碎猪禽喜食。"333/A"春箭筈豌是 1987 年中国农业科学院兰州畜牧与兽药研究所通过国家鉴定登记的春箭筈豌豆新品种。具有早熟、稳定丰产、抗旱、耐寒、耐瘠薄、不炸荚、氢氰酸含量低等多种优良性状，在推广过程中很受农民群众的欢迎。比推广品种早熟 15~30 天，春播种子产量 2 250~3 750 千克/公顷，增产 35%~56%；复种青草产量 52 500~67 500 千克/公顷，增产 23%~26%；青草干物质的粗蛋白质含量为 22.78%，种子粗蛋白质含量为 32.4%；氢氰酸含量低于国家允许标准，饲用和食用安全（表 64）。可收草、收种，可单、混播和套、复种，为北方地区的豆科优质牧草品种和绿肥作物。"333/A"春箭筈豌豆是饲料、粮食、绿肥兼用作物，栽培利用余地广，且不与其他粮食作物争地，经济效益高，改土效果好。既是优良的饲料牧草作物，其籽实又可供人食用。

表 64　333/A 春箭筈豌豆营养成分

测定时期	粗蛋白质（%）	粗脂肪（%）	有机物消化率（%）	消化能（兆焦/千克）	代谢能（兆焦/千克）
花期	24.17	1.19	68.3	11.96	9.07

数据来源：王建光 等，2018。

3. 施肥

春箭筈豌豆是一种既喜肥又耐瘠的作物。其根系比较发达，有较强的吸水能力。增施肥料有显著的增产效果。施肥要实行农家肥为主，有机肥为辅，基肥为主，追肥为辅，分期分层施肥的科学施肥方法。基肥也叫底肥，即播种之前结合耕作整地施入土壤深层的基础肥料。一般多为有机肥，也有配合施用无机肥的。常用的有机肥有粪肥（人畜粪尿）、腐熟厩肥或农家肥11~15吨/公顷，在土壤缺磷情况下，可用磷肥单作基肥或与厩肥混合做基肥施用。

由于春箭筈豌豆耕作粗放，有机肥用量不足，土壤基础养分较低，供应不足，不能满足其苗期生长发育对主要养分的需要。因此，最好播种时将肥料施于种子周围，增施种肥。种肥的种类有粪肥和无机肥。粪肥作种肥施用的方法主要有抓粪、大粪滚籽等。有机肥作种肥主要有复合肥、磷酸二铵复合肥、尿素和过磷酸钙等。苗期追肥，春箭筈豌豆在生长过程中对土壤磷的消耗较多，在分枝期、青夹期这2个关键时期需要大量的营养元素，在此时应适量追肥，给土壤补充一定数量的养分，追肥宜用速效氮肥如尿素38~60千克/公顷，或浇粪水。

九、毛苕子 *Vicia villosa* Roth.

1. 形态特征

一年生或越年生草本，全株密被长柔毛。主根长0.5~1.2米，侧根多。茎细长达2~3米，攀缘，草丛高约40厘米。每株20~30个分枝。偶数羽状复叶，小叶7~9对，叶轴顶端有分枝的卷须；托叶戟形；小叶长圆形或披针形，长10~30毫米，宽3~6毫米，先端钝，具小尖头，基部圆形。总状花序腋生，具长毛梗，有小花10~30朵而排列于序轴的一侧，紫色或蓝紫色。萼钟状，有毛，下萼齿比上萼齿长。荚果矩圆状菱形，长15~30毫米，无毛，含种子2~8粒，略长球形，黑色。千粒重25~30克。

2. 饲用价值

毛苕子茎叶柔软，富含蛋白质和矿物质，无论鲜草或干草，适口性均好，各类家畜都喜食。可青饲、放牧和刈制干草（表65）。四川等地把毛苕子制成苕糠，是喂猪的好饲料。毛苕子也可在营养期进行短期放牧，再生草用来调制干草或收种子。南方冬季在毛苕子和禾谷类作物的混播地上放牧奶牛，能显著提高产奶量。但毛苕子单播草地放牧牛、羊时要防止臌胀病的发生。通常放牧和刈割交替利用，或在开花前先行放牧，后任其生长，以利刈割或留种；或于开花前刈割而用再生草放牧，毛苕子也是优良的绿肥作物，它在我国一些地区，正在日益显示着其举足轻重的地位。用毛苕子压青的土壤有机质、全氮、速效磷含量都比不压青的土壤有明显增加。毛苕子花期长达 30~40 天，是很好的蜜源植物。

表 65 毛苕子营养成分

样品	含水量(%)	粗蛋白质(%)	粗脂肪(%)	粗纤维(%)	无氮浸出物(%)	粗灰分(%)
干草(盛花期)	6. 30	21. 37	3. 97	26. 01	31. 62	10. 70
鲜草(盛花期)	85. 20	3. 46	0. 86	3. 26	6. 12	1. 10

数据来源：王建光 等，2018。

3. 施肥

播前要施厩肥和磷肥。特别需要施磷肥，中国各地施用磷肥均有明显增产效果。如苏、皖的淮北地区，施过磷酸钙 300 千克/公顷，比不施过磷酸钙增产鲜草 0. 5~2. 0 倍，每千克过磷酸钙能增产鲜草 20~75 千克，起到了以磷增氮的效果。田间管理在播前施磷肥和厩肥的基础上，生长期可追施草木灰或磷肥 1~2 次。

十、豌豆 *Pisum sativum* L.

1. 形态特征

一年生攀缘草本。各部光滑无毛，被白霜。茎圆柱形，中空而脆，有分枝。矮生品种高 30~60 厘米，蔓生品种高达 2 米以上。双数羽状复叶，具小叶 2~6 片，叶轴顶端有羽状分枝的卷须；托叶呈叶状，通常大于小叶，下缘具疏牙齿；小叶卵形或椭圆形，长 2~5 厘米，宽 1. 0~2. 5 厘米，先端钝圆或尖，基部宽楔形或圆形，全缘，有时具梳齿。花单生或 2~3 朵生于腋出的总花梗上，白色或紫红色；花萼钟状；花冠蝶形。荚果圆筒形，稍压扁，长 5~10 厘米，宽 1. 0~1. 5 厘米，内含种子 3~10 粒；种子球形、椭圆形或扁圆形等，青绿色，干后为黄白色、绿色、褐色等，种皮光滑，具皱纹或皱点。千粒重 15~30 克。

2. 饲用价值

豌豆为营养价值较高的饲用植物（表 66）。籽实含蛋白质较高，一般含 21%~24%，适口性好，是家畜优良精饲料，可作家畜日粮中的蛋白质补充料。秸秆和秕壳也含有 6%~11%的蛋白质，质地较软易消化，是家畜优良粗饲料，喂马、牛、羊均可。豌豆的新鲜茎叶为各种家畜所喜食。可以青喂、青贮、晒制干草或干草粉，为生产上较广泛利用的一种饲料作物。籽粒产量 1 500~2 250 千克/公顷，高者达 3 000 千克/公顷以上。青刈豌豆秧 15~30 吨/公顷。豌豆茎叶及种子均可作药用，有强壮利尿、止泻、清凉解暑之功能。此外，茎叶也可作绿肥。

表 66　豌豆营养成分

样品	水分（%）	钙（%）	磷（%）	占干物质（%）				
				粗蛋白质	粗脂肪	粗纤维	无氮浸出物	粗灰分
籽粒	10.09	0.22	0.39	21.2	0.81	6.42	59	2.48
秸秆	10.88	—	—	11.48	3.74	31.35	32.33	10.04
秕谷	7.31	1.82	0.73	6.63	2.15	36.7	28.18	19.03
青刈豌豆	79.2	0.2	0.04	1.4	0.5	5.8	11.6	1.5

数据来源：王建光 等，2018。

3. 施肥

豌豆籽粒蛋白质含量较高，生长期间需供应较多氮素。每生产 1 000 千克豌豆籽粒，需吸收氮 3.1 千克，磷 2.8 千克，钾 2.9 千克。所需氮、磷、钾比例大约为 1.00∶0.90∶0.94。豌豆通过土壤吸收的氮素通常较少，所需的大部分氮素由根瘤菌共生固氮获得。据测定，每个生长季节豌豆一般可固氮 75 千克/公顷左右，可基本满足生长中后期对氮的需求，不足部分靠根系从土壤中吸收。为达到壮苗以及诱发根瘤菌生长和繁殖的目的，苗期施用少量速效氮肥是必要的。在贫瘠地块上结合灌水施用速效氮增产效果明显，氮肥用量为 45 千克/公顷。处于营养生长期的豌豆，对磷有着较强吸收能力。在开花结荚期，根系对磷的吸收能力降低，此时采用根外追施磷肥，有较好增产效果。磷肥通常作基肥，施用量为 50~60 千克/公顷。钾全部靠豌豆根系从土壤中吸收，也可在苗期田间撒施草木灰，既可增加养分又能抑制豌豆虫害，还可增加土壤温度，有利于根系生长发育。开花结荚期根外追施硼、锰、锌、镁等微量元素，有明显增产效果。

十一、多变小冠花 *Coronilla varia* L.

1. 形态特征

多年生草本。高 70~130 厘米。根系发达，主要分布在 15~40 厘米深的土层中，黄白色，具多数形状不规则的根瘤。茎直立或斜升，中空，具条棱。奇数羽状复叶，具小叶 9~25 枚；托叶小，锥状，长约 2 厘米；小叶长圆形或倒卵状长圆形，长 5~20 毫米，宽 3~5 毫米，先端圆形，或微凹，基部楔形，全缘，光滑无毛。总花梗长 15 厘米，由 14~22 朵花紧密排列于总花梗顶端，伞形花序；花小，下垂，花梗短，花萼短钟状，花冠蝶形，初为粉红色，以后变为紫色。荚果细长，圆柱状，长 2~8 厘米，宽约 0.2 厘米，具 3~13 荚节（多数 4~6 荚节），每荚节含种子 1 粒；种子肾形，长约 3.5 毫米，宽约 1 毫米，红褐色。

2. 饲用价值

茎叶繁茂、幼嫩，叶量大，营养成分含量高（表 67）。叶量在盛花期占 55.27%。营养丰富。茎叶有苦味，适口性比紫花苜蓿差。中国农业科学院北京畜牧兽医研究所试验，在饲草中加入 20%~30%的小花冠，对家畜无毒害作用。多变小冠花产草量高，再生性能好。在甘肃中部地区，每年可刈割 3 次，抗旱性强，冬季枯萎迟，可延长每年青草供应期。小冠花可作青贮、调制干草和干草粉。刈割最好在初花期。调制青贮或干草可在花期刈割，以增加产量。小冠花有根瘤固氮作用，能提高土壤氮素含量。经测定，种植一年的多变小冠花地中 0~20 厘米土层内，有机质含量提高了 0.14%，水解氮增加 22.99%，是培肥土壤的良好绿肥植物，多变小冠花的花期长达 5 个月之久，也是好的蜜源植物，花多鲜艳，枝叶茂盛，又可作美化庭院净化环境的观赏植物，还可作果园覆盖植物。

表 67　多变小冠花营养成分

生育期	干物质（%）	占干物质（%）					钙（%）	磷（%）
		粗蛋白质	粗脂肪	粗纤维	无氮浸出物	粗灰分		
盛花期	18.80	22.04	1.84	32.38	34.08	9.66	1.63	0.24

数据来源：王建光 等，2018。

3. 施肥

小冠花种子小，苗期生长缓慢，因此播前要精细整地，消灭杂草，施用适量有机肥和磷肥做底肥。必要时灌一次底墒水，以利出苗。

十二、沙打旺 *Astragalus huangheensis* H. C. Fu

1. 形态特征

多年生草本。高 1.5~2.0 米，全株被丁字形茸毛。主根粗长，侧根较多，主要分布于 20~30 厘米土层内，根幅达 150 厘米左右，根上着生褐色根瘤。茎直立或倾斜向上，丛生，分枝多，主茎不明显，一般10~25个。叶为奇数羽状复叶，有小叶3~27枚，长圆形；托叶膜质，卵形。总状花序，多数腋生，每个花序有小花17~79朵；花蓝色、紫色或蓝紫色；萼筒状五裂；花翼瓣和龙骨瓣短于旗瓣。荚果矩形，内含褐色种子10余粒。

2. 饲用价值

嫩茎叶打浆可喂猪；可在沙打旺草地上放牧绵羊、山羊；收割青草冬季补饲，用沙打旺与禾草混和青贮等。凡是用沙打旺饲养的家畜，膘肥、体壮，还未发现有异常现象，反刍家畜也未发生臌胀病。沙打旺花期长，花粉含糖丰富，是一种优良的蜜源植物，特别在秋季，沙打旺的花仍十分繁盛，可供蜂群采集花粉。沙打旺为蜂群源源不断地提供蜜源，蜂群为沙打旺传递花粉，增加种子产量。沙打旺由苗期到盛花期，碳水化合物含量由63%增加到79%，无氮浸出物（淀粉、糊精和糖类等）由45%减到35%，粗纤维则由18%增加到37%，霜后落叶时增至48%。沙打旺粗蛋白质含量在风干草中为14%~17%，略低于紫花苜蓿，幼嫩植株中粗蛋白质含量高于老化的植株。初花期的蛋白质含量为12.29%，仅低于苗期（13.36%），而高于营养期（11.2%）、现蕾期（10.31%）、盛花期（12.30%）和霜后落叶期（4.51%），霜后落叶期的粗蛋白质急剧下降，仅为盛花期前的1/3至1/2。在不同生长年限中，氨基酸总含量以第一年最高，达13%以上，2~7年的植株中，变化幅度为8.0%~9.6%，接近草木樨含量（9.8%），而低于紫花苜蓿。紫花苜蓿第二年初花期氨基酸总量为12.22%。生长1年的沙打旺，从苗期到盛花期，植株中9种必需氨基酸含量变化在2.7%~3.6%，平均为2.38%，略低于紫花苜蓿（3.05%）。因此，沙打旺是干旱地区的一种好饲草。但适口性和营养价值低于紫花苜蓿（表68）。沙打旺的有机物质消化率和消化能也低于紫花苜蓿，沙打旺作为低毒黄芪属植物，可作为饲料推广应用。

表68 沙打旺营养成分

生育期	干物质（%）	占干物质（%）					钙（%）	磷（%）
		粗蛋白质	粗脂肪	粗纤维	无氮浸出物	粗灰分		
开花期	90.18	17.27	3.06	22.06	49.98	7.66	3.27	0.15

数据来源：王建光 等，2018。

3. 施肥

贫瘠的土地每公顷的施厩肥为22吨左右，将厩肥深翻到底层作为基肥料。土壤肥力较好时，沙打旺一般不施基肥，采取追肥方式施肥。在早春返青和每次刈割后追肥，追肥以速效磷钾肥为主，每平方千米用量37.5~75.0千克，苗期可以加施一定量的氮肥。

十三、白三叶草 *Trifolium repens* L.

1. 形态特征

多年生草本。叶层一般高15~25厘米，高的可达30~45厘米。主根较短，但侧根和不定根发育旺盛。株丛基部分枝较多，通常可分枝5~10个，茎匍匐，长15~70厘米，一般长30厘米左右，多节，无毛。叶互生，具长10~25厘米的叶柄，三出复叶，小叶倒卵形至倒心形，长1.2~3.0厘米，宽0.4~1.5厘米，先端圆或凹，基部楔形，边缘具细锯齿，叶面具“V”字形斑纹或无；托叶椭圆形，抱茎。花序呈头状，含花40~100朵，总花梗长；花萼筒状，花冠蝶形，白色，有时带粉红色。荚果倒卵状长圆形，含种子1~7粒，常为3~4粒；种子肾形，黄色或棕色。

2. 饲用价值

适口性优良，为各种畜禽所喜爱，营养成分及消化率均高于紫花苜蓿、红三叶草（表69）。干草产量及种子产量则随地区不同而异。它具有萌发早、衰退晚、供草季节长的特点，在甘肃多为绿化用。白三叶茎匍匐，叶柄长，草层低矮，故在放牧时多采食的为叶和嫩茎。营养成分及消化率为所有豆科牧草之冠，其干物质的消化率一般都在80%左右。白三叶野生种与栽培种在中国及世界各地广泛分布，已成为世界上较重要的牧草品种资源之一，世界上已育成很多白三叶品种，在畜牧业生产上发挥了巨大的作用。白三叶多用于混播草地，很少单播，是温暖湿润气候区进行牧草补播、改良天然草地的理想草种。也可作为保护河堤、公路、铁路及防止水土流失的良好草种，也是作为运动场、飞机场草皮植物及美化环境铺设草坪等植物。

表69　白三叶营养成分

生育期	干物质（%）	占干物质（%）					钙（%）	磷（%）
		粗蛋白质	粗脂肪	粗纤维	无氮浸出物	粗灰分		
开花期	17.8	28.7	3.4	15.7	40.4	11.8	0.9	0.3

数据来源：王建光 等，2018。

3. 施肥

白三叶草耐践踏、扩展快，与杂草竞争力较强，适度放牧有利于白三叶生长和形成草层。在播种前，每亩施过磷酸钙 20~25 千克，以及一定数量的厩肥作基肥。因白三叶草苗期根瘤菌尚未生成，所以需补施少量的氮肥，有利于壮苗，增施磷、钾肥有很好的增产作用。待成坪后则只需补施磷、钾肥，提高草产量。

十四、红三叶草 *Trifolium pratense* L.

1. 形态特征

多年生草本。高 30~80 厘米，主根入土深达 1.0~1.5 米，侧根发达，根瘤卵球形，粉红色至白色。茎直立或斜升，株丛基部分枝 10~15 个。叶互生，三出复叶，小叶椭圆状卵形至宽椭圆形，长 2.5~4.0 厘米，宽 1~2 厘米，先端钝圆，基部宽楔形，边缘具细齿，下面有长柔毛；托叶卵形，先端锐尖。花序腋生，头状，含花 100 余朵，具大型总苞，总苞卵圆形，花萼筒状；花冠蝶形，红色或淡紫红色。荚果倒卵形，小，长约 2 毫米，含种子 1 粒，椭圆形或肾形，棕黄色或紫色，千粒重为 1.5 克左右。

2. 饲用价值

红三叶是优质的豆科牧草，在现蕾、开花期以前，叶多茎少，现蕾期茎叶比例接近 1∶1，始花期为 0.65∶1.0，盛花期为 0.46∶1.0。其营养成分，氨基酸含量及对反刍家畜的消化率均较高（表 70）。红三叶主要作为人工割草场利用，对各种家畜适口性都很好，马、牛、羊、猪、兔喜采食，红三叶产量较高，生长年限较长，是优质牧草之一，可大面积推广种植。红三叶亦可作为草地绿化利用。

表 70　红三叶营养成分

生育期	干物质（%）	占干物质（%）					钙（%）	磷（%）
		粗蛋白质	粗脂肪	粗纤维	无氮浸出物	粗灰分		
开花期	27.5	14.9	4.0	29.8	44.0	7.3	1.7	0.3

数据来源：王建光 等，2018。

3. 施肥

红三叶根系浅种子小，应精细整地，最好在播种前一年秋季进行翻地和耙地，以利蓄水和土壤熟化，同时每公顷施用厩肥 15.0~22.5 吨，钙、镁、磷混合肥 375 千克，若为酸性土壤，施入石灰用于调节 pH 值，效果更好。未种过红三叶的土地第一次种植前应采取硬实处理和根瘤菌接种，可显著提高出苗效果。

十五、山黧豆 *Lathyrus sativus* L.

1. 形态特征

多年生草本。根状茎细而稍弯，横走地下。茎单一，高 20～40 厘米，直立或稍斜升，有棱，具翅。双数羽状复叶，具小叶 2～6 枚，叶轴顶端成为单一不分枝的卷须；托叶为狭细的半边箭头状；小叶披针形至条形。长 3.5～8.5 厘米，宽 2～8 毫米，先端锐尖或渐尖，基部楔形，上面无毛，下面有柔毛，具 5 条明显的纵脉。总状花序腋生，具 3～7 朵花；花萼钟状；花冠蝶形，红紫色或蓝紫色。荚果长圆状条形，长 3～5 厘米，有毛。

2. 饲用价值

适口性良好。鲜草时牛、羊最喜食；干草各种家畜均喜食。在野生动物中，梅花鹿喜食其叶。山黧豆产量较低，但营养价值高（表 71），开花初期的干草率为 40%～50%，是刈、牧兼用的优良牧草。开花期长达 2 个月，此时刈割则干草营养成分好，可调制优良干草。山黧豆花期的饲料有机物质消化率 74.49%。山黧豆种子有微毒，在利用过程中，防止家畜误食种子，最好在花期刈割，调制干草。

表 71 山黧豆营养成分

干物质（%）	钙（%）	磷（%）	占干物质（%）				
			粗蛋白质	粗脂肪	粗纤维	无氮浸出物	粗灰分
90.93	1.19	0.23	21.13	1.50	28.92	41.07	7.38

数据来源：王建光 等，2018。

3. 施肥

精耕细作和增施肥料是山黧豆高产的重要保证，尤对磷肥反应敏感，增施 60 千克/公顷磷肥可增产 25%，苗期追施钾肥也有显著效果。播前根瘤菌接种，生长发育良好。

十六、百脉根 *Lotus corniculatus* L.

1. 形态特征

多年生草本。高 8～60 厘米，主根粗壮，圆锥形。茎丛生，细弱，斜升或直立，幼时疏被长柔毛。单数羽状复叶，具小叶 5 枚，其中 3 个小叶生于叶轴顶端，2 个小叶生于叶轴基部类似托叶，卵形或倒卵形，长 3~20 毫米，宽 3~12 毫米，先端锐尖，基部宽楔形或略歪斜，全缘，无毛。花 2~4 朵，排成伞形花序；具 3 枚叶状苞片；花萼钟形，疏被长硬毛；花冠黄色，蝶形，长 1.0~1.3 厘米，旗瓣具明显的紫红色脉纹。荚果圆柱形，似牛角，或下垂形，似鸟趾，故有“鸟趾草”之称，果长 2.5~3.2 厘米，鲜时绿色或紫绿色，干后呈褐色，内含种子多数；种子深绿色，近肾形。

2. 饲用价值

植株较矮小，属半上繁性牧草，茎半匍匐，从根颈部发出的茎数较少，但分枝旺盛，叶量多而柔嫩，具有较高的营养价值（表 72）。营养期的饲料有机物质消化率 68.64%，消化能 12.23 兆焦/千克，代谢能 9.50 兆焦/千克。适口性好，特别是羊极喜食。不含有皂素，家畜大量采食不会引起臌胀病。再生性好，全年可刈割 2~3 次。栽培品种，产鲜草 37.5~45.0 吨/公顷。春天萌发早，夏季高温生长缓慢，夏末生长较旺，全年供应饲草期较短。可用作放牧或刈割，但在调制干草过程中，百脉根具有较强的落叶性，应采取预防落叶措施。百脉根有艳丽的花，可用作观赏植物栽培，美化环境。

表 72　百脉根营养成分

生育期	干物质（%）	占干物质（%）					磷（%）
		粗蛋白质	粗脂肪	粗纤维	无氮浸出物	粗灰分	
开花期	82.91	3.6	0.65	6.17	7.37	1.31	0.09

数据来源：王建光 等，2018。

3. 施肥

对于有机质含量低的土壤，在播种之前施用少量氮肥，有助于根瘤菌形成前的百脉根幼苗生长。百脉根幼苗期生长缓慢，注意适时浇水并及时拔除杂草。在百脉根分枝、现蕾及刈割后，叶面喷施磷肥可增加叶片数、茎枝数和开花数，同时促进根系发育。以收草为目的草地，在分枝期每公顷施氮肥 75 千克。种子田每公顷施磷肥 150 千克。一般在生长第 3 年的春季，结合松耙、灌溉，增产效果显著，肥效可维持 2 年。

十七、达乌里胡枝子 *Lespedeza davurica*（Laxm.）Schindl.

1. 形态特征

草本状半灌木。高 20~60 厘米。茎单一或数个簇生，通常稍斜升。羽状三出复叶，小叶披针状长圆形，长1.5~3.0厘米，宽5~10毫米，先端圆钝，有短刺尖，基部圆形，全缘，有平伏柔毛。总状花序腋生，较叶短或与叶等长；萼筒杯状，萼齿刺状；花冠蝶形，黄白色至黄色。荚果小，包于宿存萼内，倒卵形或长倒卵形，两面凸出，伏生白色柔毛。

2. 饲用价值

优等饲用植物。开花前为各种家畜所喜食，尤其马、牛、羊、驴最喜食，花期也喜食。适口性最好的部分为花、叶及嫩枝梢，开花以后，茎枝木质化，质地粗硬，适口性大大下降，故利用宜早，迟于开花期，家畜采食较差（表73）。现蕾以前叶量丰富，占地上全部风干重的64.3%，茎占35.7%，此时地上部产量主要集中在距地5~20厘米处。待全株高达40厘米左右，此时既适于放牧也适于刈制干草。粗蛋白质的含量由营养期至开花期逐渐降低，粗纤维的含量有逐渐增高的趋势。营养期含胡萝卜素9.85毫克/千克，初花期86.5毫克/千克，花后期96.1毫克/千克。达乌里胡枝子为耐旱、耐瘠薄土壤的优良牧草，适于放牧或刈制干草，也可作为改良干旱、退化或趋于沙化草场的材料，如作为山地、丘陵地及沙地的水土保持植物也较适宜。近年来山西省进行试种，效果良好。种子千粒重1.9.0~1.95克，硬实率不及20%，出苗容易，雨季条播或撒播后赶羊群踩踏一遍，一般10天即可出苗，当年可开花结实。

表73 达乌里胡枝子营养成分

生育时期	占风干重（%）			占绝干重（%）				
	干物质	钙	磷	粗蛋白质	粗脂肪	粗纤维	无氮浸出物	粗灰分
初花期	86.77	2.86	0.26	19.29	2.73	29.47	28.07	7.21

数据来源：王建光 等，2018。

3. 施肥

施肥对单株种子产量存在显著影响，当施加175千克/公顷氮肥+50千克/公顷磷肥+150千克/公顷钾肥时，是达乌里胡枝子种子生产时获得高种子产量较经济的选择。

十八、柠条锦鸡儿 *Caragana korshinskii* Kom.

1. 形态特征

灌木。高1.5~5.0米。根系发达，入土深5~6米，最深达9米左右，水平伸展达20余米。树皮金黄色。有光泽，小枝灰黄色，具条棱，密被绢状柔毛。羽状复叶，具小叶12~16枚，倒披针形或矩圆状倒披针形，两面密生绢毛。花单生，花萼钟状，花冠黄色，蝶形，子房疏被短柔毛。荚果披针形或短圆状披针形，稍扁，革质，深红褐色。种子呈不规则肾形，淡褐色、黄褐色或褐色。

2. 饲用价值

枝叶繁茂，产草量高，营养丰富（表74），适口性强，是家畜的良等饲用灌木。绵羊、山羊及骆驼均采食其幼嫩枝叶，春末喜食其花；夏秋采食较少，秋霜后又开始喜食。马、牛采食较少。含有较高的蛋白质和氨基酸。柠条锦鸡儿草场一年四季都可放牧利用，特别是在冬春季节及干旱年份，饲用价值提高。具有抓膘、复壮、保胎作用。也可粉碎加工成草粉，作为冬季及早春补充饲料。柠条锦鸡儿的荚果及种子也是很好的精饲料。柠条锦鸡儿还是很好的防风固沙、水土保持树种，可调节小气候，涵养水源，改善自然生态环境。也是很好的蜜源植物；其根、花、种子均可入药，有滋阴养血、通经、镇静、止痒等效用。

表74　柠条锦鸡儿营养成分

生育时期	占风干重（%）			占绝干重（%）				
	干物质	钙	磷	粗蛋白质	粗脂肪	粗纤维	无氮浸出物	粗灰分
开花期	86.18	0.80	0.34	26.67	2.08	19.44	46.23	5.58

数据来源：王建光 等，2018。

3. 施肥

播种一般在5—7月，当灌水后的育苗圃地皮晒干变白时进行旋耕，并施入尿素450千克/公顷与混合肥225千克/公顷，耙平、磨实，用双行播种机械进行播种。幼苗出土30~40天，苗高15~20厘米时施肥1次，将磷酸二铵和复合肥按1：1混合均匀后，用施肥机在行距中施肥300千克/公顷，应根据基肥的数量、土壤的肥力和苗木的生长情况确定追肥量。若遇降水时追施尿素及叶面宝等植物生长调节剂，8月上旬应停止追肥，以免苗木贪青陡长，影响木质化，不利于苗木越冬。

第二节　禾本科饲草与施肥

一、燕麦 *Avena sativa* L.

1. 形态特征

一年生草本。疏丛型，须根系，较发达。秆直立，高80~150厘米。叶片扁平，长15~40厘米，宽0.6~1.2厘米。圆锥花序，小穗含2~3个小花，小穗轴不易断落，近于无毛或疏生短毛；颖片具8~9脉；外稃质地坚硬，第一外稃背部无毛，基盘仅具少数短毛或近于无毛，有芒或无；第二外稃无毛，通常无芒。颖果纺锤形，具簇毛，有纵沟。谷壳占籽粒重量的20%~30%。

2. 饲用价值

是一种营养价值很高的饲料作物，在其籽实中粗蛋白质和粗脂肪的含量较高（表75）。青刈燕麦茎秆柔软，叶量丰富，适口性很好，各种家畜喜食，尤其是大家畜喜食，干物质消化率可达75%以上，充分说明禾本科干草虽然中性洗涤纤维（NDF）高，但酸性洗涤纤维（ADF）相对较低，可消化NDF含量高。燕麦籽实是饲喂马、牛的好精料，加工后也可饲喂家禽；青刈燕麦的茎叶营养丰富柔嫩多汁，无论作青饲料、青贮料或调制成干草都比较适宜。各类家畜均喜食。燕麦干草也可制成草粉、草颗粒、草块、草砖、草饼，供家畜使用。燕麦可以用于制作青贮，青贮可以在乳熟期至蜡熟期刈割，如果要制作全株青贮，可以在完熟期刈割。在乳熟期刈割，用拉伸缠绕膜生产青贮。

表75　燕麦营养成分

样品	水分（%）	占干物质（%）				
		粗蛋白质	粗脂肪	粗纤维	无氮浸出物	粗灰分
籽粒	10.9	12.9	3.9	14.8	53.9	3.6
鲜草	80.4	2.9	0.9	5.4	8.9	1.5
秸秆	13.5	3.6	1.7	35.7	37.0	8.5

数据来源：陈宝书，2001；王建光 等，2018。

3. 施肥

在分蘖或拔节期进行第二次除草时，结合灌溉追肥为宜。第一次追肥在分蘖期进行，可促进有效分蘖发育；第二次追肥在拔节期进行，追施氮肥和钾肥；第三次追肥可根据具体情况在孕穗或抽穗时进行，以磷、钾肥为主，配合使用粪肥。抽穗期若以2%过磷酸钙进行根外追肥，可促进籽粒饱满。燕麦在一生中浇水次数可根据各地具体情况来定，在干旱地区，生育期一般需浇2~4次水，分别在分蘖、抽穗和灌浆期进行。同时为了充分发挥肥料作用，灌水应与追肥同时进行。

二、高粱 *Sorghum bicolor*（L.）Moench

1. 形态特征

一年生栽培作物。秆直立，粗壮，高1~4米。叶片线形至线装披针形，长30~60厘米，宽2.5~7.0厘米顶端长渐尖，无毛边缘粗糙。圆锥花序稠密，长15~30厘米；分枝近轮生，常再数次分出小枝；穗轴节间不易折断；无柄小穗通常阔椭圆形或倒卵形，长约5毫米，宽约3毫米，颖片在成熟时除上端及边缘有毛外，余均光滑无毛，且为硬革质；颖果倒卵形，成熟后露出颖外；有柄小穗雄性或中性。夏秋抽穗。千粒重20~30克。

2. 饲用价值

高粱的籽粒是畜禽重要的精饲料。整粒喂马、骡、驴或粉碎拌入麦草可喂牛、羊；农牧民还常把高粱磨粉做成稀粥以补饲产后母畜、幼畜和弱畜。作精料用时，因含粗蛋白质不足，且较少赖氨酸、蛋氨酸等必需氨基酸，对单胃畜、幼畜须注意配合足量的蛋白质饲料（表76）。粒用高粱作为粮食作物栽培时，可获大量的秸秆作为反刍动物的粗饲料，其秸秆进行氨化处理后，可明显提高饲用价值。饲用高粱常作为青饲料栽培，可刈割青饲，或在蜡熟期刈割后调制青贮饲料。高粱的主要利用部位有籽粒、米糠、茎秆等。其中籽粒中主要养分含量：粗脂肪3%、粗蛋白质8%~11%、粗纤维2%~3%、淀粉65%~70%。高粱的新鲜茎叶中含有氢氰酸，能使家畜中毒。氰酸是氰的配糖体，进入畜体后在酶的作用下，被水解为剧毒氢氰酸，引起中枢神经系统障碍，最后导致呼吸与心血管运动中枢麻痹，以至死亡。青株中氢氰酸的含量，普通高粱多，甜茎高粱少；幼苗期多，老化时少以至消失；叶多，茎少；上叶多，下叶少；分枝多，主茎少，晴朗干燥天气多，阴雨湿润天气少；新鲜茎叶多，晒一下或青贮后减少以至消失。由此看出，高粱氢氰酸引起家畜中毒问题，是完全可以防止的。高粱籽粒中都多少含有单宁。可保护种子不丧失发芽力，提高种子的耐贮性。籽粒中单宁的含量，白色的种子少，黄色的种子较多，红色的种子最多；陈旧的种子少，新鲜的种子多。

3. 施肥

高粱是高产作物，在生长发育过程需要吸收大量氮、磷、钾肥。据分析，每生产100千克高粱籽粒，需从土壤中吸收氮素（纯N）3.70千克，磷（P_2O_5）1.36千克，钾（K_2O）3.03千克，其氮、磷、钾比例约为1.0∶0.5∶0.2。只有增施肥料，才能满足高粱对养分的需要。种植高粱时，氮肥施用量常较磷、钾肥多。施肥以基肥为主，配合适量追肥。基肥占总施肥量的80%，追肥以氮肥为主，如1次追肥，可在拔节期进行，若2次追肥，可分别在拔节和抽穗期进行。

表76　高粱营养成分

样品	水分（%）	占干物质（%）				
		粗蛋白质	粗脂肪	粗纤维	无氮浸出物	粗灰分
普通高粱籽粒	13.0	8.5	3.6	1.5	71.2	2.2
多叶高粱籽粒	9.0	8.8	2.5	1.9	75.6	2.2
绝干高粱叶	0	10.2	5.2	25.1	45.2	14.3

数据来源：王建光 等，2018。

三、苏丹草 *Sorghum sudanense*（Piper）Stapf.

1. 形态特征

一年生草本；须根粗壮，根系发达入土深，可达2.5米。茎直立，呈圆柱状，高2~3米，粗0.8~2.0厘米。一般1株15~25个，最多40~100个。叶7~8片，宽线形，长60厘米，宽4厘米，色深绿，表面光滑；叶鞘稍长，全包茎，无叶耳。圆锥花序狭长卵形至塔形，较疏松，长15~30厘米，宽6.0~12厘米，主轴具棱，棱间具浅沟槽，分枝斜升，开展，细弱而弯曲，具小刺毛而微粗糙，下部的分枝长7~12厘米，上部者较短，每一分枝具2~5节，具微毛。无柄小穗长椭圆形，或长椭圆状披针形，长6.0~7.5毫米，宽2~3毫米；第一颖纸质，边缘内折，具11~13脉，脉可达基部，脉间通常具横脉，第二颖背部圆凸，具5~7脉，可达中部或中部以下，脉间亦具横脉；第一外稃椭圆状披针形，透明膜质，长5.0~6.5毫米，无毛或边缘具纤毛；第二外稃卵形或卵状椭圆形，长3.5~4.5毫米，顶端具0.5~1.0毫米的裂缝，自裂缝间伸出长10~16毫米的芒，雄蕊3枚，花药长圆形，长约4毫米；花柱2枚，柱头帚状。颖果椭圆形至倒卵状椭圆形，长 3. 5~4. 5 毫米。有柄小穗宿存，雄性或有时为中性，长 5. 5~8. 0 毫米，绿黄色至紫褐色；稃体透明膜质，无芒。

2. 饲用价值

苏丹草适口性好，收获期应考虑到它的产草量、营养价值和再生能力。从饲料的产量和品质考虑，宜在抽穗及盛花期收割苏丹草（表 77）。在气候寒冷、生长季节较短的地区，第一茬收割不宜过晚，否则二茬草的产量很低。如调制干草，最好在抽穗前收割，过迟可食性降低。青贮的苏丹草，在乳熟期收割为宜。苏丹草作为夏季利用的青饲料饲用价值很高，饲喂奶牛可维持高额产奶量，也可饲喂其他家畜。苏丹草的茎叶比玉米、高粱柔软，易于晒制干草。苏丹草再生力强，第一茬适于刈割鲜喂或晒制干草，第二茬以后，再生草进行放牧。苏丹草的茎叶产量高，含糖量丰富，在旱作区栽培，用来调制青贮饲料，饲用价值超过玉米青贮料。

表 77　苏丹草营养成分

生育时期	水分（%）	占干物质（%）				
		粗蛋白质	粗脂肪	粗纤维	无氮浸出物	粗灰分
营养期	10. 92	5. 80	2. 60	28. 01	44. 62	8. 05
抽穗期	10. 00	6. 34	1. 43	34. 12	39. 20	8. 91
成熟期	16. 23	4. 68	1. 42	34. 18	35. 38	7. 94

数据来源：王建光 等，2018。

3. 施肥

苏丹草生长期要消耗大量的营养物质和水分，生产干草 9 000 千克/公顷时，可从土壤中摄取 225 千克氮，忌连作，它是很多作物的不良前作，因此苏丹草收获后应种植一年生豆科牧草或休闲。苏丹草喜肥喜水，种植苏丹草的土地应在播前进行秋深翻。整地时应施厩肥 15. 0~22. 5 吨/公顷，以后每次刈割后可再追施尿素等氮肥，并随刈割次数的多少分期施用。

四、高丹草 *Sorghum bicolor*（L.）Moench × *S. sudanense*（Piper）Stapf.

1. 形态特征

一年生草本；须根，根系发达，株高 2. 5~4. 5 米，茎秆甜而多汁，叶量丰富，分蘖能力强，株高 2. 5~4. 5 米，叶长 85~95 厘米，平均绿叶片数 9 片。单株分蘖数 3~6 个，再生能力强。全株含粗蛋白质 5. 72%、粗脂肪

2.4%、粗纤维33.0%、粗灰分5.75%。生物量比高粱和苏丹草高50%左右，适应性广，干物质产量可达10~27吨/公顷。种子椭圆形，茎秆细小，叶片长又宽。具有苏丹草茎秆细、再生性好和饲用高粱产量高、抗性好的特点，且氢氰酸含量较低。

2. 饲用价值

高丹草具有高粱抗寒抗旱、耐倒伏、产量高等特性，也有苏丹草分蘖性强、营养价值高、氰化物含量低、适口性好、抗病性强等特性，是重要青饲及青贮一年生优良饲用作物。高丹草具有产量高、营养丰富、消化率高、适口性特别好等优良特性。可以用来饲喂牛、羊、兔、鱼等畜禽。生产上表现优质高产，效益明显。其不足点是茎叶鲜草含有氢氰酸，家畜采食过量易引起中毒。其可以放牧或刈割后青饲，也可用作青贮饲料或加工成干草。高丹草有较强的耐刈割能力，适于干草生产。高丹草茎叶产量高、含糖丰富，也适于调制青贮饲料，在黄土高原旱作区栽培，其青贮作饲料的价值超过普通玉米。

3. 施肥

高丹草须根发达，生长快，产量高，对肥料的需求大。在翻耕好的土地上把腐熟的厩肥散施于土表，将土地整细整平，同时也将厩肥覆盖于表土下，大田需开沟排水。厩肥的用量一般每亩施1 500~2 500千克即可。高丹草属喜氮作物，对氮肥十分敏感，追施氮肥是提高产量的重要措施，每亩施用2.5~3.5千克较为适宜，以后每刈割一次施一次氮肥，以保证其快速生长和持续高产，有条件的可以浇施沼液。

五、玉米 *Zea mays* L.

1. 形态特征

一年生草本植物。玉米的秆直立，通常不分枝，高1.0~2.5米，基部各节具气生支柱根。须根系，除胚根外，还从茎节上长出节根：从地下节根长出的称为地下节根，一般4~7层；从地上茎节长出的节根又称支持根、气生根，一般2~3层。主要分布在0~30厘米土层中，最深可达150~200厘米，茎直径2~4厘米，高0.5~4.0厘米，茎有节和节间，茎内充满髓，地上有8~20节，地下有3~7节。颖果球形或扁球形，成熟后露出颖片和稃片之外，一般长5~10毫米，宽略过于其长，胚长为颖果的1/2~2/3。玉米雌花小穗成对纵列后发育成两排籽粒。谷穗外被多层变态叶包裹，称作包皮。所以玉米的列数一般为偶数列。

2. 饲用价值

玉米适口性好，能量高，可大量用于家畜的混合精料中，饲料是玉米最重要的消费渠道，约占消费总量的70%左右。玉米是鸡最重要的饲料原料，其营养价值高（表78），最适于肉用仔鸡的肥育用。在鸡的配合饲料中，玉米的用量高达50%~70%。玉米喂猪的效果也很好，但要避免过量使用，以防热能太高而使背膘厚度增加。由于玉米中缺少赖氨酸，所以任何体重的猪日粮中均应添加赖氨酸。玉米作为饲料作物在我国的地位将日趋重要。

表78　玉米营养成分

分析单位	样品	水分（%）	占干物质（%）				
			粗蛋白质	粗脂肪	粗纤维	无氮浸出物	粗灰分
东北农业大学	鲜玉米杆	83.1	1.1	0.5	5.5	8.2	1.6
中国农业大学	青贮玉米	79.1	1.0	0.3	7.9	9.6	2.1
黑龙江畜牧研究所	玉米籽粒	11.7	7.8	4.4	2.4	72.6	1.4

数据来源：王建光 等，2018。

3. 施肥

玉米的施肥应以基肥为主，追肥为辅，有机肥料为主，无机肥料为辅。施肥应与整地相结合。施肥在灌底墒水前进行，施优质堆肥，厩肥施用量15.0~22.5吨/公顷，施磷肥120~150千克/公顷，撒施后翻耕埋于地下。青刈栽培的玉米，要特别注意施肥。在一般地力条件下按生产6万千克/公顷青刈玉米计算，换算成肥料要素量，约需堆肥11.25吨、硫酸铵330千克、过磷酸钙225千克、硫酸钾204千克。施用充足粪肥，能显著提高青刈玉米产量和品质。吴欣明等（2006）报道，不同施肥量对饲用玉米产量的影响较大，450千克/公顷和300千克/公顷施肥水平增产幅度较大，但300千克/公顷施肥水平最经济，投入产出报酬率最高。

六、披碱草 *Elymus dahuricus* Turcz.

1. 形态特征

多年生草本。疏丛型，须根状，根深可达100厘米。秆直立，高70~160厘米。叶片长8~32厘米，宽0.5~1.4厘米，叶缘被疏纤毛。穗状花序直立，一般具有28~38个穗节，穗轴中部各节具2枚小穗，接近顶端及基部的仅具1枚；小穗含3~6个小花，二颖等长，披针形；外稃背部被密短毛，芒长1.2~2.8厘米；内稃脊被纤毛。基盘较大，马蹄型，斜截，凹陷，具长柔毛。小穗轴宿存，棒状，显著上粗下细，被细小纤毛，顶端膨大，凹陷；颖果长椭圆形，长约6毫米，顶端钝圆，具淡黄色茸毛，腹面具宽而深的腹沟，沿沟底有一隆起的深褐色线。胚椭圆形，长约占颖果长的1/5，突起，尖端伸出。

2. 饲用价值

披碱草为优质高产的饲草（表79）。在披碱草草丛中，叶占的比例较少，茎秆所占比例大，而质地粗硬，是影响饲料品质的主要原因。据测定，茎占草丛总重量的50%~70%，叶占16%~39%，花序占9.5%~19.0%。分蘖期各种家畜均喜采食。抽穗期至始花期刈割所调制的青干草，家畜亦喜食。迟于盛花期刈割调制的干草，茎秆粗硬而叶量少，可食性下降，利用率下降；为中等品质饲草。披碱草开花后迅速衰老，茎秆较粗硬，适口性不如其他禾本科牧草。但在孕穗到始花期刈割，披碱草质地则较柔嫩，青绿多汁，青饲、青贮或调制干草，均为家畜喜食。其再生草用于放牧，饲用价值也高。披碱草除饲用价值外，其抗寒、耐旱、耐碱、抗风沙等特性也相当突出，有其他禾本科牧草不能比拟的经济价值。

表79　披碱草营养成分

生育时期	干物质（%）	占干物质（%）					钙（%）	磷（%）
		粗蛋白质	粗脂肪	粗纤维	无氮浸出物	粗灰分		
抽穗期	91.09	11.05	2.17	39.08	42.00	5.70	0.38	0.21

数据来源：王建光 等，2018。

3. 施肥

耕地种植时，应在作物收获后浅耕灭茬，蓄水保墒。翌年结合翻耕施足底肥，每亩施有机肥1 000~1 500千克、过磷酸钙15~20千克。然后耙耱整平地面，进行播种。在分蘖前追施氮肥。

七、垂穗披碱草 *Elymus nutans* Griseb.

1. 形态特征

多年生草本。高50~70厘米，栽培种80~120厘米。根茎疏丛状，须根发达。秆直立，具3节，基部节稍膝曲。叶扁平，长6~8厘米，宽3~5毫米，两边微粗糙或下部平滑，上面疏生柔毛，叶鞘除基部外均短于节间；叶舌极短，长约0.5毫米。穗状花序排列较紧密，小穗多偏于穗轴的一侧，曲折，先端下垂，长5~12厘米。通常每节具2小穗；小穗绿色，成熟带紫色，长12~5毫米。

2. 饲用价值

草质柔软，无刺毛、刚毛，无味，易调制干草。成熟后茎秆变硬，饲用价值降低。从返青至开花前，马、牛、羊最喜食，尤其是马最喜食；开花后期至种子成熟，茎秆变硬，只食其叶及上部较柔软部分。调制的青干草（开花前刈割），是冬、春季马、牛、羊的良等保膘牧草。开花前营养价值较高，开花后期营养价值略有下降，其所含粗灰分少，各个生长季节粗蛋白质含量变化幅度较小（表80）。属中上等品质牧草。垂穗披碱草可调制干草或与其他牧草切碎混合青贮，用以冬春补饲马、牛、羊，可以保膘。

表80 垂穗披碱草营养成分

生育时期	干物质（%）	占干物质（%）					钙（%）	磷（%）
		粗蛋白质	粗脂肪	粗纤维	无氮浸出物	粗灰分		
抽穗期	91.68	19.28	2.70	30.04	37.79	10.19	0.43	0.29

数据来源：王建光 等，2018。

3. 施肥

牧区新垦地种植时，应在土壤解冻后深翻草皮，反复切割，交错耙耱，粉碎草垡，整平地面。可当年播种垂穗披碱草，或先种一年生作物，如燕麦、油菜等，2~3年后再播建垂穗披碱草草地，头两年可不施肥。耕地种植时，应在作物收获后浅耕灭茬，蓄水保墒。翌年结合翻耕施足底肥，每亩施有机肥1 000~1 500千克、过磷酸钙15~20千克。然后耙耱整平地面，进行播种。

垂穗披碱草对水肥反应敏感，产量高峰期过后，应结合松耙每亩追施有机肥1 000~1 500千克，以提高产草量，延长利用年限。

八、老芒麦 *Elymus sibiricus* L.

1. 形态特征

多年生草本。疏丛型，须根密集而发育。秆直立或基部稍倾斜，粉绿色，具3~4节，3~4个叶片（多叶老芒麦具5~6节，5~6个叶片），各节略膝曲。叶鞘光滑，下部叶鞘长于节间；叶舌短，膜质，长0.5~1.0毫米。叶片扁平，内卷，长10~20厘米，宽5~10毫米（多叶老芒麦叶片长15~35

厘米，宽8~16毫米)，两面粗糙或下面平滑。穗状花序疏松下垂，长15~25厘米，具34~38穗节，每节2小穗，有的芒部和上部每节仅具1小穗；小穗灰绿色或稍带紫色，含4~5枚小花。颖狭披针形，内外颖等长，长4~5毫米，具3~5脉；外稃披针形，密被微毛，具5脉；第一外稃长8~11毫米，芒稍开展或反曲，长10~20毫米，内稃与外稃几等长，先端二裂，脊被微纤毛，颖果长椭圆形，易脱落。

2. 饲用价值

老芒麦适口性好。马、牛、羊均喜食，特别是马和牦牛喜食。是披碱草属中饲用价值较高的一种（表81)。开花前期各个部位质地柔软，花期后仅下部20厘米处茎秆稍硬。叶量丰富，特别是叶片宽大。营养成分含量丰富，消化率较高，夏秋季节对幼畜发育，母畜产仔和牲畜的增膘都有良好的效果。叶片分布均匀，调制的干草各类牲畜都喜食，特别在冬春季节，幼畜、母畜最喜食。老芒麦对土壤要求不严，根系入土深，抗寒性很强，在甘肃高寒地区越冬性良好，是很有经济价值的栽培牧草。

表81　老芒麦营养成分

物候期	水分(%)	占干物质（%）				
		粗蛋白质	粗脂肪	粗纤维	无氮浸出物	灰分
孕穗期	6.52	13.90	2.76	25.81	45.86	7.86
抽穗期	9.07	11.92	2.12	26.95	34.56	9.12
开花期	8.44	10.63	1.86	28.47	43.61	6.99
成熟期	6.06	9.60	1.68	31.84	44.22	6.60

数据来源：王建光 等，2018。

3. 施肥

根据土壤肥力状况施入适量的肥料，每公顷施磷酸二铵75~100千克或农家肥22 500~30 000千克作基肥。

九、鹅观草 *Roegneria kamoji* Ohwi

1. 形态特征

多年生草本。须根深15~30厘米。秆直立或基部倾斜，疏丛生，高30~100厘米。叶鞘外侧边缘常被纤毛；叶舌截平，长0.5毫米；叶片扁平，光滑或稍粗糙。穗状花序长7~20厘米，下垂。小穗绿色或呈紫色，长13~25毫米（芒除外)，含3~10花；颖披针形，边缘为宽膜质，顶端具2~7毫米的短芒，有3~5脉，第一颖较第二颖短；外稃披针形，边缘宽膜质，背部及基盘近无毛，芒长20~40毫米；内稃约与外稃等长，先端钝，脊有翼。颖果稍扁，黄褐色，千粒重为1.9克。

2. 饲用价值

孕穗前，茎叶柔嫩，马、牛、羊、兔、鹅均喜食。抽穗后适口性下降。以利用青草期为宜，也可调制成干草。干物质中消化能4.10兆焦/千克，可消化蛋白17克/千克。鹅观草是高海拔地区建立人工割草地的较好牧草品种。

3. 施肥

直穗鹅观草为喜肥牧草，且种植一次又可多年利用，所以应多施肥。直穗鹅观草需氮较高，特别是单播，更应加大氮肥的施入量。供给充分的氮肥，可促进其分蘖的增加，使茎叶茂盛，叶片宽大肥厚，颜色深绿，也可增加产量，提高牧草的品质。在播种前要尽量施有机肥，一般施肥量为22 500~30 000千克/公顷，播种时可以带入种肥。

十、无芒雀麦 *Bromus inermis* Leyss.

1. 形态特征

为多年生禾草。具短根状茎，根系发达，茎直立，高50~130厘米。叶鞘闭合，长度常超过上部节间，光滑或幼时密被茸毛。叶片淡绿色，长而宽(6~8毫米)，一般5~6片，表面光滑，叶脉细，叶缘有短刺毛。无叶耳，叶舌膜质，短而钝。圆锥花序，长10~20厘米（栽培种达15~30厘米）。穗轴每节轮生2~8个枝梗，每枝梗着生1~2个小穗，开花时枝梗张开，种子成熟时枝梗收缩。小穗近于圆柱形，由4~8花组成。颖狭而尖锐，外稃具5~7脉，顶端微缺，具短尖头或1~2毫米的短芒；子房上端有毛，花柱生于其前下方；种子扁平，暗褐色。千粒重2.44~3.74克。

2. 饲用价值

无芒雀麦叶量大、适口性好，营养丰富（表82），各种家畜均喜食。其化学成分、可消化蛋白质的含量随着生长而呈下降趋势。但总可消化干物质则呈增加。产量的高峰在抽穗期，无芒雀麦可以刈制干草，也可放牧利用。制干草，每年刈割2次，再生草放牧。也可与豆科牧草混播，与紫花苜蓿混播，可以提供优质干草和放牧草地，显著提高家畜的产量和质量。还可以与红豆草、红三叶混播建成良好的刈草地和放牧草地。

表 82　无芒雀麦营养成分

生育时期	干物质（%）	占干物质（%）				
		粗蛋白质	粗脂肪	粗纤维	无氮浸出物	粗灰分
营养期	25.0	20.4	4.0	23.2	42.80	9.6
抽穗期	30.0	16.0	6.3	30.0	44.20	7.8
成熟期	53.0	5.3	2.3	36.4	49.20	6.8

数据来源：王建光 等，2018。

3. 施肥

无芒雀麦需氮多，播前可施厩肥 22.5~37.5 吨/公顷作基肥，之后可于每年冬季或早春再施厩肥，并于每次刈割后追施氮肥，施氮肥 150~225 千克/公顷。同时还要适当施用磷、钾肥，如与豆科牧草混播，在酸性土壤上可施用石灰。

十一、新麦草 *Psathyrostachys juncea*（Fisch.）Nevski

1. 形态特征

多年生草本。高 40~110 厘米，具短而强壮的根状茎。秆基部密集枯萎的叶鞘，叶鞘无毛。叶片质软，长约 10 厘米，宽约 4 毫米。穗状花序顶生，长 5~12 厘米，宽 5~7 毫米，花序下部为叶鞘所包，穗轴具关节，每节具小穗 2 枚或 3 枚，小穗草黄色，含 1~2 小花，长 8~11 毫米；颖锥形，脉不明显，长 4~5 毫米；外稃遍布密生小硬毛，第一外稃长 7~8 毫米，顶端具 1~2 毫米的小尖头；子房上端有毛。

2. 饲用价值

新麦草蛋白质含量相对较高，适口性好，青、干草各类家畜均喜食。新麦草每年开花期，易于调制干草。秋后丛生叶残留良好，以新麦草为优势种的草地，适宜放牧马、羊和牛，尤其是放牧绵羊最佳。新麦草属短根茎下繁禾草，分蘖能力强，再生能力好，抗寒、抗旱、耐践踏，秋后丛生叶残留良好，最适宜放牧。用新麦草建植的人工草地，是马、牛、羊良好的放牧场。新麦草也可用于退化草地的补播和改良。

3. 施肥

有研究发现，增施氮肥能够增加新麦草穗颈维管束的面积、韧皮部的面积，并且随着施氮量增加而增大，故能够提高新麦草产量。有研究者试验得出，每公顷施氮 312 千克、磷 171 千克、钾 125 千克，刈割 2 次时新麦草牧草产量最高。秋季入冬前施氮肥及春季分施氮肥，即返青、抽穗时分施氮肥，在一定的施肥范围内，新麦草种子产量随着施氮量增加而增大。

十二、冰草 *Agropyron cristatum*（L.）Gaertn.

1. 形态特征

多年生草本。须状根，密生，外具砂套；疏丛型。秆直立，基部的节微呈膝曲状，高30~50厘米，具2~3节。叶长5~10厘米，宽2~5毫米，边缘内卷。穗状花序直立，长2.5~5.5厘米，宽8~15毫米，小穗水平排列呈篦齿状，含4~7花，长10~13毫米，颖舟形，常具2脊或1脊，被短刺毛；外稃长6~7毫米，舟形，被短刺毛，顶端具长2~4毫米的芒，内稃与外稃等长。千粒重2克左右。

2. 饲用价值

冰草草质柔软，是优良牧草之一，营养价值较高（表83）。但是干草的营养价值较差，在幼嫩时马和羊最喜食，牛和骆驼喜食。在干旱草原区把它作为催肥牧草，但开花后适口性和营养成分均有降低。冰草对于反刍家畜的消化率和可消化成分亦较高，在干旱草原区是一种优良天然牧草。种子产量很高，易于收集，发芽力颇强。因此，在甘肃不少地方均有栽培，并成为重要的栽培牧草，既可放牧又可割草；既可单种又可和豆科牧草混种。冬季枝叶不易脱落，仍可放牧，但由于叶量较小，相对降低了饲用价值。由于冰草的根为须状，密生，具砂套和入土较深特性。因此，它又是一种良好的水土保持植物和固沙植物。

表83　冰草营养成分

生长阶段	水分（%）	钙（%）	磷（%）	占干物质（%）				
				粗蛋白质	粗脂肪	粗纤维	无氮浸出物	粗灰分
营养期	9.71	0.59	0.44	20.23	4.79	23.35	34.15	7.77
抽穗期	11.50	0.44	0.37	16.93	3.64	27.65	33.84	6.44
开花期	9.65	0.41	0.44	9.65	4.31	32.71	37.58	6.10

数据来源：王建光 等，2018。

3. 施肥

冰草在播种时要结合整地施入厩肥作为底肥，在夏末要在松土除草时进行施肥，以提高冰草产量。

十三、沙生冰草 *Agropyron desertorum*（Fisch. ex Link）Schult.

1. 形态特征

多年生草本。具横走或下伸的根状茎，须根外具砂套。秆直立，高 30~50 厘米，成疏丛型，光滑或在花序下被柔毛。叶鞘短于节间，紧密裹茎，叶舌短小；叶片长 5~10 厘米，宽 1.0~1.5 毫米，多内卷成锥状。穗状花序直立，圆柱形，长 2~9 厘米，宽 5~9 毫米；小穗长 4~9 毫米，含 4~6 小花；颖舟形，第一颖长 2~3 毫米，第二颖长 3~4 毫米，芒长达 2 毫米；外稃舟形，长 5~6 毫米，基盘钝圆，芒长 1.0~1.5 毫米；内稃等长或微长于外稃。颖果与稃片粘合，长约 3 毫米，红褐色，顶端有毛。

2. 饲用价值

鲜草草质柔软，为各种家畜喜食，尤以马、牛更喜食。沙生冰草在反刍动物中，有机物质消化率较高。再生性也较好，适宜放牧利用。到冬季地上部分茎叶能较好地残留下来，渐干枯的叶子也能牢固地残留在茎上。利用沙生冰草改良的草场，应注意载畜量，过高则使沙生冰草退化，同时，始牧期也不宜过早。

3. 施肥

选择土壤疏松、通风透光、地势高燥、排灌良好的沙壤土地块种植，不宜在地势低洼、土质黏重的田块种植。定植前耕翻土壤 20 厘米以上，结合深翻亩施商品有机肥 1 吨、氮磷钾复合肥 25 千克，旋耕后整平地块，筑畦宽 1.0~1.2 米、畦高 25~30 厘米、畦沟宽 30 厘米。冰草耐旱怕涝，结合滴灌可喷洒 2%叶菜叶面专用肥等氮肥，每立方米用量 45 毫升，每隔 7~10 天喷施 1 次。

十四、沙芦草 *Agropyron mongolicum* Keng

1. 形态特征

多年生草本。根须状，具砂套及根状茎。秆直立，高 40~90 厘米，节常膝曲，具 2~3（6）节，叶鞘短于节间，叶舌长 0.5 毫米；叶片长 10~15（30）厘米，宽 2~4 毫米，无毛，边缘常内卷成针状。穗状花序，长 8~10（14）厘米，宽 5~7 毫米，穗轴节间长 3~5 毫米，小穗排列疏松，长 8~14 毫米，含 3~8 小花；第一颖长 3~6 毫米，第二颖长 4~7 毫米；外稃无毛或被微毛，基盘钝圆，第一外稃长 6~7 毫米。颖果椭圆形，长 4 毫米，淡黄褐色。

2. 饲用价值

沙芦草是干旱草原地区的优良牧用禾草之一。早春鲜草为羊、牛、马等各类牲畜所喜食，抽穗以后适口性降低，牲畜不太喜食，秋季牲畜喜食再生草，冬季牧草干枯时牛和羊也喜食。蒙古冰草有机物质消化率较高。沙芦草是一种生产性能比较良好的饲用兼生态用牧草（表 84），具有叶量较大、结实率较高、种子萌发快、发芽率高等生物学特性。沙芦草又是良好的固沙植物，适宜作为退化草场人工补播的草种；在沙区，是改良沙地草场比较理想的牧草。

表 84　沙芦草营养成分

生育时期	占干物质（%）				
	粗蛋白质	粗脂肪	粗纤维	无氮浸出物	粗灰分
抽穗期	19.03	2.02	35.97	35.42	7.56
开花期	10.18	1.80	42.10	38.96	6.96
成熟期	8.90	2.11	41.36	41.68	5.95

数据来源：王建光 等，2018。

3. 施肥

沙芦草在苗期生长较为缓慢，容易受杂草为害，需特别注意除草。施肥根据土壤肥力状况，可施化肥和有机肥，化肥应以 N 肥为主，适当配施磷、钾肥。种肥施二铵 225~300 千克/公顷，追肥施尿素 150~225 千克/公顷，基肥施有机肥 30~45 吨/公顷，刈割后应灌水和施肥。

不同施肥期及同期一次性不同施肥量水平处理，对蒙古冰草生长发育及种子产量构成因子均有较大影响。蒙古冰草种子田经过 3 年连续产种后，第 4 年表现种子产量急剧下降，只有 233.1 千克/公顷，仅为第 1 年种子产量的 35.9%。如果第 3 年种子收获后及时追施氮、磷、钾多元复合肥 150 千克/公顷，可使翌年表现种子产量大幅度提高，达到 1 165.4 千克/公顷，为不追肥种子产量的 5.2 倍。就一次性追肥而言，适宜在种子收获后及时追肥，此时处于夏秋暖季，水热条件适宜，有利于充分发挥肥效，促进果后营养期株丛生长，形成一定数量的夏秋分蘖枝，为翌年种子高产奠定基础。果后营养期追肥，当年秋季枯黄前分蘖数达到 574 个/米，株丛高度达到 38 厘米，地上部再生生物量达到 287 克/米，单枝条的叶片数达到 6~8 片。第二年开花期株丛高度达 108 厘米，分蘖数为 226 个/米，生殖枝数为 192 个/米，抽穗率为 90.0%，小穗数/穗达 30 个，小花数/穗达到 8 个。追肥时应选择多元复合肥，营养全价，可以收到一次性追肥的良好效果，降低多次追肥的生产成本。施肥量以 150~300 千克/公顷为宜。在施肥量相同的情况下，追肥时间不同会对生长发育及种子产量产生很大的影响。3 个不同时期追肥处理，即果后营养期（T1）、返青期（T2）、孕穗期（T3）中，以 T1 的追肥效果为最好，田间表现为株丛高大，分蘖旺盛。开花期测定时，株丛高度以 T1 处理为最高，达 116 厘米，比对照增高了 32 厘米；分蘖数达 226 个/米，为对照（124 个/米）的 1.8 倍。

十五、长穗偃麦草 *Elytrigia elongata*（Host）Nevski

1. 形态特征

多年生禾草。须根坚韧，具短根茎。秆直立，具 3~5 节，高 100~120 厘米，在良好的栽培条件下可达 130~150 厘米。叶鞘通常短于节间，边缘膜质；叶舌长约 0.5 毫米，顶具细毛；叶耳膜质，褐色；叶片灰绿色，长 15~40 厘米，宽 6~15 毫米。穗状花序直立，长 10~30 厘米，小穗长 1.4~3.0 厘米，含 5~11 花；颖矩圆形，顶端稍平截，具 5 脉；外稃宽披针形，先端钝或具短尖头，具 5 脉；内稃稍短于外稃。

2. 饲用价值

尽管长穗偃麦草茎叶较粗糙，其适口性仍然很好，早期鲜草各种家畜喜食，抽穗以后适口性降低，冬季牧草干枯时牛和羊也较为喜食。其草场在收种后和晚秋可以用来放牧，夏末可以刈割晒制干草。为了保证草的质量，应在抽穗期刈割尤其早春晚秋营养生长期时刈割。

3. 施肥

研究表明，单独施钾肥，增产效果不明显，但当与氮肥同时施用时增产显著。施用有机肥可提高长穗偃麦草干物质产量，例如牛粪堆肥可提高长穗偃麦草干物质产量 58%~96%。

十六、中间偃麦草 *Elytrigia intermedia*（Host）Nevski

1. 形态特征

多年生草本。具横走根状茎，秆直立，粗壮，高 70~130 厘米，具 6~8 节，叶片质硬条形，长 20~35 厘米，宽 0.5~1.2 厘米，上面粗糙，下面较平滑。穗状花序直立，长 20~30 厘米；穗轴节间长 6~16 毫米；小穗长 10~15 毫米，含 3~6 小花；颖矩圆形，先端截平而稍偏斜，具 5~7 脉；外稃宽披针形，无毛；内稃与外稃等长。种子千粒重 5.2 克。

2. 饲用价值

中间偃麦草叶量丰富，草质优良，适口性好，牛、马、羊均喜食。刈割晒制干草，产草量较高，在兰州地区一年可刈割2次。要注意适期刈割，过早草质虽好，但产草量低。过晚，草质粗糙，适口性差，饲用价值低。一般以抽穗期为宜。在早春夏末可用以放牧，切忌重牧或频繁。中间偃麦草与苜蓿、红豆草、无芒雀麦、鹅观草等混播，尤其和豆科牧草混播可以提高产量和改善草的品质（表85）。

表85　中间偃麦草营养成分

样品	干物质（%）	钙（%）	磷（%）	占干物质（%）				
				粗蛋白质	粗脂肪	粗纤维	粗灰分	无氮浸出物
原样	23.0	0.13	0.06	3.7	0.7	7.3	2.0	9.9
风干样	99.9	0.51	0.24	12.2	2.6	28.0	8.0	39.2
绝干样	100	0.56	0.26	13.4	2.9	31.8	8.8	43.1

数据来源：王建光 等，2018。

3. 施肥

中间偃麦草播种时要提前翻耕整地，施入基肥，据报道，当施氮肥量达到180千克/公顷时，中间偃麦草的产量最高。

十七、偃麦草 *Elytrigia repens*（L.）Desv. es Nevski

1. 形态特征

多年生草本。具横走的根状茎，秆成疏丛，直立，高60~80厘米，光滑，具3~5节。叶鞘无毛或分蘖的叶鞘具柔毛。叶片质地较柔软，扁平，长10~20厘米，宽5~10厘米。穗状花序直立，长10~18厘米，宽8~15毫米；小穗单生于穗轴之每节，含6~10花，长12~18毫米，成熟时脱节于颖之下，小穗轴不于诸花间折断；颖披针形，具5~7脉，边缘膜质，长10~15厘米；外稃具5~7脉，顶端具短尖头，基部有短小基盘，第一外稃长约12毫米；内稃短于外稃，脊生纤毛；子房上端有毛。

2. 饲用价值

偃麦草为马、牛和羊所喜食，牛最喜食。抽穗前草质鲜嫩，含纤维素少并具有甜味，家畜更喜食。适宜刈割调制干草，叶片保留程度好，冬季枯草茎叶也保留较好，也为各种家畜喜食。偃麦草在结实以前含蛋白质较高，营养状况良好（表86），可制成干草作冷季补饲。偃麦草为抗逆性强的优良品种，叶量较丰富，是建立长期人工草地很有前途的栽培种。同时，偃麦草作为中生根茎疏丛型禾草，是草甸草场重要组成植物。主要出现于原低洼地、河漫滩、湖滨、山沟或沙丘间低地等湿润生境，也是放牧利用的优良牧草。

表 86　偃麦草营养成分

生育阶段	水分（%）	占干物质（%）				
		粗蛋白质	粗纤维	脂肪	无氮浸出物	灰分
分蘖期至拔节期	8.3	19.4	23.1	4.3	44.8	8.4
抽穗期	7.5	13.4	29.0	2.9	45.6	9.1
开花期	7.4	11.1	30.0	3.5	47.3	8.1
成熟期	7.0	8.1	29.1	3.0	51.9	8.0
枯黄期	6.4	3.6	29.2	3.9	56.2	7.2
再生草	7.0	18.0	23.6	5.3	44.0	9.1

数据来源：王建光 等，2018。

3. 施肥

偃麦草种子萌发及幼苗生长要求有较好的水肥条件，苗期生长缓慢，因此播前必须精细整地，施入厩肥或底肥。同时加强苗期管理，保证齐苗。研究发现，施氮肥 90 千克/公顷能显著增加偃麦草株高、分蘖数及地上鲜重。

十八、杂交狼尾草 *Pennisetum americanum*（L.）×*P. purpureum* Schum.

1. 形态特征

多年生草本。株型紧凑，高约 3.5~4.0 米，根系发达，分蘖多，最多达 15~20 个。茎直立、圆形，粗壮，丛生；主茎叶片 20 多片，条形互生，长 60~80 厘米，宽 2.5 厘米；穗状圆锥花序长 20~30 厘米；小穗披针形，2~3 枚簇生成束。小花不孕，不结种子，商品用杂种一代种子需年年制种。故多用茎秆或分株繁殖。种子千粒重 7.0 克左右。

2. 饲用价值

杂交狼尾草幼嫩时，各种家畜均喜食，质地柔软，生长快，叶量丰富。可放牧，也可刈制干草或青贮，开花后，粗纤维增加，适口性降低。杂交狼尾草粗蛋白质含量较高，为 9.95%，粗脂肪含 3.47%，且含有丰富的氨基酸。杂交狼尾草籽实灰色，是优质精料。其特性为优质高产，无病虫害，羊、牛、兔、鹅、鱼等草食动物喜食，籽实收获后，秸秆仍保持绿色，可调制青贮，或作粗饲料利用，是草食家畜和草食鱼类优质青饲料。

3. 施肥

杂交狼尾草对肥料尤其是氮素肥料需求量大，在高氮肥条件下，可以获得极高产量。高氮肥的生长环境可提高杂交狼尾草的生产速度，改善其营养品质，提高蛋白质含量。因此，种前施足底肥，每次刈割后进行 1 次追肥，每亩应加施尿素 10 千克或硫酸铵 15 千克。施肥程度也应依土壤肥力情况而定。

十九、多花黑麦草 *Lolium multiflorum* Lam.

1. 形态特征

一年生或短寿多年生禾本科草。须根密集，主要分布于 15 厘米以上的土层中。秆成疏丛，直立，高 80~120 厘米；叶鞘较疏松；叶舌较小或不明显；叶片长 10~30 厘米，宽 3~8 毫米。穗状花序长 15~25 厘米，宽 5~8 毫米；小穗以背面对向穗轴，长 10~18 毫米，含 10~15（20）小花；颖质较硬，具 5~7 脉，长 5~8 毫米；外稃质较薄，具 5 脉，第一外稃长 6 毫米，芒细弱，长约 5 毫米；内稃与外稃等长。颖果扁平菱形，千粒重 1.5~2.0 克。

2. 饲用价值

茎叶柔嫩，适口性好，各种家畜均喜食。可刈割和青饲或调制干草，也可放牧利用，还可作为鱼类的好饵料。多花黑麦草品质优良，富含蛋白质，纤维少，营养全面，是世界上栽培牧草中优等牧草之一（表 87）。

表 87　多花黑麦草营养成分

样品	干物质（%）	钙（%）	磷（%）	占干物质（%）				
				粗蛋白质	粗脂肪	粗纤维	无氮浸出物	粗灰分
鲜草	18.3	0.09	0.06	13.66	3.82	21.31	46.46	14.75

数据来源：王建光 等，2018。

3. 施肥

多花黑麦草在播种时，结合整地，需要施足基肥，可施有机肥 22.5~30.0 吨/公顷。同时，多花黑麦草喜氮肥，每次刈割后宜追施速效氮肥，追施硫酸铵 120~150 千克/公顷或尿素 90~120 千克/公顷，可有效促进再生。除氮肥外，对磷、钾肥需求也比较大。与豆科牧草混播的草地尤其要多施磷、钾肥，以提高牧草品质和产量。多施磷、钾肥还可以增加多花黑麦草抗病、抗旱、抗寒等多种抗逆能力。

二十、多年生黑麦草 *Lolium perenne* L.

1. 形态特征

多年生草本。具细弱的根状茎，须根稠密；秆多数丛生，成疏丛型，质地柔软，基部常斜卧，高50~100厘米，具3~4节；叶鞘疏松，通常短于节间，叶舌短小。叶长10~25厘米，宽3~6毫米，质柔软，被微毛。穗状花序长10~30厘米，宽5~7毫米；小穗含5~11小花，长1.0~1.4厘米；颖短于小穗，具5脉；外稃披针形，具5脉，顶端通常无芒，第一外稃长7毫米，内稃与外稃等长。

2. 饲用价值

适口性好，各种家畜均喜食。多年生黑麦草是世界上最重要的栽培多年生禾本科牧草之一，适宜我国南方高山地区栽培，是冬春季节最好的饲草，宜刈割青饲、晒制干草，也可作为优良的放牧场。适宜作为3~4年短期草地利用。早期收获的饲草叶多茎少，质地柔嫩，适宜调制成优质干草，也适宜放牧利用。多年生黑麦草营养生长期长，形成茂盛的草丛，富含粗蛋白质，叶丛期的饲料质量尤佳（表88）。

表88 多年生黑麦草营养成分

样品	干物质（%）	钙（%）	磷（%）	占干物质（%）				
				粗蛋白质	粗脂肪	粗纤维	无氮浸出物	粗灰分
鲜草	19.2	0.15	0.05	3.3	0.6	4.8	8.1	2.4
干草	100.0	0.79	0.25	17.0	3.2	24.8	42.6	12.4

数据来源：王建光 等，2018。

3. 施肥

多年生黑麦草虽耐贫瘠，有水无肥也可生长，但肥料充足，可充分发挥其高产性能，分蘖和株丛生长速度加快，从而获得高产。苗期即将开始分蘖时，应施用一定量氮肥，促进其分蘖。每次刈割或放牧后，应追施氮肥150~300千克/公顷，促进再生和增产。秋季应施一定量磷肥、钾肥，与三叶草混播的多年生黑麦草草地尤其应多施磷肥、少施氮肥，以便利用三叶草根瘤的固氮作用来提供氮肥。

二十一、早熟禾 *Poa annua* L.

1. 形态特征

早熟禾属一年生或二年生草本。秆细弱，丛生，高8~30厘米．叶鞘自中部以下闭合；叶舌钝圆，长1~2毫米；叶片柔软，长4~10厘米，宽1~5毫米。圆锥花序开展，长2~7厘米，每节有分枝1~2个；小穗长3~6毫米，含3~6花；颖边缘宽膜质，第一颖长1.5~2.0毫米，具一脉，第二颖长2~3毫米，具3脉；外稃卵圆形，边缘及顶端呈宽膜质，五脉明显，脊2/3以下和边缘1/2以下具柔毛，基盘无绵毛；第一外稃长3~4毫米，内稃脊上具长柔毛。花药长0.5~1.0毫米。颖果纺锤形，长约2毫米。花果期7—9月。

2. 饲用价值

早熟禾茎叶柔嫩，春季返青早，适口性好，为各种家畜所喜食。营养丰富，开花期其粗蛋白质含量占干物质的10.97%，粗脂肪3.69%，粗纤维23.22%，无氮浸出物55.09%，粗灰分7.03%，钙0.68%，磷0.20%。在饲用评价上属于良等饲用植物。

3. 施肥

整地的同时要施足底肥，氮、磷、钾是草坪生长的三种重要元素，用氮、磷、钾可做成混合肥或复合肥，高磷、高钾、低氮的复合肥可做基肥，一般每平方米用二铵5克、氯化钾5克。有条件的地区可施用腐熟的有机肥。

早熟禾追肥以速效化学肥料为主，如硝酸铵、尿酸、碳酸氢铵等。追肥的原则是少施、勤施，以尿素为例，适宜的施用量为每次每公顷75~90千克，超过150千克就有烧叶伤根的危险。

对草坪施肥应注意环保，施肥后应及时清除洒落的化肥，并清扫车道，以防洒落化肥随雨水或其他途径流进街道和下水道，从而造成水路污染。

二十二、冷地早熟禾 *Poa crymophila* Keng

1. 形态特征

多年生草本。具砂套，有根状茎。秆丛生，直立，稍压扁，高30~65厘米，具2~3节，叶鞘平滑，基部略带红色；叶舌膜质；叶片条形，对折内卷，先端渐尖，长3.0~9.5厘米，宽0.7~1.3毫米。圆锥花序狭窄而短小，长形，花序长4.5~8.0厘米。通常每节具2~3个分枝。小穗灰绿色而带紫色，长3~4毫米，含1~2小花，小穗轴无毛；颖质稍厚，卵状披针形，具3脉，第一颖长1.5~3.0毫米，第二颖长3.0~3.5毫米；外稃长圆形，先端膜质，间脉不明显，基盘无毛，第一外稃长3.0~3.5毫米；内稃与外稃等长。颖果纺锤形，成熟后褐色。

2. 饲用价值

茎秆直立、柔软，略带甜味，适口性好。据分析，各个不同发育期粗蛋白质以抽穗期最高，完熟期含量下降。因此，利用时期以开花期为最佳。开花前马、牛、羊最喜食，开花后虽然粗蛋白质含量有所下降，但由于草质柔软，适口性并不降低。是夏、秋各类家畜的抓膘优良牧草、冬春则是家畜的保膘草，青干草是冬春的良好补饲草，粉碎后猪也喜食。冷地早熟禾枝叶茂盛，营养枝发达，营养生长期较长，种子成熟后枝叶仍保持青绿，叶片不易脱落，叶片所占比重也较大。为优质牧草。冷地早熟禾是根茎疏丛性禾草，株高中等，为割草和牧刈兼用型的优良牧草。

3. 施肥

施种肥180千克/公顷（磷酸二铵120千克/公顷，尿素60千克/公顷）。从第三年开始在牧草拔节期可追施氮肥（以纯氮计45~60千克/公顷）。

二十三、羊茅 *Festuca ovina* L.

1. 形态特征

多年生草本。密丛型，根须状，秆瘦细，直立，高15~35厘米，仅近基部具1~2节。叶鞘开口几达基部，无毛。叶片内卷呈针状，质较软，长2~6厘米，分蘖叶片长可达20厘米。圆锥花序紧缩，有时几成穗状，长2.5~5.0厘米，小穗绿色或带紫色，长4~6毫米，含3~6小花；颖披针形，第一颖长1.5~3.0毫米，第二颖长3~4毫米；第一外稃长圆状披针形，长3.0~4.5毫米。先端具短芒。千粒重4克。

2. 饲用价值

羊茅叶量丰富，茎秆细软，适口性好，抽穗前各种家畜均喜食，羊、马最喜食。抽穗后，适口性下降。冬季保存性好，是春秋及冬季最佳放牧利用时期。羊茅为密丛型下繁草，基生叶丛发达，形成具有弹性的生草土，因此，耐践踏和耐牧。羊茅虽矮小，但分蘖力强，营养枝发达，茎生叶丰富，耐低温，返青早，枯黄晚，冬季地上部不全枯黄，茎基部带青绿色。其营养价值高，是牧区的“上膘草、酥油草”。羊茅是有栽培前途的野生牧草之一，除了饲用还可用绿化美化，于路旁、高尔夫球场障碍区及其他不经常使用的低质量草坪。

3. 施肥

羊茅为禾本科牧草，喜水肥，尤其是对氮肥需求量大，其次为磷、钾肥。当羊茅长势弱、明显缺肥时，及时追肥，亩追施尿素5~10千克，或二铵6~8千克。追肥可开沟施入或大田撒播，开沟追肥应在浇水前2~3天进行；大田撒施一般于浇水前进行。肥料撒施后及时浇水，避免化肥烧苗现象。追肥后浇水量不宜过多，避免肥料渗漏。其次，每次刈割后，及时浇水施肥，亩施尿素或二铵5~10千克。

二十四、苇状羊茅 *Festuca arundinacea* Schreb.

1. 形态特征

多年生草本。根系发达而致密，多数分布于10~15厘米的土层中。秆成疏丛，高50~90厘米。叶条形，长30~50厘米，宽0.6~1.0厘米。圆锥花序开展，长20~30厘米，小穗卵形，长15~18厘米，4~5小花，常淡紫色；颖窄披针形，有脊，具1~3脉；外稃披针形，具5脉，无芒或具小尖头；内稃与外稃等长或稍短，脊上具短纤毛；花药条形，长约4毫米。

2. 饲用价值

枝叶繁茂，生长迅速，再生性强，在甘肃中下等肥力的土壤条件下表现也很突出，产草量依水分条件和土壤肥力及管理水平而变化，生境适宜可发挥高产潜力。苇状羊茅叶量丰富，草质较好，如能掌握利用适期，苇状羊茅可保持较好的适口性和利用价值。苇状羊茅属上繁草，适宜刈割青饲或晒制干草，为了确保其适口性和营养价值，刈割应在抽穗期进行。春季、晚秋以及收种后的再生草还可以进行放牧。但重牧或频牧会抑制苇状羊茅的生长发育，应予合理轮牧。可和白三叶、红三叶、紫花苜蓿、沙打旺混播，建立高产优质的人工草地。苇状羊茅也是一种适应性很广的优良草坪草种，是冷季型草坪草中最耐干旱和耐践踏的草种之一。近年来，我国高羊茅的种植面积不断扩大，在城市绿化、运动场、机场建设和公路等石质边坡生态治理建设中广泛应用（表89）。

表89　苇状羊茅营养成分

生育时期	占风干重（%）			占绝干重（%）				
	干物质	钙	磷	粗蛋白质	粗脂肪	粗纤维	无氮浸出物	粗灰分
抽穗期	90.05	0.68	0.23	15.40	2.00	26.60	44.00	12.00

数据来源：王建光 等，2018。

3. 施肥

苇状羊茅根系深，要求土层深厚，底肥充足。为此在播种前一年秋季应深翻耕，施足基肥，施厩肥 30 吨/公顷。追肥灌溉是提高产量和品质的重要手段，尤其是每次刈割后，单播地需要追施氮肥，尿素 75 千克/公顷或硫酸铵 150 千克/公顷，若能结合灌水收益更高。但在混播地上，应注意施用磷、钾肥，以促进豆科牧草生长。

二十五、紫羊茅 *Festuca rubra* L.

1. 形态特征

多年生禾草。具横走根茎，秆疏丛生，基部斜生或膝曲，兼具鞘内和鞘外分枝。秆细，高 45~70 厘米，具二至三节，顶节位于秆下部 1/3 处。叶片对折或内卷，宽 1~2 毫米，长 10~20 厘米。叶鞘基部者长，上部者短于节间。分蘖叶的叶鞘闭合。成长后基部叶鞘红棕色，破碎呈纤维状。圆锥花序狭窄，长 9~13 厘米，宽 0.5~2.0 厘米。每节具 1~2 分枝，分枝直立或贴生，中部以下常裸露。小穗淡绿色或先端紫色，含 3~6 个小花。颖果长菱形，不易脱落，遇雨潮湿常在果柄上发芽。花期 6—7 月。

2. 饲用价值

适口性良好，牛、羊、兔、鹅等各种家畜都喜食，在供给家畜青饲料有良好的价值（表 90）。有机质消化率较羊茅高 10%。紫羊茅主要用于放牧，亦可用以调制干草。叶片纵卷闭合。从茎叶比看，叶片所占的比重是非常高的，除生殖期外，几乎全部由叶组成，而且质地柔软，利用率很高。前期生长很慢，注意除草。紫羊茅具有厚密的植丛，浓绿的叶部，耐刈割，生长发育整齐，能保持一致的嫩绿颜色，常采用作草坪植物，为优质的细叶草坪；紫羊茅根系发育能力很强，同时也是良好的水土保持植物。

表 90　紫羊茅营养成分

生育时期	占风干重（%）			占绝干重（%）				
	干物质	钙	磷	粗蛋白质	粗脂肪	粗纤维	无氮浸出物	粗灰分
抽穗期	87.80	0.17	0.05	21.17	3.15	24.77	37.36	13.51

数据来源：王建光 等，2018。

3. 施肥

紫羊茅每次利用后，应及时追肥灌水，应施硫酸铵 225~375 千克/公顷，酸性土壤苗期应追施过磷酸钙300~375千克/公顷。

二十六、鸭茅 *Dactylis glomerata* L.

1. 形态特征

多年生草本。疏丛型，须根系，密布于10~30厘米的土层内，深的可达1米以上。秆直立或基部膝曲，高70~120厘米（栽培的可达150厘米以上）。叶鞘无毛，通常闭合达中部以上，上部具脊；叶舌长4~8毫米，顶端撕裂状；叶片长20~30（45）厘米，宽7~10（12）毫米。圆锥花序开展，长5~20（30）厘米；小穗多聚集于分枝的上部，通常含2~5花；颖披针形，先端渐尖，长4~5（6.5）毫米，具1~3脉；第一外稃与小穗等长，顶端具长约1毫米的短芒。颖果长卵形，黄褐色。

2. 饲用价值

鸭茅草质柔嫩，牛、马、羊、兔等均喜食，幼嫩时尚可用以喂猪。叶量丰富，叶占60%，茎约占40%。鸭茅可用作放牧或制作干草，也可收割青饲或制作青贮料。鸭茅的化学成分随其成熟度而下降。再生草叶多茎少，基本处于营养生长，其成分与第一次收割前的孕穗期相近；钾、磷、钙、镁的含量也随成熟度而下降，铜含量在整个生长期变化不大。第一次收割的草含钾、铜、铁较多，再生草含磷、钙、镁较多。在良好的条件下，鸭茅是长寿命多年生草，一般6~8年，多者可达15年，以第二、第三年产草量最高。春季萌发早，发育极快，收干草或种子较无芒雀麦草，较猫尾草约早3周。放牧或割草以后，恢复很迅速。鸭茅以抽穗时刈割为宜，此时茎叶柔嫩，质量较好。收割过迟，纤维增多，品质下降，还会影响再生。鸭茅大量的茎生叶和基生叶适合放牧、青贮或刈制干草。连续重牧，不能较好长久的保持生长；如果放牧不充分，形成大的株丛，就会变得粗糙而降低适口性，故适宜轮牧（表91）。

表91　鸭茅营养成分

样品	生育时期	占干物质（%）					钙（%）	磷（%）
		粗蛋白质	粗脂肪	粗纤维	无氮浸出物	粗灰分		
鲜草	营养期	18.4	5.0	23.4	41.8	11.4	—	—
鲜草	分蘖期	17.1	4.8	24.2	42.2	11.7	0.47	0.31
鲜草	抽穗期	12.7	4.7	29.5	45.1	8.0	—	—

（续表）

样品	生育时期	占干物质（%）					钙（%）	磷（%）
		粗蛋白质	粗脂肪	粗纤维	无氮浸出物	粗灰分		
鲜草	开花期	8.53	3.28	35.08	45.24	7.87	0.07	0.06
干草	营养期	9.66	3.63	27.01	51.18	8.52	0.19	0.17

数据来源：王建光 等，2018。

3. 施肥

鸭茅需肥量较大，尤其对氮肥敏感，因此除施足基肥外，生育过程中宜适当追肥。在一定范围内其产量与氮肥施用量成正比。追施氮肥 375 千克/公顷时，其干草产量最高，达 16 000 千克/公顷；但若超过 555 千克/公顷时，则植株数量减少，产量下降。

二十七、芨芨草 *Achnatherum splendens*（Trin.）Nevski

1. 形态特征

多年生草本。须根具砂套，多数丛生、坚硬。草丛高 50～100（250）厘米，丛径 50～70（140）厘米。叶片坚韧，纵间卷折，长 30～60 厘米。圆锥花序长 40～60 厘米，开花时呈金字塔形展开，小穗长 4.5～6.5 毫米，灰绿色或微带紫色，含 1 小花；颖膜质，披针形或椭圆形，第一颖较第二颖短；外稃厚纸质，长 4～5 毫米，具 5 脉，背部密被柔毛；基盘钝圆，有柔毛；芒直立或微曲，但不扭转，长 5～10 毫米，易脱落；内稃有 2 脉，脊不明显，脉间有毛。

2. 饲用价值

芨芨草为中等品质饲草，对于中国西部荒漠、半荒漠草原区，解决大牲畜冬、春饲草具有一定作用，终年为各种牲畜所采食，但时间和程度不一。骆驼、牛喜食，其次马、羊。春季、夏初，嫩茎叶为牛、羊喜食，夏季茎叶粗老，骆驼喜食，马次之，牛、羊不食。霜冻后的茎叶各种家畜均采食。但在生长旺期仍残存着枯枝，故降低可食性，也给机械收获带来困难。芨芨草生长高大，为冬、春季牲畜避风卧息的草丛地，当冬季矮草被雪覆盖，家畜缺少可饲牧草的情况下，芨芨草便是主要饲草。因此，牧民习惯以芨芨草多的地方作为冬营地或冬、春营地。大面积的芨芨草草滩为较好的割草地，割后再生草亦可放牧家畜。开花始期刈割，可作为青贮原料。产草量各地有显著差异。就饲用而言，芨芨草质量不高，主要是与它的茎叶粗糙且韧性较大有关，家畜采食困难。开花以前粗蛋白质和胡萝卜素含量较丰富，拔节至开花以后逐渐降低，而粗纤维含量增加，适口性下降。在拔节期间，芨芨草粗蛋白质的品质较好，必需氨基酸含量高，大约与紫花苜蓿的干草不相上下。因此，芨芨草作为放牧或割草利用时，应在抽穗、开花前期进行。芨芨草的分布与地下水位较高、轻度盐渍化土壤有关，地下水位低或盐渍化严重的地区不宜生长。芨芨草可为牧区寻找水源，打井的指示植物。芨芨草根系强大，耐旱；耐盐碱、适应粘土以至沙壤土。是造纸、人造纤维原料，也是一种较好的水土保持和固沙植物。

3. 施肥

芨芨草出苗时间一般为6~15天，出苗后，应注意浇水和追施氮肥。有条件的，可于5月中下旬按每公顷75千克用量追施尿素1次。

二十八、柳枝稷 *Panicum virgatum* L.

1. 形态特征

为大型丛生多年生 C_4 草本，根茎和种子繁殖，株高超过1~3米，根深可达3.5米；具短根茎，刈割后的幼苗可形成草皮；当水分充足时，大部分的分蘖可形成开展的圆锥花序，花序长15~55厘米；在管理合适的情况下，寿命可达10年或更长，根茎被鳞片。秆直立，质较坚硬，高1~2米。叶鞘无毛，上部的短于节间；叶舌短小，长约0.5毫米，顶端具睫毛；叶片线形，长20~40厘米，宽约5毫米，顶端长尖，两面无毛或上面基部具长柔毛。圆锥花序开展，长20~30厘米，分枝粗糙，疏生小枝与小穗；小穗椭圆形，顶端尖，无毛，长约5毫米，绿色或带紫色，第一颖长约为小穗的2/3~3/4，顶端尖至喙尖，具5脉；第二颖与小穗等长，顶端喙尖，具7脉；第一外稃与第二颖同形但稍短，具7脉，顶端喙尖，其内稃较短，内包3雄蕊；第二外稃长椭圆形，顶端稍尖，长约3毫米，平滑，光亮。花果期6—10月，种子千粒重5.0克左右。

2. 饲用价值

柳枝稷通常被用于放牧、水土保持以及生态建设等。柳枝稷能提供良好的产量和中等质量的牧草。在更接近成熟阶段的柳枝稷放牧地可以为成年的繁殖母牛和肥育牛提供适当营养价值的饲草；同时，也会增加牧地的载畜量。由于柳枝稷适应性强，具有较高的产量潜力和较强的耐旱能力，能够用于生产能源，因此广泛认为柳枝稷是一种具有较大发展潜力的能源作物。在干旱、半干旱地区、低洼易涝和盐碱地区、土壤贫瘠的山区和半山区均可种植。柳枝稷为多年生丛生品种，其生命力旺盛，在低温、阳光充足或部分遮阴、干燥或潮湿的土壤环境中均可生长，而且开花繁茂。观赏性强，叶片及花极具观赏性，可作为观赏草应用于城市公园、郊野绿地、观光园区等。

3. 施肥

柳枝稷的氮素利用效率较高，施用较少的氮（60~120 千克/公顷）即可满足柳枝稷对氮素的需要，当施氮量为 120 千克/公顷时柳枝稷生物质产量最高，高氮输入（240 千克/公顷）反而不利于氮素的吸收利用，并可能造成土壤硝酸盐污染。

第三节　其他科饲草与施肥

一、饲用甜菜 *Beta vulgaris* L. var. lutea DC.

1. 形态特征

二年生草本。具粗大的块根，浅橙黄色。生长第二年抽花茎，高达 1 米左右。根出丛生叶，具长柄，呈长圆形或卵圆形，全缘呈波状；茎生叶菱形或卵形，较小，叶柄短。圆锥花序大型，花两性，通常 2 个或数个集合成腋生簇；花被片 5，果期变硬，包被果实，生于肥厚的花盘上；胞果，生产上称为种球，每个种球有 3~4 个果实，每果 1 粒种子；种子横生，双凸镜状，种皮革质，红褐色，具光泽。饲用甜菜的根形、颜色随品种而异，按块根形状可分下列几个类型。①圆柱形：分黄色和红色根，块根的大部分露于地上，很容易收获。②长椭圆形：根为红色，根肉粉红色。块根的 1/4 或 1/3 露于地面。③球形或圆形：根为橙黄色，根肉为白色。根较大，常 1/2 以上露出地面。④圆锥形：为半糖用品种。根白色或玫瑰色，形似糖用甜菜。根 1/6~1/5 露在地面上。这类品种比较抗旱。目前在我国栽培的主要有“西牧 755”品种（从波兰引进，原名“Mars”）；“西牧 756”品种（从苏联引进，原产德国）。甘肃省农业科学院经济作物与啤酒原料研究所选育有两个品种“甜饲 1 号”和“甜饲 2 号”等。

2. 饲用价值

为秋、冬、春三季很有价值的多汁饲料。含有较高的糖分、矿物盐类以及维生素等营养物质，粗纤维含量低，易消化，是猪、鸡、奶牛的优良多汁饲料。饲用甜菜的产量很高，因栽培条件不同，产量差异很大。在一般栽培条件下，产根叶 75.0~112.5 吨/千克，其中根量 45~75 吨/公顷。在水肥充足的情况下，根叶产量达 180～300 吨/公顷，其中根量 97.5～120.0 吨/公顷。饲用甜菜不论正茬或移栽复种，均比糖用甜菜产量高，但从单位面积干物质计算，饲用甜菜比糖用甜菜产量低。从饲用价值看，应以种植饲用甜菜为宜。因为饲用甜菜的含糖量为 6.4%～12.0%。只有糖用甜菜含糖量的一半，可以避免由于饲料中含糖量高对家畜消化带来不良的影响。饲用甜菜的利用可以切碎生喂或熟喂，也可以打浆生喂，叶可青饲和青贮。饲用甜菜中含有较多的硝酸钾，甜菜在生热发酵或腐烂时，硝酸钾会发生还原作用，变成亚硝酸盐，使家畜组织缺氧，呼吸中枢发生麻痹、窒息而死。在各种家畜中，猪对其较敏感，往往因吃了煮后经过较长时间（2～3 天）保存的甜菜而造成死亡。为了防止中毒，喂量不宜过多，如需煮后再喂，最好当天煮当天喂。

3. 施肥

饲用甜菜需肥量大，且需要较全面的营养，生育期内对营养持续吸收时间较长。播种时施种肥磷酸二铵 75～100 千克/公顷，对抓早苗和壮苗有重要作用。生长期间追施农家肥 10～30 吨/公顷。在整个生长季，约需氮 180 千克/公顷，磷 40.5 千克/公顷，钾 199.5 千克/公顷。由于种植饲用甜菜的地块往往偏碱性，可能引起锰和硼等各类元素亏缺，要根据田间状况每年向土壤中增补缺乏的种类和数量，以满足甜菜从幼苗生长到块根成熟对各种养分的需要。用 0.03%硼酸或硫酸锰及钼酸锌（硫酸锌）等微量元素溶液喷洒甜菜叶面有较好增产效果。甜菜进入叶丛繁茂期和块根糖分增长期时，地上营养器官和地下部贮藏器官生长最旺盛，光合产物积累量最多，对氮、磷、钾等元素的吸收量达到高峰，分别占全生育期的 71.9%、49.5% 和 53.3%。此时要结合定苗追施一定比例氮、磷、钾等肥料，以速效氮肥为主，磷、钾肥为辅。在甜菜封垄前，要追施充足磷、钾肥和适量氮肥，为块根迅速生长、膨大和品质提高创造条件。

二、串叶松香草 *Silphnum perfoliatum* L.

1. 形态特征

为多年生草本植物。株高 2～3 米，根粗壮，有多节的水平根茎。直立的茎四棱，嫩时有白色毛，长大则光滑无毛。叶长椭圆形，长约 40 厘米，宽 30 厘米左右；叶面皱缩，叶缘有缺刻，叶缘及叶面有稀疏的毛；基生叶有柄，茎生叶无柄。伞房花序着生于假 2 权分枝顶端；花杂性，外缘 2～3 层为雌性花，花盘中央为两性花，雄花褐色，雌花黄色，花期较长。瘦果心脏形，扁平，褐色，外缘有翅。千粒重 20~30 克。

2. 饲用价值

串叶松香草适宜青饲和青贮。串叶松香草鲜草产量和粗蛋白质含量高，幼嫩时质脆多汁，有松香味，营养丰富，氨基酸含量高而全面。在北方，鲜草产量为 112.5 吨/公顷，在南方为 22.5 吨/公顷左右。刈割次数在北方 2~4 次，在南方 4~5 次。据分析测定，串叶松香草全株含水量为 87.2%，营养成分（占干物质%）：粗蛋白质 23.4%，粗脂肪 2.7%，粗纤维 10.9%，粗灰分 17.3%，无氮浸出物 45.7%。鲜草可喂牛、羊、兔，经青贮可饲养猪、禽；干草粉可制作配合饲料。各地的饲养试验表明：串叶松香草因有特异的松香味，各种家畜、家禽、鱼类，经过较短时期饲喂习惯后，适口性良好，饲喂的增重效果理想。但串叶松香草的根、茎中的甙类物质含量较多，甙类大多具有苦味；根和花中生物碱含量较多。生物碱对神经系统有明显的生理作用，大剂量能引起抑制作用。叶中含有鞣质，花中含有黄酮类。喂量多会引起猪积累性毒物中毒。花有蜜，是很好的蜜源植物。

表 92　串叶松香草营养成分

水分（%）	占干物质（%）				
	粗蛋白质	粗脂肪	粗纤维	无氮浸出物	粗灰分
87.2	23.4	2.7	10.9	45.7	17.3

数据来源；陈宝书，2001；王建光 等，2018。

3. 施肥

待幼苗出齐后，要及时灌溉浇水并追施速效氮肥，每亩可施尿素 10 千克，以促进幼苗快速生长。

三、菊苣 *Cichorium intybus* L.

1. 形态特征

多年生草本。莲座叶丛期株高 80 厘米左右，抽茎开花期平均高度达 170 厘米，部分株高可达 2 米以上。茎直立，具条棱，分枝偏斜且顶端粗厚，疏被糙毛或无毛，基生叶莲座状，倒披针状椭圆形，长 10~40 厘米，宽 2~4 厘米，基部渐狭有翼柄，大头倒向羽状深裂或不分裂而边缘具尖锯齿，侧裂片镰刀形。茎生叶渐小，少数，披针状卵形至披针形，全部叶两面疏被长节毛。头状花序单生茎和枝端或 2~8 个在中上部叶腋簇生；总苞圆柱状，长 8~14 毫米，总苞片 2 层，披针形或线状披针形；花冠全部舌状，蓝色。瘦果顶端截形，冠毛短，膜片状，有棕色褐斑，长 0.2～0.3 毫米。千粒重 1.5 克。

2. 饲用价值

适口性好，利用率高，牛、羊、猪、鸡、兔均喜食。富含粗蛋白质，无氮浸出物和灰分含量也较高，粗纤维含量较低，菊苣茎叶比较柔嫩，适口性好，叶片有微量奶汁。但生长第二年营养价值降低，适口性也相应降低。氨基酸含量分析，生长第一年，氨基酸含量丰富，特别是 9 种必需氨基酸的含量比紫花苜蓿干草中所含的还要多。第二年初花期，无论是氨基酸总量还是 9 种必需氨基酸的含量均降低很多，均不如苜蓿干草。菊苣叶片柔嫩多汁，营养丰富，叶丛期粗蛋白质含量 22.87%，初花期粗蛋白质含量 14.73%，平均 17%，粗蛋白质产量达 250 千克/亩。菊苣莲座叶丛期，最适宜饲喂鸡、鹅、猪、兔等，可直接饲喂。抽茎开花阶段，宜牛、羊利用，青饲和放牧均可，放牧利用以轮牧最佳；抽茎期也可刈割制作青贮料，作为奶牛良好的冬青饲料。菊苣氨基酸含量丰富，叶丛期 9 种必需氨基酸含量高于苜蓿草粉，维生素、胡萝卜素、钙含量丰富。菊苣根系中含有丰富的菊糖和芳香族物质，可提制代用咖啡；其根系中提取的苦味物质可入药。可作绿化的材料。

表 93　菊苣营养成分

生育时期	生长年限	钙（%）	磷（%）	占干物质（%）				
				粗蛋白质	粗脂肪	粗纤维	无氮浸出物	粗灰分
莲座叶丛期	第一年	1.50	0.42	22.87	4.46	12.90	30.34	15.28
初花期	第二年	1.18	0.24	14.73	2.10	36.80	24.92	8.01
莲座叶丛期	第三年	—	—	18.17	2.71	19.43	31.14	13.15

数据来源：高洪文 等，1990；王建光 等，2018。

3. 施肥

菊苣喜肥，对氮肥敏感，播种整地并施入腐熟有机肥 37.5～45.0 吨/公顷作底肥。返青每次刈割后结合浇水追施速效复合肥 225～300 千克/公顷。

四、苦苣菜 *Sonchus oleraceus* L.

1. 形态特征

一年或二年生草本。高 50～100 厘米，全草有白色乳汁。茎直立，单一或上部有分枝，中空，无毛或中上部有稀疏腺毛。叶片柔软，无毛，椭圆状披针形，长 15～20 厘米，宽 3～8 厘米，羽状深裂、大头羽状深裂，顶裂片大，或与侧裂片等大，边缘有不整齐的短刺状尖齿，下部的叶柄有翅，柄基扩大抱茎，中上部叶无柄，基部宽大呈戟状耳形。头状花序在茎端排列成伞房状；总苞钟形，长1.2~1.5厘米；总苞片3~4层，外层的卵状披针形，内层的披针形；舌状花黄色。瘦果褐色，长椭圆状倒卵形，长2.5~3.0毫米，压扁，红褐色或黑色，每面有3条纵肋，肋间有细横纹，冠毛白色，长6~7毫米。千粒重0.80~1.29克。

2. 饲用价值

茎叶柔嫩多汁，含水量高达90%，稍有苦味，是一种良好的青绿饲料。猪、鹅最喜食；兔、鸭喜食；山羊、绵羊乐食；马、牛也比较喜食。开花期以前切碎生喂或煮熟饲喂，每天用650克饲喂家兔，其采食率可达77%；切碎喂鸡、鸭也有良好的效果。苦苣菜的干草是马、牛、羊的好饲草，其适口性均可定为喜食级。苦苣菜含有较多的维生素C，100克鲜草中，叶含维生素C 11.0~68.2毫克，茎中含维生素C 111毫克、含胡萝卜素14.5毫克。秋季，维生素C、胡萝卜素含量比春、夏季高。苦苣菜的能量价值可评为中等。从结实期的资料分析，其总能及对猪、牛和羊的消化能、代谢能、各种净能和可消化蛋白质的含量均属中等。苦苣菜的根茎部具有较多的潜伏芽，当地上部受畜禽采食或刈割，残茬能继续再生，尤其在根系发育良好的叶丛期，再生力最强，每20天刈割1次，不会影响其再生，但在花枝形成后，再生力显著下降，往往刈割2~3次，则难以再生。因此，放牧或刈割利用，最好在抽茎之前进行。苦苣菜的茎叶繁茂，叶量大，在抽茎之前全为茂密的叶丛。至开花期，其茎枝仍比较嫩，还可饲用；果期茎枝逐趋老化，饲用价值下降。此外，嫩茎叶可作蔬菜食用，有降血压作用；亦可沤制绿肥。苦苣菜是一种出色的保健食品，苦苣菜的白浆中含"苦苣菜精"、树脂、大量维生素C以及各种类黄酮成分。其嫩叶中氨基酸种类齐全，且各种氨基酸之间比例适当。全草入药，有祛湿、清热解毒功效。

3. 施肥

苦苣菜生长势胜，适应性强，对土壤要求不严，各种土壤均可种植，但在排水良好、土地肥沃的土壤上生长良好，产量高。种子对氮肥反映敏感，最好施用腐熟的农家肥4 000~5 000千克做底肥，亩施多元素复合肥10~20千克，通过翻地混于土中。收割两三天后，再追肥浇水，充足的水分是高产的重要条件，要追速效氮肥，亩施硝酸铵或尿素、硫酸铵10~15千克。也可用尿素作叶面喷肥，以促进茎叶迅速再生。

五、全叶苦苣菜 *Sonchus transcaspicus* Nevski

1. 形态特征

多年生草本，有匍匐茎。茎直立，高 20~80 厘米，有细条纹，基部直径达 6 毫米，上部有伞房状花序分枝，全部茎枝光滑无毛，但在头状花序下部有蛛丝状柔毛。基生叶与茎生叶同形，中下部茎叶灰绿色或青绿色，线形，长椭圆形、匙形、披针形或倒披针形或线状长椭圆形，长 4~27 厘米，宽 1~4 厘米，顶端急尖或钝，基部渐狭，无柄，边缘全缘或有刺尖或凹齿或浅齿，两面光滑无毛；向上的及最上部的及花序分叉处的叶渐小，与中下部茎叶同形。头状花序少数或多数在茎枝顶端排成伞房花序。总苞钟状，长 1.0~1.5 厘米，宽 1.5~2.0 厘米；总苞片 3~4 层，外层披针形或三角形，长 3~5 毫米，宽 1.5 毫米，中内层渐长，长披针形或长椭圆状披针形，长 12~14 毫米，宽约 2 毫米，全部总苞片顶端急尖或钝，外面光滑无毛。全部舌状小花多数，黄色或淡黄色。瘦果椭圆形，暗褐色，长 3.8 毫米，宽 1.5 毫米，压扁三棱形，每面有 5 条高起的纵肋，中间的 1 条增粗，肋间有横皱纹。冠毛单毛状，白色，长 9 毫米，彼此纠缠。花果期 5—9 月。

2. 饲用价值

营养期适口性好，苦味淡，是一种良好的青绿饲料。猪最喜食，马、牛、羊、兔等均喜食。甘肃主要是切碎生喂或煮熟饲喂猪，干草是马、牛、羊等的好饲草。全叶苦苣菜的叶苦味淡，茎叶脆嫩，在前期再生性好，可刈割和放牧利用。尤以开花期之前利用为宜。此外，嫩茎叶可作蔬菜食用，甘肃可用于制作酸菜等，亦可作为绿肥。也可作为药用，主要治疗黄疸、胃炎、痢疾、肺热咳嗽、痈肿等。

3. 施肥

全叶苦苣菜对土壤要求不严，各种土壤均可种植。苗期对氮肥反映敏感，开花前分二至三次每亩可追施尿素 5~10 千克或硫酸铵 15~20 千克。

六、苦荬菜 *Luctuca indica* L.

1. 形态特征

一年生草本。根垂直直伸，生多数须根。茎直立，高 10~80 厘米，基部直径 2~4 毫米，上部伞房花序状分枝，或自基部多分枝或少分枝，分枝弯曲斜升，全部茎枝无毛。基生叶花期生存，线形或线状披针形，包括叶柄长 7~12 厘米，宽 5~8 毫米，顶端急尖，基部渐狭成长或短柄；中下部茎叶披针形或线形，长5~15厘米，宽1.5~2.0厘米，顶端急尖，基部箭头状半抱茎，向上或最上部的叶渐小，与中下部茎叶同形，基部箭头状半抱茎或长椭圆形，基部收窄，但不成箭头状半抱茎；全部叶两面无毛，边缘全缘，极少下部边缘有稀疏的小尖头。头状花序多数，在茎枝顶端排成伞房状花序，花序梗细。总苞圆柱状，长5~7毫米，果期扩大成卵球形；总苞片3层，外层及最外层极小，卵形，长0.5毫米，宽0.2毫米，顶端急尖，内层卵状披针形，长7毫米，宽2~3毫米，顶端急尖或钝，外面近顶端有鸡冠状突起或无鸡冠状突起。舌状小花黄色，极少白色，10~25枚。瘦果压扁，褐色，长椭圆形，长2.5毫米，宽0.8毫米，无毛，有10条高起的尖翅肋，顶端急尖成长1.5毫米喙，喙细，细丝状。冠毛白色，白色，纤细，微糙，不等长，长达4毫米。花果期3—6月。

2. 饲用价值

开花前，叶茎嫩绿多汁，适口性好，各种畜禽均喜食。除青饲外，还可晒制青干草，制成草粉；嫩茎叶可做鸡鸭饲料；全株可为猪饲料。开花以后，茎枝老化，适口性明显降低。从化学成分看，开花期的茎叶含粗蛋白质和粗脂肪较丰富，粗纤维含量低，为优等饲草。苦荬菜适于放牧，也可刈割，但用作青绿饲草最为适宜。放牧以叶丛期或分枝之前为最好；刈割饲喂以现蕾之前最为适宜。

表94 苦荬菜营养成分

生育时期	干物质(%)	占干物质(%)				
		粗蛋白质	粗脂肪	粗纤维	无氮浸出物	粗灰分
营养期	86.59	21.72	4.73	18.03	36.93	18.59
拔节期	88.04	18.87	6.62	15.53	43.03	15.95
现蕾器	86.58	21.85	5.27	17.28	40.94	14.66

数据来源：王建光 等，2018。

3. 施肥

移栽苗成活后，每亩可沟施或穴施对水腐熟粪肥500~600千克或尿素6~7千克。苦荬菜每刈割1次，每亩要沟施或穴施1次对水腐熟粪肥1 000~1 500千克或尿素12~15千克。

七、白砂蒿 *Artemisia sphaerocephala* Krasch.

1. 形态特征

半灌木。高达1米，冠幅30厘米左右，最大可达2米。主茎明显，分枝多而细，老枝外皮灰白色，常条状剥落，当年生枝灰白色、淡黄色或黄褐色，有时为紫红色，有光泽。下部叶、中部叶，宽卵形或卵形，一或二回羽状全裂，裂片条形或丝状条形，长0.5~40.0毫米，宽0.5~2.0毫米，上部叶羽状分裂或3全裂，嫩叶被短柔毛，后脱落，灰绿色。头状花序多数，球形，下垂，在枝端排列成开展的圆锥花序，总苞直径3~4毫米，小花黄色，管状。瘦果卵形，长1.5~2.0毫米。瘦果微细，无毛，咖啡色，外表附着一层白色胶联结构的多糖物质，占种子重量的20%，遇水极易溶胀，与沙粒连成团，形成自然大粒化种子，便于吸水贮水，易于发芽出苗，种子千粒重0.8~1.0克。

2. 饲用价值

在半荒漠及荒漠沙区，对饲养骆驼与羊有一定放牧价值。春季刚萌动时的枝条。骆驼最喜食，其他季节乐食；对羊的适口性基本上同于黑沙蒿；马与牛不喜食。秋季落霜后，适口性提高。饲料品质为中等以下。应注意骆驼春季过多采食饮水后而引起的肚胀病。因此，适当放牧后即更换牧地。在巴丹吉林沙漠、腾格里沙漠中，由白砂蒿为主组成的草场分布较普遍，但生长稀疏，产量较低，尤其在沙漠地区，因恶劣气候和严酷环境的限制，除骆驼外，其他家畜不便利用。白砂蒿所含蛋白质含量中等，脂肪和粗纤维含量较高。蛋白质品质较差，必需氨基酸含量低。白砂蒿荒漠、荒漠区建植生长一年可形成草丛绿篱，起到防风固沙作用，是流动沙丘地带防风固沙，恢复植被的先锋种。

3. 施肥

用于人工直播或育苗的土地，宜选择沙土或壤土，播前进行精细整地，于上年深翻后冬灌，耙耱整平，镇压保墒，播种前，结合耕翻施足底肥，每亩施有机肥1 000~2 000千克。

八、柴胡 *Bupleurum chinensis* DC.

1. 形态特征

柴胡属多年生草本，高45~85厘米。主根粗大，棕褐色，质坚硬。茎丛生或单生，表面有细纹，上部多分枝。基生叶倒披针形或狭椭圆形，早枯；中部叶倒披针形或宽条状披针形，长3~11厘米，宽6~16毫米，顶端渐尖或急尖，具短芒尖形，基部呈叶鞘抱茎，有平行脉7~9条，叶表面鲜绿色，背面淡绿色，常有白霜；茎顶部叶同形，但更小。复伞形花序较多，花序梗细，常水平伸出形成疏松圆锥状；总苞片2~3枚，或无，狭披针形；

伞幅3~8厘米，不等长；小总苞片5枚，披针形；花梗5~10；花鲜黄色。双悬果宽椭圆形，长3毫米，宽2毫米，棱狭翅状。

2. 饲用价值

柴胡属中等饲用植物。其适口性较好，牛、羊皆喜食其鲜草，秋季干枯后亦乐食。其营养成分据山西农业大学测试中心分析，开花期其粗蛋白质含量占干物质的8.65%，粗脂肪2.41%，粗纤维25.30%，无氮浸出物57.94%，粗灰分5.70%，钙1.75%，磷0.05%。晒干后适口性降低，可做家畜饲料。根可入药。

3. 施肥

结合整地深耕30厘米，施用充分腐熟的农家肥3 000千克/亩或有机肥、生物有机肥80千克/亩、16%过磷酸钙50千克/亩、46%尿素22千克/亩、24%硫酸钾4千克/亩，耙平备用。由于基肥充足，完全可以满足柴胡的养分需要，如第1年收割地上部分，割后须追肥1次，随水每亩施入10~15千克高氮高钾复合肥，对根系发育和第2年生长十分有利。

九、防风 *Saposhnikovia divaricata*（Turcz.）Schischk.

1. 形态特征

防风属多年生草本，高30~80厘米，全株无毛。根粗壮，茎基密生褐色纤维状的叶柄残基。茎单生，2歧分枝。基生叶三角状卵形，长7~19厘米，2~3回羽状分裂，最终裂片条形至披针形，全缘；叶柄长2.0~6.5厘米；顶生叶简化，具扩展叶鞘。复伞形花序，顶生；伞梗5~9，不等长；总苞片缺如；小伞形花序有花4~9朵，小总苞片4~5，披针形；萼齿短三角形；花瓣5，白色，倒卵形，凹头，向内卷；子房下位，2室，花柱2，花柱基部圆锥形。双悬果卵形，幼嫩时具疣状突起，成熟时裂开成2分果，悬挂在二果柄的顶端，分果有棱。花期8—9月，果期9—10月。

2. 饲用价值

适口性较差，低等饲用植物；幼苗为马牛羊等各种家畜所喜食，成株家畜不太喜食。干草可作为马、牛、羊等冬天的饲料。主要为药用，有祛风解表，胜湿止痛的功效。亦可作生态草种。

3. 施肥

追肥显著促进防风增产，以前期（6月中旬）追施氮肥效果最好，并肥料后效明显。追肥可使防风株高、叶面积指数、地上部干重等指标显著提高。不同肥料对防风叶面积的促进作用排序为：氮肥>氮磷肥≥氮磷钾。

十、黄花补血草 *Limonium aureum*（L.）Hill.

1. 形态特征

多年生草本，高10~30厘米。根圆柱状，木质，粗壮发达。叶基生，矩圆状匙形至倒披针形，长1~4厘米，宽0.5~1.0厘米，顶端圆钝，具短尖头，基部渐狭成扁平的叶柄。花序轴两至数条，自基部开始多回二叉状分枝，常呈之字形弯曲，聚伞花序排列于花序分枝顶端而形成伞房状圆锥花序，花序轴密生小疣点。苞片宽卵形，具狭的膜质边缘；小苞片宽倒卵圆形，具宽的膜质边缘；花萼宽漏斗状，长5~8毫米，干膜质，萼裂片5，长2~4毫米，金黄色，三角形，先端具一小芒尖；花瓣橘黄色，干膜质，基部合生，长6~7毫米；雄蕊5，着生于花瓣基部；花柱5，离生，无毛，柱头丝状圆柱形，子房倒卵形。蒴果倒卵状矩圆形，长约2.2毫米，具5棱，包藏于宿存花萼内。

2. 饲用价值

黄花补血草为中等牧草，在幼嫩状态，牛喜食、羊乐食，其他家畜很少采食；冬季干枯后，为各类放牧家畜所喜食。黄花补血草的营养价值较好。化学成分中，粗蛋白质含量为中等，无氮浸出物较高，可消化粗蛋白质含量在开花期干物质中为70.93克/千克，粗纤维、粗灰分的含量高，一定程度上对它的适口性产生了影响。黄花补血草是富集多种矿物质营养元素的牧草，含钠为0.037%~0.817%，含氯为2.33%~4.20%，含硫为1.20%~1.69%，含氮为2.14%~3.44%。除饲用之外，黄花补血草可全草入药，具有调经、活血、止疼之功效。另外，它也是一种辅助蜜源植物，可作为观赏草用于园林绿化，植物造景，防风固沙和室内装饰，花干后不脱落、不掉色，可用于插花。

3. 施肥

黄花补血草耐瘠薄，一般不需施肥，可加施适量硼砂作叶面肥施用。苗期少量施用一些尿素有助出苗。

十一、白刺 *Nitraria tangutorum* Bobr.

1. 形态特征

灌木。高1~2米。多分枝，平卧，先端针刺状。叶通常2~3片簇生，宽倒披针形或倒披针形，长18~25毫米，宽6~8毫米，先端钝圆或平截，全缘。聚伞花序生于枝顶，较稠密；萼片5，绿色；花瓣5，白色；雄蕊

10~15；子房3室。核果卵形或椭圆形，熟时深红色，长8~12毫米，直径8~9毫米，果核窄卵形，长5~6毫米，先端短渐尖。其内果皮坚硬，上有分布不均、深浅不一、大小不等的孔穴。

2. 饲用价值

骆驼基本终年采食，尤以夏、秋季乐食其嫩枝，冬、春采食较差，羊也可采食其嫩枝叶，马和牛一般不吃。它的果实为驼羊所喜食，鲜果或干果均为猪所喜食。白刺草地是我国荒漠区最重要的草地类型之一，对该区畜牧业的饲料平衡有重要作用。它的产草量视土壤水分条件和沙子流动程度，变化较大。据测定，就白刺沙堆每平方米的青鲜嫩枝叶产量而言，低者473克，高者1 225克；就白刺草地的风干嫩枝叶产量而言，每公顷低者为51千克（半固定沙地），高者达1 548千克（盐化草甸沙地），一般每公顷产量在450千克左右。就化学成分而言，它富含碳水化合物和灰分，蛋白质也较丰富；而在矿物质中，钙和磷均较少，尤以磷的含量最低。蛋白质的品质从所含9种必需氨基酸总量看，品质还是较好的。综合评价，白刺是一种中等或中低等的饲用植物。白刺及小果白刺果实可药用，果实可做饮料。白刺是沙漠和盐碱地区重要的耐盐固沙植物。

3. 施肥

白刺是耐旱植物，但幼苗在水肥优越条件下，在苗高和地径方面表现出快速生长，说明白刺在幼苗生长期是喜水喜肥的。白刺苗木生长随施肥量和浇水次数的增加其苗高和地径生长相应加快。7—8月是苗高快速生长期，8月中旬至9月中旬是地径快速生长期。当施肥量为180克/平方米比施肥量为120克/平方米当年苗高生长提高41.1%，地径生长提高55.0%。

十二、中国沙棘 *Hippophae rhamnoides* L. subsp. *sinensis* Rousi

1. 形态特征

落叶灌木或乔木。高1~5米，生于山地沟谷的可达10米以上，甚至18米。老枝灰黑色，顶生或侧生许多粗壮直伸的棘刺，幼枝密被银白色带褐锈色的鳞片，呈绿褐色，有时具白色星状毛。单叶，狭披针形或条形，先端略钝，基部近圆形，上面绿色，初期被白色盾状毛或柔毛，下面密被银白色鳞片而呈淡白色，叶柄长1.0~1.5毫米。雌雄异株。花序生于前年小枝上，雄株的花序轴脱落，雌株花序轴不脱落而变为小枝或棘刺。花开放比展叶早，淡黄色；雄花先开，无花梗，花萼2裂，雄蕊4；雌花后开，单生于叶腋，具短梗，花萼筒囊状，2齿裂。果实为肉质化的花萼筒所包围，圆球形，橙黄或橘红色。种子小，卵形，有时稍压扁，黑色或黑褐色，种皮坚硬，有光泽。

2. 饲用价值

属中等饲用植物。在生长前期幼嫩枝叶或秋季的落叶，羊乐食；当春季各种牧草返青之前，其他家畜也采食一些幼枝叶，生长季节大部分时间及成熟之后，因枝条具坚硬的刺，家畜一般不采食。成熟的果实马、山羊、绵羊喜食，鹿也爱吃。沙棘雄株叶片赖氨酸含量占总氨基酸含量的比值为10.91%，是国内记载中比较高的，可作为配合饲料的赖氨酸源。沙棘叶片为山羊、绵羊采食的饲草，长期食用沙棘叶的牲畜不仅上膘快，毛色好，而且还可防治疾病。沙棘植株具有棘刺，影响牲畜采食，采食率仅为25%~30%。划区轮牧有利于提高利用率和载畜量，沙棘林轮牧期以10天为宜，可适当随放牧次数的增多，而相应延长封禁时间。沙棘叶营养丰富，再生能力强，有“铁杆牧草”之称。沙棘含大量的维生素C、胡萝卜素、维生素E和维生素F。在维生素F中，首先是亚油酸和亚麻酸具有特别重要的生理保健价值。在草地建设中，中国沙棘可做绿篱；又是速生灌木薪炭林树种，具有产柴量高、火力旺、耐烧、烟少等特点。木材坚硬，纹理致密，可做小农具和工艺品。3—5月开花期，花开甚繁，是黄土高原春季养蜂重要的辅助蜜源。另外，沙棘具有良好的生态效益，凡是被沙棘覆盖的坡地，可减少地表径流80%，减少表土水蚀75%，减少风蚀85%。生长在河谷地带茂密的沙棘林起到显著的拦洪落淤和护岸作用。沙棘具有根瘤和大量的枯落物，能有效地改良土壤。此外，沙棘为鸟兽提供了食物和栖息地，沙棘也是集经济和生态效益为一体的珍贵树种。

3. 施肥

沙棘育苗应选择地势平坦、土质肥沃、有充足水源、排水良好的沙壤土地。整地最好在育苗前1年秋季进行，深耕20~25厘米，及时耙压、整平。翌年春季施有机肥60吨/公顷。

十三、酸模 *Rumex acetosa* L.

1. 形态特征

多年生草本。主根粗短，茎直立，细长，通常单生，呈红紫色，高50~100厘米。单叶互生，基生叶有长柄，茎生叶无柄；叶片矩圆形，长2~10厘米，宽1~3厘米，先端钝或尖，基部箭形，全缘或有时略呈波状，托叶鞘膜质，斜形。花序狭圆锥状，顶生，花单性异株；花被6片，椭圆形，呈

2 轮，雄花外轮花被片小；雌花内轮花被片圆形，结果时增大，全缘，淡红色。柱头 3。瘦果椭圆形，具 3 棱，黑棕色，有光泽。种子千粒重 2. 157 克。

2. 饲用价值

茎叶柔软、鲜嫩多汁，作为青绿饲草，多种畜禽均喜食。绵羊、山羊最喜食，猪、鹿、马也喜食，牛乐食，鹅喜食其嫩叶，马一般不食。种子是多种家禽和鸟类的精饲料。酸模含有大量的维生素 C 和草酸。在鲜叶中维生素 C 的含量 12~176 毫克/100 克，平均为 50~100 毫克/100 克；在花序中含量为 118 毫克/100 克，与叶中含量近似；茎中的含量仅有 54 毫克/100 克。酸模中的草酸是以草酸钾盐的形态积累在植物体内。这种盐不断地转化为草酸，故酸模具有酸味。粗蛋白质、粗脂肪和无氮浸出物含量高，纤维素含量低。据分析，酸模是一种高蛋白质的饲用植物，营养价值也是比较高的。酸模含有家畜所需要的各种微量元素。酸模地上部分都含有大量的磷、钾、钙，这对动物的营养需要是非常有利的。茎叶汁液的 pH 值为 4. 5，适口性不理想。用整株饲喂，采食量少，采食速度慢，且只喜食其叶，造成很大的浪费；将酸模切碎后饲喂，采食量增加，采食速度加快，茎叶多能被利用，饲料浪费大大减少；采用发酵后饲喂，不仅采食速度大大加快，还出现争食现象，饲料不浪费，效果最好。倘若再与精料拌合后饲喂，效果会更好。嫩茎叶可供食用。全草和根可作中草药用。

3. 施肥

小苗萌发后，种子本身的养分已耗尽，基质又少，可提供给幼苗的营养有限，为保证幼苗健壮生长要及时追肥，以氮、磷、钾复合肥为主，叶面喷施，2 周一次。

参考文献

敖慧，刘方，朱健，等，2021. 锰渣—土壤混合基质上黑麦草和紫花苜蓿生长状况及其对锰的累积特征［J］. 草业科学，38（4）：673-682.

白玉婷，卫智军，刘文亭，等，2016. 草地施肥研究及存在问题分析［J］. 草原与草业，28（2）：7-12.

蔡德龙，2015. 植物有益元素肥料系列报道之三植物生长的必需元素—镍［J］. 中国农资（9）：20.

陈宝书，2001. 牧草饲料作物栽培学［M］. 北京：中国农业出版社.

陈默君，贾慎修，2002. 中国饲料成分及营养价值表［M］. 北京：中国农业出版社.

陈默君，贾慎修，2002. 中国饲用植物［M］. 北京：中国农业出版社.

陈怡兵，夏厚禹，潘宇，等，2018. 测土配方施肥研究现状［J］. 吉林农业（22）：65.

程薛霖，贾丽萍，常粟淮，等，2022. 狼尾草对铬、镍复合型污染土壤修复的潜力［J］. 闽南师范大学学报（自然科学版），35（1）：77-83.

储成才，王毅，王二涛，2021. 植物氮磷钾养分高效利用研究现状与展望［J］. 中国科学：生命科学，51（10）：1415-1423.

褚天铎，等，2002. 化肥科学使用指南［M］. 北京：金盾出版社.

高菲，王铁梅，卢欣石，2022. 2021 年我国商品饲草生产形势分析与 2022 年趋势展望［J］. 畜牧产业（3）：32-37.

高福光，蔚建峰，武文广，等，2017. 内蒙古包头市草原专用肥应用研究探讨［J］. 畜牧与饲料科学，38（12）：66-69.

郭婷，薛彪，白娟，等，2019. 刍议中国牧草产业发展现状——以苜蓿、燕麦为例［J］. 草业科学，36（5）：1466-1473.

郭婷，薛彪，周艳明，等，2019. 我国牧草产品生产、贸易现状及启示［J］. 草地学报，27（1）：8-14.

郭孝，胡华锋，2012. 优质牧草营养与施肥 [M]. 北京：中国农业科学技术出版社.
韩国栋，2021. 中国草地资源 [J]. 草原与草业，33 (4)：2.
黄鹏健，2021. 防风播种成苗与追肥增产优质技术研究 [D]. 保定：河北农业大学.
李竞前，闫奎友，柳珍英，等，2021. 我国优质高产苜蓿发展状况及对策建议 [J]. 中国饲料 (11)：95-98.
李唯，2012. 植物生理学 [M]. 北京：高等教育出版社.
李新一，刘彬，王加亭，等，2020. 我国饲草供需形势及对策分析 [J]. 中国饲料 (11)：129-133.
李燕，贾春林，赵伟，等，2022. 新冠肺炎疫情影响下的苜蓿草价格波动 [J]. 草业科学，39 (5)：1032-1038.
卢欣石，2021. 2020 我国饲草商品生产形势分析与 2021 年展望 [J]. 畜牧产业 (3)：31-36.
鲁剑巍，等，2010. 肥料使用技术手册 [M]. 北京：金盾出版社.
陆欣，谢英荷，2011. 土壤肥料学 [M]. 北京：中国农业大学出版社.
农业农村部畜牧兽医局，全国畜牧总站，2019. 中国畜牧兽医统计 2019 [M]. 北京：中国农业出版社.
全国畜牧总站，2018. 中国草业统计 2017 [M]. 北京：中国农业出版社.
任继周，1991. 草原生态化学 [M]. 北京：农业出版社.
石自忠，王明利，2021. 中国牧草产业政策：演变历程与未来展望 [J]. 中国草地学报，43 (2)：107-114.
史丹利化肥股份有限公司，2014. 中微量营养元素肥料研究与开发 [M]. 北京：中国农业科学技术出版社.
苏运华，2022. 测土配方施肥技术推广应用存在的问题及对策 [J]. 现代化农业 (7)：27-30.
孙启忠，张英俊，2015. 中国栽培草地 [M]. 北京：科学出版社 (牧草科学研究).
田福平，陈子萱，路远，等，2010. 黄花补血草的开发利用价值与栽培技术 [J]. 中国野生植物资源，29 (4)：64-67.
田福平，胡宇，陈子萱，2019. 甘肃主要栽培牧草与天然草地植物图谱 [M]. 北京：中国农业科学技术出版社.

王传龙，张丽阳，刘国庆，等，2019. 我国畜禽饲料资源中微量元素锰含量分布的调查［J］. 中国农业科学，52（11）：1993-2001.
王迪轩，等，2016. 新编肥料使用技术手册［M］. 北京：化学工业出版社.
王加亭，陈志宏，2020. 全面总结饲草产业国际合作“十三五”取得成就展望“十四五”未来方向［J］. 中国畜牧业（16）：35-37.
王建光，2018. 牧草饲料作物栽培学［M］. 2 版．北京：中国农业出版社.
王明利，等，2013. 中国牧草产业经济 2012［M］. 北京：中国农业出版社.
王艳莹，2021. 从农业可持续发展看土壤肥料存在的问题及对策［J］. 种子科技，39（19）：71-72.
燕永军，高耀兵，2012. 柠条栽培技术［J］. 现代农业科技（14）：155，157.
杨富裕，玉柱，徐春城，等，2020. 国际视野草产品加工人才培养实践［J］. 中国乳业（S1）：22-25.
杨慧琴，代立兰，赵亚兰，等，2022. 甘肃旱区柴胡标准化种植技术［J］. 特种经济动植物，25（7）：72-75.
杨云洪，王敏，房朋，等，2017. 硼镁肥料及其国家标准编制进展［J］. 化肥工业，44（3）：21-25.
姚璇，2015. 早熟禾栽培技术［J］. 现代化农业（11）：33-34.
云锦凤，等，2016. 冰草的研究与利用［M］. 北京：科学出版社.
张福锁，2011. 测土配方施肥技术［M］. 北京：中国农业大学出版社.
张玲，2020. 沙棘播种育苗技术［J］. 现代农业科技（11）：171+174.
张秀丽，2014. 北方牧草饲用作物生产与加工利用［M］. 北京：中国农业科学技术出版社.
张英俊，2013. 中国牧草主产区产业发展报告（2009—2012）［M］. 北京：中国农业大学出版社.
中国科学院中国植物志编辑委员会．中国植物志［M］. 北京：科学出版社．［DB/OL］. http：//frps. eflora. cn/.